U0260401

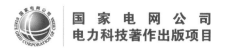

国家电网公司
电力科技著作出版项目

基于模块化多电平换流器的柔性直流输电工程技术

JIYU MOKUAIHUA DUODIANPING HUANLIUQI DE
ROUXING ZHILIU SHUDIAN GONGCHENG JISHU

肖世杰　阙　波　李继红　陆　翌　裘　鹏

陈　骞　许　烽　童　凯　宣佳卓　马骏超　编著

王　珂　胡丁文　毕延河　杨治中

中国电力出版社
CHINA ELECTRIC POWER PRESS

内 容 提 要

《基于模块化多电平换流器的柔性直流输电工程技术》一书基于舟山 ±200kV 五端柔性直流输电科技示范工程及相关研究成果撰写,系统介绍了直流输电技术概述,模块化多电平换流器技术,柔性直流输电的稳态特性与运行方式,柔性直流输电的控制系统与启动方式,柔性直流输电系统的故障分析与保护,柔性直流输电系统的过电压与绝缘配合,柔性直流输电系统的主要设备,柔性直流输电工程的试验技术,混合直流输电技术,柔性直流输电与直流电网技术的发展等内容。

本书适用于开展柔性直流输电工程设计、建设、调试的技术人员及电力系统科研、规划、设计、运行的工程师阅读。

图书在版编目(CIP)数据

基于模块化多电平换流器的柔性直流输电工程技术 / 肖世杰等编著. — 北京:中国电力出版社,2018.6

ISBN 978-7-5198-0469-5

Ⅰ. ①基 … Ⅱ. ①肖 … Ⅲ. ①模块化 — 多电平逆变器 — 直流输电 — 输电技术 — 研究 Ⅳ. ① TM464

中国版本图书馆 CIP 数据核字(2017)第 290810 号

出版发行:中国电力出版社

地　　址:北京市东城区北京站西街 19 号(邮政编码 100005)

网　　址:http://www.cepp.sgcc.com.cn

责任编辑:刘丽平(010-63412342)刘亚南

责任校对:王小鹏

装帧设计:王英磊　左铭

责任印制:邹树群

印　　刷:三河市万龙印装有限公司

版　　次:2018 年 6 月第一版

印　　次:2018 年 6 月北京第一次印刷

开　　本:787 毫米 ×1092 毫米　16 开本

印　　张:17.25

字　　数:400 千字

印　　数:0001—2000 册

定　　价:75.00 元

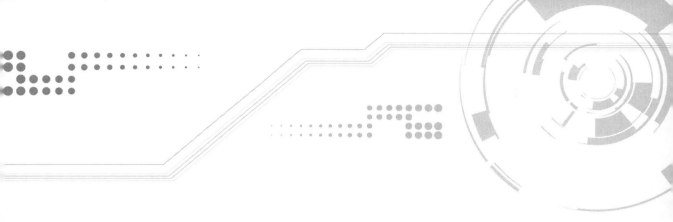

前　　言

　　基于全控型电力电子器件的柔性直流输电技术是当今世界上电力电子技术应用的制高点，在提高电力系统稳定性、增加系统动态无功功率储备、改善电能质量、解决非线性负荷及冲击性负荷对系统的影响、保障敏感设备供电等方面都具有较强的技术优势。基于MMC的多端柔性直流系统（MMC-MTDC）可以方便、快速地控制系统潮流，具有运行灵活性高、供电可靠性高等优势，可以便捷高效地连接分布在各地的可再生能源，实现多电源供电、多落点受电，是一种更为灵活、快捷的输电方式，在风电等新能源发电并网、向远距离负荷供电、构筑城市直流配电网等领域具有广阔的应用前景。

　　柔性直流输电技术发展时间并不长，特别是基于模块化多电平换流器（MMC）的多端柔性直流输电技术的发展时间更短。国网浙江省电力有限公司在国内建成了世界上第一条五端柔性直流输电工程的示范工程，并实现了世界首套混合型高压直流断路器和阻尼恢复系统的工程应用，解决了从两端过渡到多端的多项技术难题以及直流故障的快速隔离和系统的快速恢复难题。本书内容主要来源于国网浙江省电力有限公司直流输配电技术及应用创新团队深入参与的研究以及浙江舟山±200kV五端柔性直流输电科技示范工程项目，总结了在模块化多电平柔性直流输电工程化应用领域的工作成果，全面论述了模块化多电平换流器技术、柔性直流输电的稳态特性与运行方式、控制系统与启动方式、故障分析与保护、过电压与绝缘配合、主要设备以及试验技术等内容，是本创新团队共同努力的结晶。

　　目前已出版的相关图书主要围绕基础理论、技术和仿真模型搭建的研究，辅以国外投运的工程介绍。本书围绕最新的柔性直流输电技术，并结合示范工程，更有助于读者学习理解。

本书由肖世杰担任主编，负责总体框架拟定、全书审核等全局性工作。肖世杰、陆翌编写第 1 章；李继红、裘鹏、王珂编写第 2 章；阙波、许烽、胡丁文编写第 3 章；陆翌、宣佳卓、陈骞编写第 4 章；童凯、马俊超编写第 5 章；陈骞、许烽、毕延河编写第 6 章；裘鹏、陈骞编写第 7 章；许烽、宣佳卓编写第 8 章；宣佳卓、杨治中编写第 9 章；童凯、陈骞编写第 10 章。

限于作者水平加之时间仓促，书中难免存在不妥之处，恳请广大读者批评指正。

编著者

2018 年 3 月

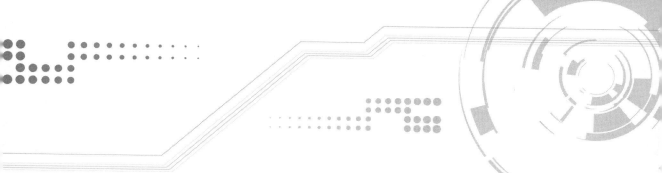

目　　录

第 1 章

概　　述

1.1　直流输电技术概况

1.1.1　常规直流输电技术

随着交流电网的不断发展，电力系统的规模快速增大，使得电力系统的稳定问题日益突出。为了解决交流联网的稳定性问题以及交流线路远距离输电时存在的容量限制问题，人们的目光开始转向直流输电。1954 年，世界上第一条电网换相高压直流输电工程投入商业运行。随着电力电子技术的发展，直流输电逐步在工程实际中得到了应用。此后，高压直流输电（High Voltage Direct Current Transmission，HVDC）以其适于远距离大容量输电、有功功率快速可控等特点在世界范围内得到了快速发展。从使用的换流器件角度分类，常规高压直流输电的发展可以分为以下两个时期：

（1）汞弧阀换流时期（1954～1977 年）。1928 年，具有栅极控制能力的汞弧阀研制成功，逐渐应用于直流输电领域。1954 年，世界上第一项工业性直流输电工程——瑞典的果特兰岛工程（100kV、20MW）投入商业运行；最后一项采用汞弧阀换流器的直流工程为1977 年投运的加拿大纳尔逊河 I 期工程（±450kV）。在此期间，全球投入运行的汞弧阀直流工程共有 12 项，其中输送容量最大、输送距离最长的直流工程为加拿大纳尔逊河 I 期工程。这一时期被称为汞弧阀换流时期。容量最大的汞弧阀是用于太平洋联络线的多阳极汞弧阀（133kV、180A）以及用于苏联伏尔加格勒—顿巴斯直流输电工程的单阳极汞弧阀（130kV、900A）。由于汞弧阀制造技术复杂、价格昂贵、逆弧故障率高、可靠性较低、运行维护不便等，这一时期的直流输电发展受到很大限制。

（2）晶闸管阀换流时期（1972 年至今）。20 世纪 70 年代以后，电力电子技术和微电子技术迅速发展，高压大功率晶闸管问世，晶闸管换流阀和微机控制技术在直流输电工程中得到应用，有效地改善了直流输电的运行性能和可靠性，促进了直流输电技术的发展。晶闸管换流阀不存在逆弧问题，而且其制造、试验、运行维护和检修都比汞弧阀简单和方便。1970 年，瑞典首先在果特兰直流工程上扩建了直流电压为 50kV、功率为10MW、采用晶闸管换流阀的试验工程。1972 年，加拿大魁北克和新布伦兹维克非同步连接的伊尔河背靠背直流输电工程首次全部采用晶闸管换流阀。由于晶闸管换流阀与汞弧阀相比具有明显的优势，从 1977 年开始新建的直流输电工程均采用晶闸管换流阀。与此同时，原本采用汞弧阀的直流工程也逐步用晶闸管阀替代汞弧阀，直流输电技术进入了晶闸管换流时期。

到目前为止，世界上投入运行的直流输电工程已超过 100 项，在远距离大容量输电、电网互联和电缆送电等方面发挥了重大的作用。我国自舟山直流输电工程投运以来，高压直流输电发展迅猛，在世界范围内率先进行了 ±800kV 特高压直流输电工程的建设，首个特高压直流输电工程云南—广东 ±800kV 直流输电工程已于 2010 年投运。目前，我国正在建设的高压直流输电工程中电压等级最高的为 ±1100kV，额定输电容量为 12000MW，输电距离达 3324km。国内已建成投运的常规直流输电工程有 20 项以上，预计到 2020 年，直流工程总计将达 38 项，特高压直流输电工程将达 15 项，即将建设的直流输电工程占世界直流输电新建工程的 1/2 以上。

同高压交流输电相比，常规直流输电技术有诸多优点，主要体现在以下方面：

（1）直流输电不存在交流输电的功角稳定问题，有利于远距离大容量送电，送电可靠性高。

（2）采用直流输电实现电力系统之间的非同步联网，可以不增加被联电网的短路容量，被联交流系统设备可以最大限度地延续使用，减少交流系统设备改造所需的投资，同时可以在故障时有效抑制故障的进一步发展，提高供电的可靠性；采用直流输电线路联网使得被联电网可以是不同频率的电网，也可以是频率相同但非同步运行的电网，极大地降低了电网互联的技术难度，也使得不同频率电网之间的互联互通成为可能，为打造全球能源互联网奠定了坚实的基础。

（3）直流输电输送的有功功率和换流器消耗的无功功率均可由控制系统进行控制，而直流输电系统的控制系统惯性极小，因此控制极为迅速，可利用这种快速可控性来改善交流系统的运行性能。

（4）直流输电架空线路只需正负两极导线、杆塔结构简单、线路造价低、损耗小，在远距离大容量输电领域具有明显优势。

（5）直流电缆线路输送容量大、造价低、损耗小、不易老化、寿命长，且输送距离不受限制，在离岸岛屿电力输送领域具有交流系统无法比拟的优势，而我国离岸岛屿数量众多，应用直流输电技术可以显著提高离岸岛屿供电的可靠性，促进离岸岛屿经济的发展。

（6）直流输电可方便地进行分期建设和增容扩建，有利于发挥投资效益。

由于常规直流输电采用无自关断能力的普通晶闸管作为换流元件，只能对元件的开通进行控制，而元件的关断是靠交流系统提供的换相电压实现的，这使得常规直流输电客观上存在以下局限：

（1）常规直流输电的运行受两端交流电网强度影响，缺乏独立性；不能供电无源网络及弱交流系统。

（2）由于触发滞后角和熄弧角的存在，常规直流输电运行时要吸收大量的无功功率，需要大量的无功补偿设备。

（3）常规直流会向交流系统引入谐波电流，使得交流电流和电压产生畸变，为保证电能质量在可接受的范围内，需要装设交流滤波器，但是交流滤波器又会导致直流线路甩负荷等条件下交流系统的过电压问题。

（4）当受端交流电网发生故障造成换流站交流出口侧的母线电压下降时，常规直流易发生换相失败，造成功率缺额，引发系统二次扰动。

1.1.2 柔性直流输电技术

20 世纪 90 年代以后，以全控型器件为基础的电压源换流器高压直流输电（Voltage Source Converter based HVDC，VSC-HVDC）由于具有电流自关断能力、有功/无功功率独立解耦控制、可向无源网络供电、不会发生换相失败等优势而得到快速发展。ABB 公司率先进行了柔性直流输电试验。由于这种换流阀功能强、体积小，可减少换流站设备、简化换流站结构，ABB 公司将这一技术称为 "HVDC Light"，西门子公司将其称为 "HVDC Plus"。在国内，按照相关专家的建议，将该技术命名为柔性直流输电（HVDC Flexible），以区别于采用晶闸管的常规直流输电技术。

柔性直流输电采用了脉宽调制技术（Pulse Width Modulation，PWM），电压源换流器的幅值和电压可以得到准确快速的控制。电压源换流器可以等效为幅值和相位都可以控制的可控电压源，从而实现四象限运行，灵活地控制有功功率和无功功率。

目前，已投运的部分柔性直流输电工程采用两电平和三电平拓扑，虽然其结构简单，但存在如下缺点：

（1）为提高电压等级和输送容量，换流器桥臂由大量绝缘双极晶体管串并联而成，然而各个元件开断时间、伏安特性等不尽相同，由此引发的器件一致触发、动态均压、电流均衡、电磁兼容等问题难以解决。

（2）开关调制算法普遍采用 PWM 技术，器件的开关频率较高（一般在 1000～2000 Hz），稳态运行损耗较高（约 1.5%～3%）。

（3）换流器交流输出电压电平数低、谐波畸变率高，不满足并网要求，通常需要配置一定容量的交流滤波器。

针对两电平和三电平在实际运行过程中暴露的缺陷，2001 年德国慕尼黑联邦国防军大学学者 Rainer Marquardt 提出了模块化多电平换流器（Modular Multilevel Converter，MMC）拓扑。MMC 拓扑以半桥子模块为基本功率单元，采用模块级联的方式构成三相六桥臂，这种巧妙的结构设计可消除传统两电平换流器所固有的器件串联均压、一致触发等问题，制造、运行难度大大降低。MMC 拓扑在电压源换流器拓扑发展过程中具有里程碑意义。

目前，适用于高电压、大容量输变电的全控型电力电子器件主要有绝缘栅双极晶体管（Insulated Gate Bipolar Transistor，IGBT）、集成门极换相晶闸管（Integrated Gate Commutated Thristor，IGCT）和注入增强栅晶体管（Injection Enhanced Gate Transistor，IEGT）。IGBT 是一种具备自关断能力的金属氧化物半导体元件。IGBT 商品化模块的最大额定电流已达到 3.6kA，最高阻断电压为 6.5kV。IGBT 的优点是开关频率较高、开关损耗小、驱动电路简单、驱动损耗小，目前在工程中应用最为广泛，其主要缺点是容量较小。IGCT 是门极可关断晶闸管（Gate Turn-off Thyristor，GTO）的改进产品，与 GTO 相比容量相当但驱动损耗大大减小。IEGT 是 IGBT 的改进型产品，其最大技术特征是采用加宽 PNP 管间距的近表面层注入载流子浓度增强技术，具有低饱和压降、宽安全工作区、低栅极驱动功率和较高的工作频率等优点。由于 IEGT 和 IGCT 等新型电力电子器件具有上述优点，因此未来将在柔性直流输电建设中表现出很大的应用潜力。

1.2 柔性直流输电技术概况

1.2.1 柔性直流输电技术优缺点

1.2.1.1 柔性直流输电技术优点

柔性直流输电是从常规直流输电的基础上发展起来的，因此，常规直流输电技术所具有的优点，柔性直流输电系统大都有，例如：柔性直流输电不存在交流输电的稳定性问题；柔性直流输电可以实现非同步系统的互联等。除此之外，柔性直流输电系统还有以下特殊优点：

（1）有功和无功功率可以独立控制，系统潮流调节更加灵活快速。柔性直流输电系统可以在其运行范围内对有功和无功功率进行完全独立的控制。两端换流站可以完全吸收和发出额定的无功功率，通过接收直接无功功率指令或根据交流电网的电压水平调节其发出或吸收的无功功率，并在这个范围内连续调节有功功率输出。

（2）可以向弱交流系统或无源负荷供电。电压源换流器可控制电流的关断，不需要外加换相电压，无换相失败问题，克服了常规直流输电必须是有源网络的缺陷，拓宽了直流输电的应用范围。

（3）潮流反转方便快捷。柔性直流输电只需要改变直流电流的方向即可实现潮流反转，不需要改变直流电压的极性。这一特性使得柔性直流输电的控制系统配置和电路拓扑结构均可保持不变，有利于构成既能方便地控制潮流又有较高可靠性的并联多端直流系统。

（4）事故后快速恢复供电和黑启动。事故后，柔性直流可以向电网提供必要的电压和频率支持，帮助系统恢复供电。2003 年"8·14"美加大停电时，美国长岛的柔性直流输电工程很好地验证了柔性直流输电系统的电网恢复能力。

（5）交直流侧谐波小。由于柔性直流采用 PWM 技术，换流器产生的谐波大大减少，大大降低了对滤波器的要求。随着多电平换流器技术的应用，换流器电平数较多时换流器的输出电压直接就可以满足用户对谐波的要求，不必另外安装交流滤波器，因此也不存在换流器甩负荷等情况下引起的交流系统过电压问题。

（6）可以作为静止无功发生器（Static Syncronous Compensator，STATCOM），为系统提供无功功率，起到稳压和调节无功的作用。

（7）输电容量相同的情况下柔性直流换流站的占地面积小于传统高压直流换流站。由于柔性直流对辅助设备如滤波器、开关、变压器等的需求降低，使得柔性直流输电换流站占地面积大幅减少。另外，模块化设计使柔性直流输电的设计、生产、安装和调试周期大为缩短，换流站的主要设备能够先期在工厂中组装完毕，并预先完成各种测试。调试好的模块可方便地利用卡车直接运至安装现场，从而大大减少了现场安装调试时间。

1.2.1.2 柔性直流输电技术缺点

柔性直流输电技术虽然有上述众多优势，但是也存在以下缺点：

（1）运行损耗大。受目前 IGBT 耐压水平的限制，已投运的两电平、三电平电压源换流器一般含有成百个串联的 IGBT，PWM 调制技术使得器件开关频率高达 1.05～1.95kHz，从而产生较大的阀损耗。随着新型拓扑结构和新型调制技术的发展，模块化多电平型柔性直流输电技术的广泛应用，柔性直流输电的运行损耗也随之显著降低，其单端换流器损耗可以降低到运行功率的 1%左右。随着新型拓扑结构和脉宽调制技术的发展，电压源换流器损耗可以降到传统直流换流器损耗的 1.0～1.5 倍。

（2）不能控制直流侧故障时的故障电流。对于两电平和三电平电压源换流器拓扑而言，直流母线间都接有大容量电容器组。一旦直流侧发生单极接地或两极短路故障，电容器组将放电产生巨大的冲击电流，如果该电流在较短时间内不能得到抑制，换流站设备可能会损坏。对于模块化多电平换流器，虽然直流母线侧没有接入大容量电容器组，但直流侧故障时换流器依然无法有效控制交直流两侧的能量交换，只能通过断开交流侧断路器使换流器退出运行。现在已有拓扑结构可以解决直流侧故障时产生较大冲击电流的问题，比如全桥子模块，但是使用该模块在同等容量的换流站中需要更多的元器件，增加了工程成本，且换流站的占地面积也会大幅增加。

1.2.2　柔性直流输电技术应用领域

电压源型直流输电技术克服了传统 HVDC 的固有缺陷，拓展了直流输电的应用范围，为直流输电技术的发展开辟了一个新的方向。从现有投运的工程及其技术特点来看，VSC-HVDC 的应用领域主要有以下几方面：

（1）交流电网的同步或者异步互联。随着技术的发展和成熟，VSC-HVDC 换流站的容量和电压等级不断提升，造价和损耗却逐步降低，这为 VSC-HVDC 在远距离、大容量输电场合中的应用提供了条件。可以预见，VSC-HVDC 系统的传输容量会进一步提升。与基于电网换相的传统直流输电相比，VSC-HVDC 具有更强的可控性和灵活性，VSC 换流器中电流能够自关断，不会发生换相失败，在提高系统稳定性、增加传输容量等方面将有更广泛的应用。2010 年投运的非洲纳米比亚 Caprivi Link 工程首次在 VSC-HVDC 商业工程中采用长距离架空线路，线路长度达到 970km。与电缆线路相比，在远距离输电应用中架空线路仍然具有经济性方面的优势，特别是当把已有的三相交流线路转化为直流线路功用时能显著降低整个系统的造价。纳米比亚电网的系统强度很弱，VSC-HVDC 有助于提高其系统稳定性。作为电网冲击吸收器（grid shock absorber），VSC-HVDC 还将在未来大型电网的分区控制、隔离故障传播、提高电网可靠性等应用中发挥重要作用。

（2）风力发电等清洁能源并网。随着能源问题的日益突出，发展和利用风能等清洁可再生能源是国际大趋势，风力发电量在世界各国总发电量中所占比例不断增大。由于风力发电的特点，风电场特别是大型风电场并网对电力系统的影响已经成了一个不可回避的问题。由于海上平均风速更大，能够提供更多的电能，在海上建立风电场具有巨大的吸引力，已有很多国家把注意力投向建立海上风电场。虽然通过三相交流系统把小型近海风电场接入电网是一种经济有效的联网方式，但是 VSC-HVDC 能为远离海岸建立的大型海上风电场提供更有效的联网手段。VSC-HVDC 能够有效解决风电场功率波动引起的电压稳定和电能质量等问题。ABB 公司于 1999 年在瑞典 Gotland 岛建立了世界上第一个商业化运行的 VSC-HVDC 工程，该工程采用地下电缆输送电能，对环境的影响很小，能实现有功功率、无功功率、风电场电压支撑和电能质量等方面的控制。ABB 公司于 2000 年在丹麦建立了 Tjaereborg 工程，它是一个用来研究风电场采用 VSC-HVDC 技术并网发电的示范工程。此工程的投运能有效解决风力发电引起的无功功率和电压问题，为风电场并网积累了一定的经验。ABB 公司建设的 NordE.ON 1 工程采用 VSC-HVDC 系统与交流系统联网，把位于北海（North Sea）的海上风电场接入德国电网。此工程与 Gotland 工程、Tjaereborg 工程相比在电压等级和容量方面都有很大的提升，其直流电压等级为±150kV，容量达到了400MW。随着技术的成熟和成本的降低，VSC-HVDC 在风电场并网等应用场合将有更大的发展空间。

（3）电力交易。VSC-HVDC 没有最小功率和电流的限制，可以灵活地安排运行方式、制定传输的经济功率，利用其可以快速、独立控制有功和无功功率等特性，人们可以方便地构建地区电力供应商间电力市场交易的技术平台，增加系统运行的灵活性和可靠性。ABB 公司于 2000 年在澳大利亚建设的 Direct Link 工程，通过 3 个并列 VSC-HVDC 系统将 New South Wales 电网和 Queensland 电网异步互联，并根据两边电网电价的高低来控制功率的传输，从中获取利润。ABB 公司于 2002 年在澳大利亚建设的 Murray Link 工程将 South Austrilia 电网和 Victoria 电网异步互联在一起，能根据市场电价的不同方便地调整功率的流动方向。ABB 公司于 2002 年在美国建设的 330MW Cross Sound Cable 工程将康涅狄格州（Connecticut）电网和长岛（Long Island）电网通过海底电缆连接在一起，能够改善系统的供电可靠性，同时这个直流工程也被用来进行电力交易，促进当地电力企业间的竞争。在 2003 年 8 月 14 日的美加大停电事故中，Cross Sound Cable 工程对长岛电网的快速恢复发挥了重要作用，是 VSC-HVDC 优异性能的一个体现。

（4）向弱交流系统或者无源系统供电。由于 VSC 换流器可运行在无源逆变状态，没有换相失败问题，VSC-VHDC 很适用于向弱交流系统或者无源系统供电等场合。ABB 公司于 2005 年在挪威建设的 Troll A 工程通过两个额定功率为 40MW 的 VSC-HVDC 系统向海上天然气钻井平台上的高压电动机提供电能。之所以采用 VSC-HVDC 技术，首先考虑到长距离海底电缆输电和环境保护要求外，其次考虑到电动机变频（0～63Hz）、调压（0～56kV）等运行要求，同时受钻井平台的限制，换流器的体积和质量都受到限制。为了降低成本、提高生产效率、减少温室气体的排放，北海的 Vallhall 工程也通过 VSC-HVDC 向海上钻井平台提供 60Hz 的电源，其中岸上交流电网的频率为 50Hz。

（5）构筑城市直流输配电网。由于大中城市的空中输电走廊已没有发展余地，原有架空配电网络已不能满足电力增容的要求，合理的方法是采用电缆输电。直流电缆不仅比交流电缆节省空间，且能输送更多的有功功率，因此采用 VSC-HVDC 技术向城市中心区域供电可能成为未来城市增容的最佳途径。

（6）提高配电网电能质量。电压源型直流输电系统可以独立快速地控制有功功率和无功功率，且能够保持交流系统的电压基本不变，它使系统的电压和电流较容易地满足电能质量的相关标准。因此，VSC-HVDC 技术将是未来改善配电网电能质量的有效措施。

1.3 电压源换流器的拓扑结构概况

1.3.1 两电平换流器

两电平换流器是最为简单的电压源换流器拓扑结构，如图 1-1 所示。每相桥臂通过上下开关的导通和关断控制，使交流侧交替输出正电压或 0 的状态。ABB 公司早期投运的轻型直流输电工程绝大部分采用的是两电平换流器结构。目前功率开关器件的电压等级最大只有几千伏，显然两电平换流器无法直接实现柔性直流输电系统的高压输出要求，开关器件的直接串联是最为直接的解决办法。但是开关器件的直接串联存在串联器件间的动态均压问题，这是一个难点问题。另外两电平换流器输出电压的谐波和 du/dt 都比较大。

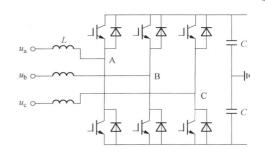

图 1-1 两电平换流器拓扑结构

1.3.2 三电平中点箝位换流器

三电平中点箝位（Neutral Point Clamped，NPC）换流器是多电平换流器拓扑结构研究和应用的开始。目前三电平 NPC 换流器的研究和应用都很成熟。三电平 NPC 换流器拓扑结构如图 1-2 所示。相对于常规的两电平换流器，使用同样的开关器件时三电平 NPC 换流器可以使交流输出的电压等级提高一倍。在谐波特性方面，采用同样的开关频率时交流输出侧的谐波频率也会提高一倍，这也是多电平换流器的优势所在。

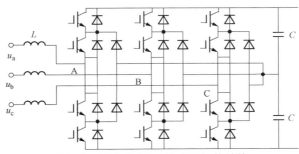

图 1-2 三电平 NPC 换流器拓扑结构

虽然直观上 NPC 换流器所需的开关频率更低，应该具有更小的损耗，但是这种效率优势一般是在开关频率较高时更为明显。由于柔性直流输电系统通常采用较低的开关频率，因此应用三电平 NPC 换流器在效率方面的提高不会很大。另外，由于 NPC 换流器额外需要较多的箝位二极管，其总造价将高于两电平换流器。

1.3.3 多电平换流器

多电平换流器的基本思路是把多个功率器件按一定的拓扑结构连接成可以提供多种电平输出的电路，然后通过适当的控制逻辑将几个电平台阶合成阶梯波以逼近正弦输出电压。随电平级数的增加，合成的输出阶梯波级数增加，输出越来越逼近正弦波，谐波含量大大减小。

目前常用的多电平换流器主要有以下几种拓扑结构：

（1）二极管箝位多电平换流器。1980 年，日本长冈科技大学的 A.Nabae 等人在 IEEE 工业应用学会（IAS）年会上首次提出二极管箝位型逆变器。二极管箝位多电平换流器的优点：便于双向功率流动的控制；功率因数控制方便。缺点：电容均压比较复杂和困难；随着电平数增加，控制越来越复杂。在国内外，这种结构形式的产品已进入实用化的阶段。

如图 1-3 所示为 N 电平二极管箝位型换流器电路拓扑，直流端共有 $N-1$ 个分压电容，逆变桥每相上、下桥臂各有 $N-1$ 个功率管，分别为+VTN-1、…、+VT1、-VT1、…、-VTN-1。

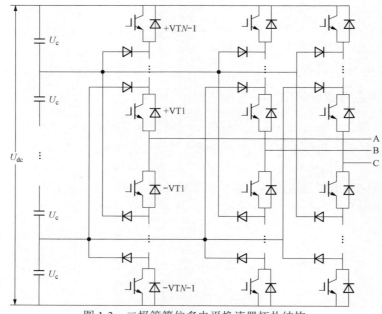

图 1-3　二极管箝位多电平换流器拓扑结构

（2）飞跨电容箝位多电平换流器。飞跨电容型（Flying Capacitor）箝位多电平换流器是在 1992 年的电力电子专家年会（PESC）上由 T.A. Meynard 和 H. Foch 首次提出的。该电路结构的优点：对某一输出电压具有不同的组合；可控无功和有功功率流，可应用范围广。缺点：需要较多的电容钳位，开关损耗大；控制算法过于复杂，存在电容电压分布不均问题。

对于一个 N 电平飞跨电容式换流器，直流侧需要 $N-1$ 个电容；每相桥臂需要 $2(N-1)$ 个功率开关、$(N-1)(N-2)/2$ 个钳位电容。飞跨电容五电平换流器电路拓扑如图 1-4 所示。

（3）级联型多电平换流器。具有独立直流电源的级联型换流器（Cascaded Topology with Separated DC Source）是由 P. Hammond 等在 1975 年提出的。该电路的优点：无箝位二极管和分压电容；各分立模块间相对独立，易实现模块化封装和维护；利用直流源分压，降低了对直流电容容量的要求。缺点：需要大量独立直流电源。

级联式换流器采用隔离的直流电源作为输入，通过把多个各自独立的 H 桥逆变电路基本单元串联在一起，根据输出正弦波形中需要包含的电平数可以决定需要串联的级数，从而提高输出电压等级、减小谐波。该电路拓扑无需大量的箝位二极管和悬浮电容。N 电平的级联式逆变器，其各相串联级数 m 和输出波形包含电平数 N 之间满足"$N=2m+1$"的关系。图 1-5 所示为具有独立直流电源的级联九电平换流器。

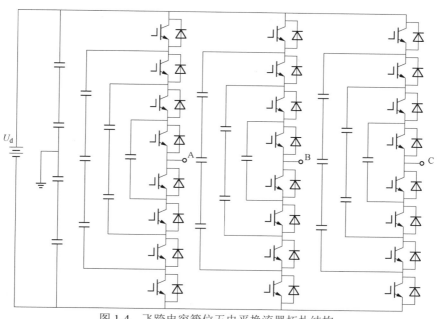

图 1-4 飞跨电容箝位五电平换流器拓扑结构

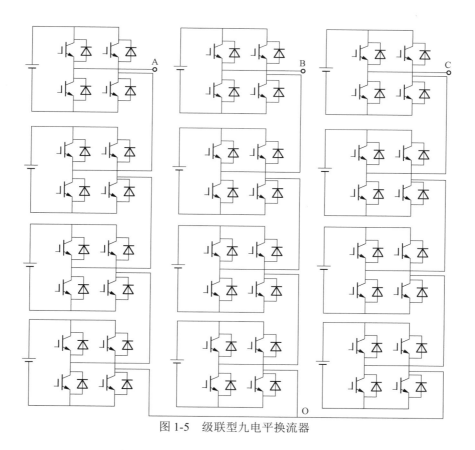

图 1-5 级联型九电平换流器

1.3.4 模块化多电平换流器

模块化多电平换流器（MMC）无需箝位器件，如图 1-6 所示，它由 6 个桥臂构成，其中每个桥臂由若干个相互连接且结构相同的子模块（submodule，SM）与一个桥臂电抗器 L 串联构成，上、下两个桥臂构成一个相单元。通过控制所有子模块的开关状态，换流器在交流侧可输出波形质量很好的电压波形，在直流侧保持直流电压动态稳定。

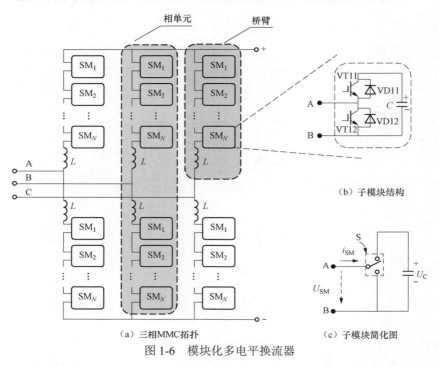

图 1-6　模块化多电平换流器

MMC 可以以较低的开关频率得到波形品质较高的输出电压波形，降低了换流器开关损耗及滤波器容量，提高了换流器的效率和经济性。通过调整子模块的串联个数便于实现所需的电压及功率等级，拓扑灵活性增强。然而模块化结构也给 MMC 带来了一些缺点：为协调控制所有子模块以及维持子模块电容电压的动态稳定，MMC 的控制量众多，控制过程复杂。

1.3.5 级联两电平换流器

级联两电平电压源换流器拓扑在结构上与模块化多电平换流器具有相似之处，即其桥臂主要由多个具有相同结构的两电平换流器子模块串联构成。其主要区别为在级联两电平电压源换流器拓扑中，ABB 公司将其目前独有的 IGBT 压接技术应用到了子模块中，通过 IGBT 模块的串联大幅度提升了子模块可选择的电压等级，其拓扑结构如图 1-7 所示。子模块可选择的电压等级的提高，使换流器可以使用较少量的子模块即可达到较高的直流电压水平。

受目前全控型开关器件耐压水平的限制，为实现较高的直流电压，模块化多电平换流器拓扑所需使用的子模块众多，其数量已大大超出入网谐波含量标准对换流器输出电平数

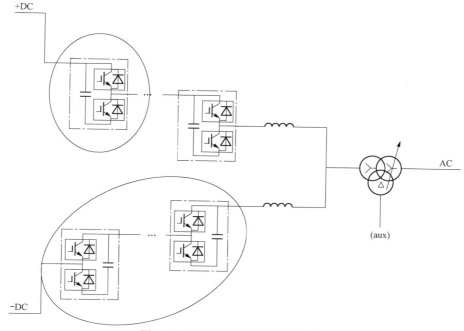

图 1-7　级联两电平换流器拓扑结构

的需求量。过多的子模块对一次系统的规划布置、控制系统复杂度及可靠性均是严峻挑战。级联两电平换流器既能实现多电平输出，使换流器输出电压的谐波含量达到相应标准，又可采用器件压接技术将子模块的数量控制在合理范围，具有一定的优势。

1.3.6　基于两电平和 MMC 的混合多电平换流器

（1）桥臂交替导通多电平换流器（Alternate-Arm Multilevel Converter，AAMC）。AAMC 的关键结构有两部分，即由 IGBT 串联组成的导通开关和全桥子模块级联而成的整形电路，如图 1-8 所示。稳态运行时导通开关循环交替导通或关断各个桥臂（同相上下桥臂的导通开关开断状态互补），通过投入或切除整形电路中的级联子模块，使输出交流电压波形逼近所期望的正弦参考波。当直流侧发生故障时，AAMC 可通过产生与交流侧电压方向相反的电压以限制故障电流。该拓扑的优势在于：①不存在环流；②导通开关具有承压作用，减少全桥子模块数目；③损耗降低。然而，稳态运行时 AAMC 每个桥臂导通开断周期为半个基波，子模块电容电压充放电均衡困难，需要额外控制措施如三次谐波注入法、桥臂电抗续流法等；为构造能量平衡回馈通路，直流侧一般需要配置分裂式电容。此外，导通开关和整形电路需要相互协调配合，控制较为复杂。由于桥臂的开关运行方式类似传统直流，故直流侧存在 $6n$ 次谐波。

（2）混合级联多电平换流器（Hybrid Cascaded Multilevel Converter，HCMC）。HCMC 拓扑结构如图 1-9 所示。该拓扑的关键结构同样有两部分，即导通开关和整形电路，前者事实上为三相六桥臂的两电平换流器，而后者作用类似于串联有源滤波器。事实上，HCMC 拓扑结构与上文所述的 AAMC 呈对偶形式，区别在于前者的整形电路位于导通开关的交流侧，同相的上下桥臂共用一个整形电路；而后者的整形电路位于导通开关的直流侧，每个

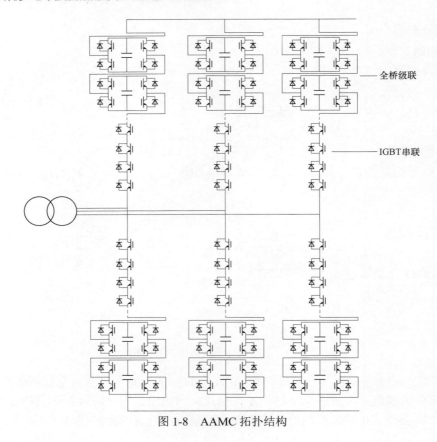

图 1-8　AAMC 拓扑结构

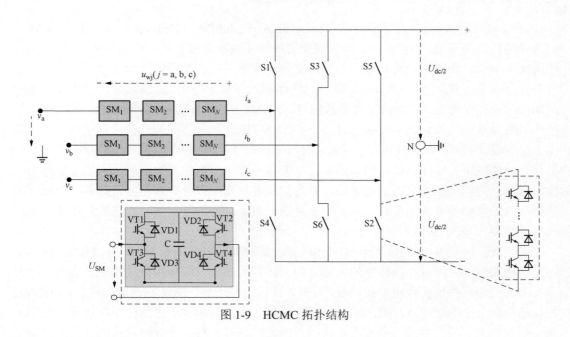

图 1-9　HCMC 拓扑结构

桥臂均需配置整形电路。

　　与 AAMC 类似，稳态运行时 HCMC 导通开关循环交替导通或关断各个桥臂，通过投入或切除整形电路中的级联子模块，使输出交流电压波形逼近所期望的正弦参考波。当所有导通开关均导通时换流器将重构为星形联结的 STATCOM，可在直流故障期间向交流系统提供无功支持。关断导通开关和级联模块内所有 IGBT 可以实现换流器闭锁过程。因此 HCMC 具有三种工作模式，即正常运行模式、STATCOM 模式和直流闭锁模式。该拓扑的优势在于全桥子模块数量需求较少，但存在导通开关硬开通、硬关断的问题，因此难以满足高压、大容量的要求。此外 HCMC 也存在与 AAMC 类似的缺点，如导通开关和整形电路协调控制复杂、电容电压均衡困难、直流侧存在 $6n$ 次谐波等。

1.4 柔性直流输电发展

1.4.1 多端柔性直流输电

　　多端柔性直流（MTDC）输电系统是指含有多个整流站或多个逆变站的直流输电系统。其最显著的特点是能够实现多电源供电、多落点受电，提供一种更为灵活、快捷的输电方式。MTDC 输电系统主要应用于：由多个能源基地输送电能到远方的多个负荷中心；不能使用架空线路走廊的大城市或工业中心；直流输电线路中间分支接入负荷或电源；几个孤立的交流系统之间利用直流输电线路实现电网的非同期联络等。随着大功率电力电子全控开关器件技术的进一步发展、新型控制策略的研究、直流输电成本的逐步降低以及电能质量要求的提高，基于常规的电流源换流器和电压源型换流器的混合 MTDC 输电技术、基于柔性交流输电系统（FLexible Alternative Current Transmission Systens，FACTS）的 MTDC 输电技术以及基于 VSC 的新型 MTDC 技术将得到快速发展，必将大大提高 MTDC 输电系统的运行可靠性和实用性，扩大 MTDC 输电系统的应用范围，为大区电网提供更多的新型互联模式，为大城市直流供电的多落点受电提供新思路，为其他形式的新能源接入电网提供新方法，为优质电能库的建立提供新途径。

　　与传统多端直流输电系统不同，多端柔性直流输电系统潮流反转时直流电压方向不变，直流电流方向反转，并且不需要机械操作，速度较快，可靠性较高。它是既具有较高的可靠性又具有灵活多变的控制方式，因此是构建并联多端直流系统的适宜方案。

　　多端柔性直流输电系统适用于以下场合：

　　（1）孤立的多点间电能传输。海上钻井平台或者海上孤岛等无源负荷，远离陆地的电网，一般多采用本地发电，但这种方式既不经济也不环保，并且难以保障供电稳定。此时即可利用多端柔性直流输电系统实现各点间的电能传输，实现多个孤立的系统间的电网互联。

　　（2）多个分散的小型发电厂与主网互联。清洁能源发电厂例如风电场、太阳能电站和一些小型水电站等，一般情况下装机容量较小，位置分散且与主网距离较远，采用传统输电技术使其与电网互联并不经济。此时采用多端柔性直流输电技术，可以将分散的各个小型发电站与主网互联，充分发挥清洁能源分布式发电的优势。

　　（3）为大型城市供电，构筑城市配电网。随着城市的快速发展，土地资源日渐稀缺，并且对城市景观的要求也越来越高，传统的架空线输电走廊已经不能满足电力增容的需求。此时采用多端柔性直流输电技术，由能源中心向城区内多个换流站供电，实现直流配电以提高输送半径和输送容量，并且因为柔性直流输电多采用地埋式电缆，对环境影响更小，也可以使市容更加美观。

由此可见，多端柔性直流输电技术是直流输电技术的新兴研究领域与发展方向，在未来具有广阔的发展空间，因此其研究具有很大的现实意义。

1.4.2 高电压、远距离柔性直流输电

我国能源和负荷中心逆向分布，水、煤以及风能和太阳能资源等主要集中在西南部、西北部和北部地区，而负荷中心主要集中在中东部经济发达地区。为实现资源优化配置，解决煤电运力矛盾，促进新能源开发应用，保障国家能源安全供应，必须大力采用"电压等级高、输送容量大、送电距离长、运行损耗小"的输电技术，以实现西电东送和南北互供的电力分配格局。

柔性直流输电技术在交流系统故障时，只要换流站交流母线电压不为零，系统的输送功率就不会中断，一定程度上避免了潮流的大范围转移，因此对交流系统的冲击比传统直流输电线路要小得多，是实现直流异步联网的有效手段，从根本上解决了传统交直流并联运行可能引起交流系统暂态失稳的问题。柔性直流输电技术可以消除采用传统直流输电技术进行高电压、远距离、大功率输电的发展瓶颈，其突出优点如下：

（1）运行时不需要配置相当比例的昂贵的无功补偿装置。

（2）不提高受端电网的短路电流水平，破解了交流线路因密集落点而造成的短路电流超限问题。

（3）大区电网之间采用直流线路异步互联，完全破解了所谓的"强直弱交"问题，避免了交直流并联输电系统在直流线路故障时，潮流大范围转移而引起的连锁性故障。

受器件开发和造价成本的限制，目前世界上柔性直流输电工程的输送容量都不太大，多用于短距离、小容量电力传输或不适应用交流输电场合。随着受端多直流馈入问题日显严重、深海风电开发需求及无源弱系统地区送电规模的增加，迫切需要开发大容量柔性直流输电技术以满足现实需要。伴随高电压等级直流电缆、直流断路器和大电流 IGBT 器件的开发，柔性直流设备成本下降，柔性直流输电技术将在远距离、弱系统、大容量输电领域发挥作用。在未来柔性直流技术完全成熟之后，可以构建柔性直流大电网，与交流电网互联运行。高电压、大容量柔性直流输电技术的应用将对我国未来电网的发展方式产生深远影响，将成为坚强智能电网的重要组成部分。

1.4.3 混合直流输电

常规直流和柔性直流输电技术各有优缺点，从直流输电技术的发展脉络来看，未来直流输电的分布格局极有可能会出现传统直流与柔性直流共存、相互互联、相互影响的情况。而这种不同的连接方式便形成了混合直流输电系统的不同拓扑结构。这种不同于以往的混合直流输电技术提供了一种可以利用传统直流和柔性直流技术各自的优点、改进其不足的新的研究方向。混合直流输电技术以其独特的技术特点，在特定条件下可以表现出比传统直流和柔性直流技术更优越的技术性能，比柔性直流低廉的造价和更广泛的应用场景。

（1）混合两端直流输电系统。一端采用电流源型换流器，一端采用电压源型换流器的混合两端直流输电系统继承了传统直流和柔性直流各自的优点，改进了其不足，是一种经济有效的折中方案。混合直流系统的损耗，造价均介于两者之间，且可以解决向无源网络供电，换相失败等传统直流无法解决的问题。其主要缺点是其输送功率极限由电压源型换流器（Voltage Source Converter，VSC）侧决定，而 VSC 的输送功率还未能达到传统直流的功率输送能力。但随着器件制造技术的不断发展，这一问题有望得到解决。另一个缺点是混合直流系统不容易实现潮流反转。这是由于电网换相换流器（Line Commuted Converter，LCC）侧实现潮流反转需要改变电压极性，但 VSC 侧实现潮流反转需要改变电流方向。另外，该系统在设计时要特别注意防止平波电抗器和直流电容发生谐振。

（2）混合多端直流输电系统。当多端直流输电系统中既有 LCC 换流站，又有 VSC 换流站时，就形成了混合多端直流输电系统。在混合多端直流输电系统中，当 VSC 作为逆变站时，稳态下 VSC 一般采用定直流电流控制，而传统直流的控制策略基本上可以不改变，但一定要保持整个系统中作为整流器发出的功率一定要等于作为逆变器吸收的功率和系统损耗之和。当 VSC 的交流侧发生短路故障时，为了防止整个系统直流电压的崩溃，VSC 可以快速转换到定直流电压控制方式。当 VSC 作为整流侧时，一般采用定直流电压控制，其余换流站通过定直流电流控制平衡整个系统的直流功率。对于混合多端直流输电系统，当直流侧发生短路故障时，VSC 侧将产生很大的过电流，危及设备安全，且必须要切除或闭锁整个多端系统才能切除故障电流。

使用 VSC 技术将传统直流系统改造成多端系统具有很大的实用价值。特别是在现在传统直流主要担任大功率、远距离送出任务的情况下，VSC 可以在原有线路的基础上方便地实现分支，而且 VSC 换流站既可以作为整流器将分散的小型电力输送出去，也可以对城市负荷中心、偏远海岛地区提供高质量的电能。

（3）混合多馈入直流输电系统。当多条直流线路共享一条公共交流母线，或者连接到电气距离很近的交流母线上时，就构成了多馈入直流输电系统。当连接在交流母线上的既有 LCC 换流站，又有 VSC 换流站时，就形成了混合多馈入直流输电系统。在多馈入系统中，如果一个换流站暂时中止传输功率，那么交流侧过剩的无功功率就会引起很高的过电压甚至产生非特征谐波，而且可能会导致各个换流站间的控制方式转移和谐波相互作用。在多馈入系统的暂态过程中，由于邻近直流系统之间的相互作用，可能会导致电压的畸变、不对称以及幅值和相位的变化，进而会影响整个系统性能。在以往的研究中多采用静止无功补偿装置来改善多馈入系统的性能。随着传统直流和柔性直流工程的不断建设，当多条直流向同一交流系统供电时（如向大中城市供电），很容易就会形成混合多馈入直流系统。在混合多馈入系统中，由于 VSC 本身就具有动态补偿无功功率、稳定交流母线电压的作用，故在这种情况下，只要 VSC 换流站的容量允许，就可以不装设或少装设其他无功功率补偿装置。

混合多馈入直流输电系统相较于传统直流多馈入系统来说，其优势在于可以利用 VSC 对无功功率的灵活控制，在一定程度上改善传统多馈入直流输电系统的电压和无功功率调节特性。

（4）混合双极直流输电系统。混合双极直流输电系统是另一种利用 VSC 对有功功率和无功功率的快速控制来改善传统直流和受端交流系统运行特性的新型拓扑结构。连接丹麦和挪威的 Skagerrak4 工程就是在原有 3 极 LCC 直流的基础上使用 VSC 换流站构建第 4 极，从而实现混合双极系统的。该系统可以有效对受端交流母线无功功率进行动态补偿，稳定交流母线电压，降低 LCC 逆变器发生换相失败的概率。混合双极直流输电系统的主要不足之处是由于 LCC 和 VSC 的直流电流必须相互配合，故限制了其传输功率的能力。随着柔性直流输电容量的不断提高，VSC 子系统对 LCC 子系统的无功功率支撑能力也将进一步提高，当两个子系统的输送能力相匹配时，该技术有望解决 LCC 换相失败的问题。

作为一种新兴的高压直流输电技术，混合直流输电还未得到广泛应用，但是在当今传统直流和柔性直流共同发展、不断在各自所擅长的领域中开拓创新的情况下，LCC 和 VSC 必将在某种程度或一些特定情景下构成混合直流输电系统，故对混合直流输电系统的研究是极具现实意义的。总体来说，利用 VSC 控制上的灵活性和快速性来改善传统直流及其受端系统的稳定性，利用 LCC 的低损耗、低造价来降低柔性直流的系统损耗和工程造价，是混合直流输电系统的主要特点。在第 9 章中将具体介绍混合两端直流输电系统、混合多馈入直流输电系统和混合双极直流输电系统，此处不再详述。

参 考 文 献

[1] 赵畹君. 高压直流输电工程技术[M]. 北京：中国电力出版社，2011.

[2] 赵成勇. 柔性直流输电建模和仿真技术[M]. 北京：中国电力出版社，2014.

[3] 郭春义，赵成勇，Allan Montanari, Aniruddha M. Gole，肖湘宁. 混合双极高压直流输电系统的特性研究[J]. 中国电机工程学报，2012，32（10）：98-104.

[4] 浙江大学发电教研组直流输电科研组. 直流输电[M]. 北京：水利电力出版社，1985.

[5] 曾南超. 高压直流输电在我国电网发展中的作用[J]. 高电压技术，2004，30（11）.

[6] 韩民晓，文俊，徐永海. 高压直流输电原理与运行[M]. 北京：机械工业出版社，2010.

[7] 裘鹏，陆翌，黄晓明，高一波，徐习东. 中压交、直流配网供电能力比较[J]. 电力与能源，2015，36（2）.

[8] 王兆安，黄俊. 电力电子技术[M]. 北京：机械工业出版社，2009.

第 2 章

模块化多电平换流器技术

2.1 模块化多电平换流器的结构类型及工作原理

2.1.1 模块化多电平换流器的主要结构类型

模块化多电平换流器（MMC）作为一种全新的 VSC 结构，其内部结构如图 2-1 所示，它由 6 个桥臂组成，其中每个桥臂由若干个相互连接且结构相同的子模块与一个电抗器串联组成。与以往的 VSC 拓扑结构不同的是，MMC 在直流母线处没有储能电容。

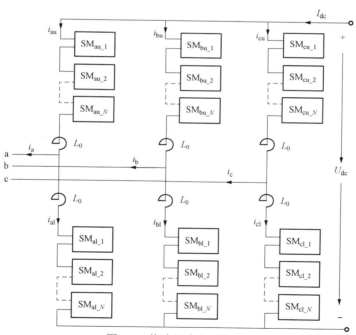

图 2-1　换流器内部结构图

MMC 的半桥型 SM 模块的结构如图 2-2 所示，SM 子模块是由 IGBT 与反并联二极管构成的一个半桥和一个直流储能电容组成。每个子模块都是一个两端器件，它可以在两种电流方向的情况下进行全模块电压（IGBT1=ON，IGBT2=OFF）和零模块电压（IGBT1=OFF，IGBT2=ON）之间的切换。在桥臂上有选择地控制各个子模块是很容易实现的。因此从原

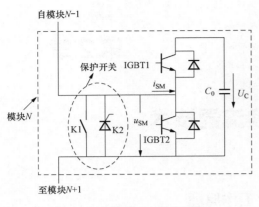

图 2-2　半桥型 SM 模块结构

理上说，一个桥臂可以看作是一个可控电压源，通过调节桥臂的电压，即可得到所需要的换流器出口交流电压值。K1 是高速旁路开关，当子模块发生故障时将故障子模块快速旁路，保证桥臂电流的连续性；K2 是可承受冲击电流的晶闸管，当发生严重故障时，K2 可以保护 IGBT2 的续流二极管。

MMC 子模块的拓扑目前常见的有三种，除了图 2-2 所示的半桥型 SM 模块以外，还有全桥型 SM 模块和级联两电平型 SM 模块。

全桥式模块化多电平换流器的拓扑结构如图 2-3 所示。在主电路方面，全桥式模块化多电平与半桥式模块化多电平完全一致，只是子模块单元的构成有所变化，所采用的 IGBT 数量增加一倍，子模块的输出电压可正可负。这种特性能够有效抑制直流短路故障下的故障电流，提高系统的直流故障穿越能力和安全可靠性，目前被认为是多端直流的最优拓扑。

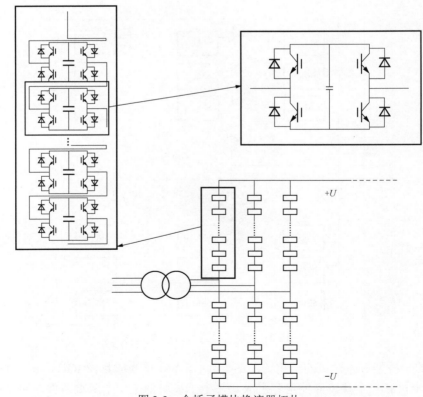

图 2-3　全桥子模块换流器拓扑

　　级联两电平换流器的原理和模块化多电平换流器基本类似，与其不同的是，级联两电平换流器使用的是串联压接式 IGBT，从而成功地将 IGBT 压接技术的应用领域从高压两电平电压源型换流器扩展到了级联型多电平换流器。如图 2-4 所示，该拓扑每相可分为两个桥臂，分别与直流母线的正负极相连；每个桥臂由 N 个两电平单元构成，每个单元可独立控制产生需要的交流基波电压，从而实现对有功功率和无功功率输出的控制。

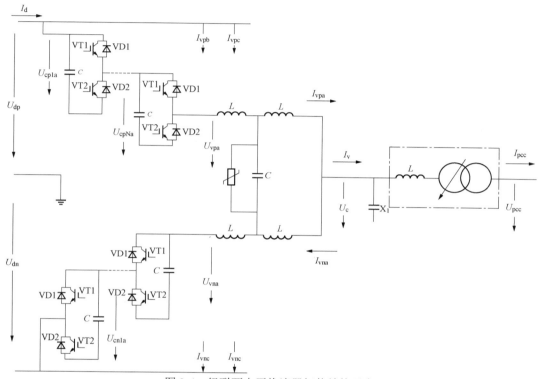

图 2-4　级联两电平换流器拓扑结构示意

　　三种换流器拓扑结构性能对比见表 2-1。

表 2-1　　　　　　　　　　　　　三种换流器拓扑结构性能对比

主要技术性能	半桥 MMC	全桥 MMC	级联两电平换流器
扩展性	强	强	强
开关频率	低	低	低
谐波含量	低	低	低
直流故障抑制	无	有	无
无功功率调节范围	较高	高	较高

　　从目前掌握的技术水平和工程实施可控性考虑，全桥 MMC 与级联两电平换流器的造价和工程实施情况对比见表 2-2。

表 2-2 全新 MMC 与级联两电平换流器造价和工程实施情况对比

	比较项目	全桥 MMC	级联两电平换流器
造价	换流阀	相比于半桥，单个子模块所采用 IGBT 个数增加一倍，相应配套设备增加；省去了半桥中的保护晶闸管；子模块通信光纤数量增加；单个子模块造价比半桥 MMC 要高	IGBT 模块采用压接式，单个子模块电压高，同等电压等级所需模块少；压接式 IGBT 目前只有 ABB 公司的产品比较成熟，单个造价较高
工程实施	阀控系统设计	控制较易；监控装置成本有所增加；造价增加幅度较小；和半桥 MMC 差别较小，相关控制保护扩展简单	由于控制系统功能复杂，暂无此拓扑的控制和保护研究基础
	换流阀	电气结构、水冷需要重新设计；结构上变化，杂散参数增加，控制难度相对增大；需重新设计试验平台	暂无压接式 IGBT 的电气结构设计经验；暂无压接式 IGBT 的试验能力；IGBT 串联均压技术难度较大
	阀控	均压等控制技术相对半桥有所变化；IGBT 数量增加，状态监测难度增大	需同时完成 IGBT 串联均压和电容均压两种功能；控制保护系统功能复杂

从上述对比考虑，半桥结构及级联两电平换流器成本相对较低，但不能抑制直流侧短时的故障电流；全桥结构能够有效抑制双极短路故障下的故障电流，并且快速恢复系统运行，能够有效保持系统运行的暂态稳定性，但投资相对较大。

2.1.2 子模块的工作原理

模块化多电平换流器各桥臂采用数量、电气性能、结构和功能相同的子单元串联而成，并将两电平、三电平换流器中的直流侧支撑电容分散集成到单个子单元中。各个子单元包含一个直流电源（一般是直流储能电容）以及若干开关器件，其基本子单元有两种形式，如图 2-5 所示。

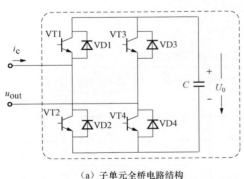
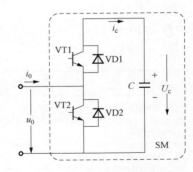

（a）子单元全桥电路结构　　　　（b）子单元半桥电路结构

图 2-5　模块化型多电平子单元结构

模块化多电平换流器的子单元采用图 2-5（b）所示的半桥电路结构，通常称为子模块 SM。作为 MMC 的基本单元，子模块由两个开关器件 IGBT VT1 与 VT2、续流二极管 VD1 与 VD2 和直流电容 C 组成。与全桥电路结构相比，半桥电路结构所含开关器件少了一半，子单元的开关状态少，控制相对简单。SM 是 MMC 的基本工作单元，分析 SM 的工作机理是研究 MMC 的基础。

子模块 SM 包含两个 IGBT，对应 4 种开关状态，但两个 IGBT 同时开通时将造成电容器直接短路，应避免该状态出现。SM 的开关状态如图 2-6 所示。

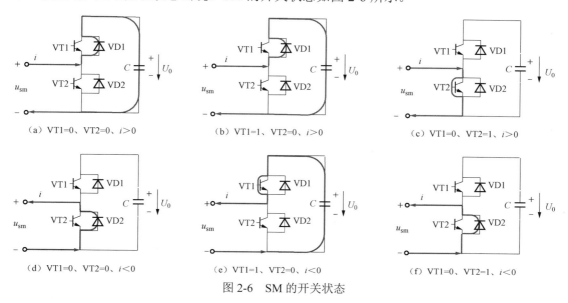

图 2-6　SM 的开关状态

图 2-6 中 V T1(VT2)=0、1 分别表示 VT1(VT2)关断和开通。$i > 0 (< 0)$表示电流流进（流出）子模块。

三种不同的开关状态对应分析如下：

（1）状态 1：闭锁状态。该状态可以看作两电平换流器的一相桥臂两个开关器件关断。当电流流向直流电容正极（定义其为电流的正方向）时，则电流流过 SM 的续流二极管 VD1 向电容充电；当电流反向流动时，则直接通过续流二极管 VD2 将子模块旁路。

该状态为非工作状态，正常运行时不应该出现。只有在系统处于启动充电过程中时，将所有的调制 SM 置成此状态，通过续流二极管 VD1 为电容充电。此外，当出现严重故障时，所有的 SM 也将置成此种状态。

（2）状态 2：投入状态。该状态下，当电流正向流动时，电流将通过续流二极管 VD1 流入电容，对电容充电；当电流反向流动时，电流将通过 VT1 为电容放电。

不管电流处于何种流通方向，SM 的输出端电压都表现为电容电压。SM 始终投入工作，因此这种状态将作为 MMC 电路的一种输出状态。

（3）状态 3：切出状态。该状态下，当电流正向流通时，电流将通过 VT2 将 SM 的电容电压旁路；当电流反向流通时，续流二极管 VD2 将电容旁路。

不管电流方向如何，SM 的输出电压都将为零，此种状态相当于切出桥臂。

SM 充放电情况与其开关状态的关系汇总见表 2-3。

综上所述，开关状态 2 和开关状态 3 属于 SM 正常工作状态，正常工作时，应维持 SM 电容器电压在额定值 U_0 附近上下波动；开关状态 1 为 SM 非工作状态，由于二极管的箝位作用，电容器不会对外放电。为了防止电容器过压，应在 SM 内部设置放电回路，常用的办法是在电容器两端并联电阻，该电阻还起到静态均压的效果。

表 2-3   SM 充放电情况与其开关状态的关系

状态	I	VT1	VT2	U_{sm}	du_{sm}/dt
1	>0	0	0	U_0	>0
	<0	0	0	0	0
2	>0	1	0	U_0	>0
	<0	1	0	U_0	<0
3	>0	0	1	0	0
	<0	0	1	0	0

2.1.3 模块化多电平换流器的工作原理

图 2-7 所示为 MMC-HVDC 中整流侧系统的等值电路。由于换流器中三个相单元具有严格的对称性，以 a 相为例，如图 2-7 所示，P 点和 N 点表示换流器直流侧的正负母线，它们相对于参考中性点 o 的电压分别为 $U_{dc}/2$ 和 $-U_{dc}/2$。U_{a1} 和 U_{a2} 分别是 a 相上、下桥臂可控电压源电压，u_{ao} 是 a 相交流输出侧的电压，可以得到

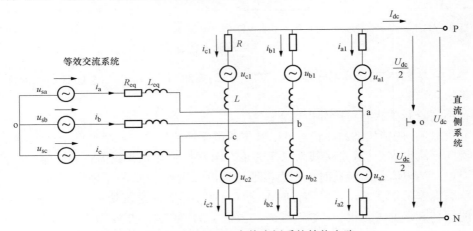

图 2-7   MMC-HVDC 中整流侧系统等值电路

$$\begin{cases} u_{a1} = \dfrac{1}{2}U_{dc} - u_{ao} \\ u_{a2} = \dfrac{1}{2}U_{dc} + u_{ao} \end{cases} \tag{2-1}$$

将式（2-1）中的上下两式相加，得到

$$u_{a1} + u_{a2} = u_{dc} \tag{2-2}$$

由式（2-1）、式（2-2）可以得出，MMC 正常运行需具备以下两个条件：

（1）三相交流电压的输出，即通过对 3 个相单元上、下桥臂中处于投入状态的子模块数进行分配而实现对换流器输出电压的调节。

（2）直流电压的维持，即 3 个相单元中处于投入状态的子模块数都相等且不变。

由于 MMC 中三个相单元有严格的对称性，相单元中的上、下两个桥臂同样也具有严格的对称性，因此直流电流 I_c 在三个相单元间被均分，a 相的输出端电流也被上、下两个

桥臂均分为两部分。因此，可以得到 a 相上、下桥臂电流为

$$\begin{cases} i_{a1} = \dfrac{1}{3}I_{dc} + \dfrac{1}{2}i_a \\[2mm] i_{a2} = \dfrac{1}{3}I_{dc} - \dfrac{1}{2}i_a \end{cases} \tag{2-3}$$

由式（2-3）可知，桥臂电流为正弦波形，与两电平拓扑相比，这样可以降低开关器件的额定电流。

根据上述原理，当 a 相上桥臂所有 N 个子模块都切除时 $u_{a1}=0$，这时 a 相下桥臂所有的 N 个子模块都要投入，才能获得最大的直流电压，从而提高器件利用率。又因为相单元中处于投入状态的子模块数是一个不变的量，所以一般情况下，理论上每个相单元中处于投入状态的子模块数为 N 个，是该相单元全部子模块数 $2N$ 的 1/2。这样，单个桥臂中处于投入状态的子模块数可以是 0，1，2，…，N，也就是说 MMC 最多能输出的电平数为 $N+1$，与 MMC 的可扩展性一致。

2.2 模块化多电平换流器的调制方式

2.2.1 载波移相脉宽调制

载波移相正弦脉宽调制（CPS-SPWM）策略是指，对于每个桥臂中的 N 个子模块，采用 N 个三角载波，相邻的三角载波依次相差 $2\pi/N$ 相位角，然后用同一正弦调制波与这 N 列载波比较，产生 N 组触发信号，去驱动 N 个子模块单元，来决定它们是否投入。任一时刻投入的子模块输出电压 U_{SM} 相叠加，得到 MMC 的输出电压波形。CPS-SPWM 技术能够在较低的器件开关频率下实现较高的等效开关频率，适用于大功率场合。

具体原理如图 2-8 和图 2-9 所示。频率为 f_m 的调制波与频率为 f_c 的三角载波 U_{c1} 的交点作为开关器件 VT1 的开关点，开关器件 VT2 的开关信号与 VT1 的互异（见图 2-8）。

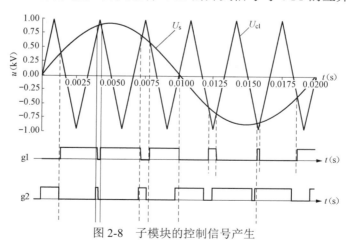

图 2-8 子模块的控制信号产生

N 个三角载波 T_{r1}、T_{r2}、T_{r3}、…、T_{rN} 相位之间依次相差 $2\pi/N$，每列载波对应一个子模块。N 个载波采用相同的调制波，以 N 等于 4 为例，其载波信号与调制波的信号如图 2-9（a）所

示。各载波与调制波比较生成的触发信号如图 2-9（b）所示。每个模块的被相应的触发信号驱动，投入或切除，彼此叠加后输出电压如图 2-9（c）所示。从图 2-9 可以看出，模块化多电平换流器的输出波形比两电平 VSC 的输出波形更接近于正弦波，谐波含量低。

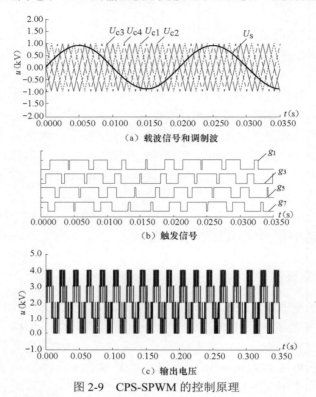

（a）载波信号和调制波

（b）触发信号

（c）输出电压

图 2-9　CPS-SPWM 的控制原理

在 MMC 的同一相单元中，当上、下桥臂各投入 $N/2$ 个子模块时，该相交流出口侧的输出电压为 0；随着上桥臂中处于投入状态的子模块个数逐渐增加，下桥臂中处于投入状态的子模块个数相应减少，此时相单元的输出电压逐渐降低；随着上桥臂中处于投入状态的子模块个数逐渐减少，下桥臂中处于投入的状态子模块个数增多，此时相单元的输出电压逐渐升高。图 2-10 所示所示为载波移相调制策略流程。

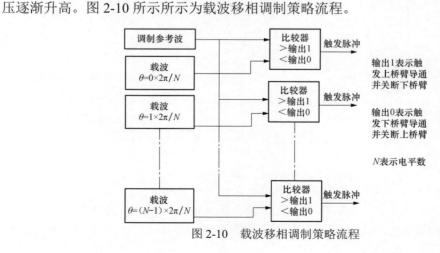

图 2-10　载波移相调制策略流程

2.2.2 空间矢量脉宽调制

如果 MMC 每相上下桥臂有 $2N$ 个子模块，那么其最多可以输出 $2N+1$ 种电平。每相都可以输出 $2N+1$ 种电平，则三相总共有 $(2N+1)^3$ 种电平输出状态，每种电平输出状态对应一个电压矢量。当某一个电压矢量有偶数个冗余矢量时，称之为偶冗余；当某一电压矢量有奇数个冗余矢量时，称之为奇冗余。

如何选择冗余电压矢量合成参考电压矢量是决定 SVPWM 算法好坏的关键。可采用三矢量(NTV)合成方式设计 MMC 电压矢量的最优合成顺序。NTV 合成的一般原则是：至少初始和最终的电压矢量是对应于空间矢量图中同一点的冗余电压矢量；每次只有一相输出电平状态发生改变，且只允许一个电平变化。下面以图 2-11 中的 5 电平 MMC 空间矢量状态图的子区域为例进行说明。

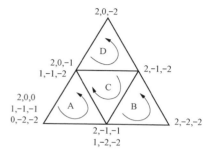

图 2-11　5 电平 MMC 空间矢量子区域

在控制周期 T_s 内，电平输出状态波形关于 $T_s/2$ 对称，所以后续分析仅给出前 $T_s/2$ 内的电压矢量合成顺序（简称合成顺序）。表 2-4 给出了图 2-11 所有可能的合成顺序，三角形 A 和三角形 C 均有多种合成顺序。为了不引起附加的电平变化，当参考电压矢量由三角形 B 移向三角形 C 时，规定三角形 C 的合成顺序为 C1；当其由三角形 C 移向三角形 D 时，规定三角形 C 的合成顺序为 C2，因为它们有共同的起点。同理，当参考电压矢量由三角形 A 移向三角形 C 时，规定只有合成顺序 A1 和 A2 适用。三角形 C 中有 2 种可用的合成顺序，为确定采用合成顺序原则，这里规定当电压矢量 2，-1，-1/1，-2，-2 作用时间超过 2，0，-1/1，-1，-2 时，合成顺序 C1 切换成 C2。对应于三角形 A 中，当三角形 C 的合成顺序为 C1 时，三角形 A 的合成顺序为 A1；当三角形 C 的合成顺序为 C2 时，三角形 A 的合成顺序为 A2。因此有如下结论：参考电压矢量的起点一般为偶冗余矢量；对于奇冗余矢量来说，只有 1 个电压矢量是可用的；对于偶冗余矢量来说，只有 2 个电压矢量是可用的。

表 2-4　　　　　　　　　　　　　　**图 2-11 所有可能的合成顺序**

三角形	顺序编号	顺　　序
A	A1	1, -2, -2→1, -1, -2→1, -1, -1→2, -1, -1
	A2	1, -1, -2→1, -1, -1→2, -1, -1→2, 0, -1
	A3	0, -2, -2→1, -2, -2→1, -1, -2→1, -1, -1
	A4	1, -1, -1→2, -1, -1→2, 0, -1→2, 0, 0
B	B1	1, -2, -2→2, -2, -2→2, -1, -2→2, -1, -1
C	C1	1, -2, -2→1, -1, -2→2, -1, -2→2, -1, -1
	C2	1, -1, -2→2, -1, -2→2, -1, -1→2, 0, -1
D	D1	1, -1, -2→2, -1, -2→2, 0, -2→2, 0, -1

空间矢量调制在 MMC 的运用中有个致命的缺点，即它无法模块化。由于空间矢量的数目是电平数的立方，当电平数很高时，各状态对应的空间矢量冗余度很高，如何定位并在较短时间挑选出合适的空间矢量都会相当困难，甚至无法执行。可见，该调制算法通用性差，不适合 MMC"模块化"设计的特点。当电平数高于 5 电平时，计算就会变得很复杂，所以电平数超过 5 时一般不使用空间矢量调制。

2.2.3 最近电平逼近调制

对应用于高压直流输电领域的模块化多电平换流器而言，受 IGBT 通流能力的限制，为了实现较高的传输容量，MMC 通常采用上百个子模块级联的方式以提高直流电压。比如，Trans Bay Cable 工程换流器的单个桥臂由 216 个子模块（含冗余）串联而成。此时，交流侧输出电压波形近似于正弦波，系统的谐波含量已经很低，不需要再借助高频的调制方式。因此，在电平数很高的情况下可以采用基频调制方式，以降低器件开关损耗，进而降低换流站总损耗。

最近电平逼近调制（NLM）的原理如图 2-12 所示。它的工作机理是用最近的电平瞬时逼近调制波，它从换流器所能生成的电平中选择与调制波最接近的作为控制信号，触发子模块使相应数目的子模块投入，产生所需的电平输出。

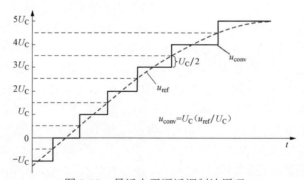

图 2-12　最近电平逼近调制法原理

最近电平逼近调制通过式（2-4）选择最邻近的电平，并确定任意时刻每相上、下桥臂需要投入的子模块个数，然后确定各子模块开通的时序。以 a 相为例，设每个时刻，a 相上桥臂和下桥臂需要投入的子模块数 n_{up} 和 n_{down}，则 n_{up} 和 n_{down} 可通过式（2-5）得出。

$$u_{conv} = U_C \left(u_{ref} / U_C \right) \tag{2-4}$$

$$\begin{cases} n_{up} = \dfrac{N}{2} - u_{ref} / U_C \\ n_{down} = \dfrac{N}{2} + u_{ref} / U_C \end{cases} \tag{2-5}$$

根据式（2-5），可以推导出最近电平逼近的实际调制策略流程，如图 2-13 所示。

对于最近电平逼近调制法来说，调制的准确性严重依赖于电容电压的平衡，该方法的实现以电容电压平衡控制为基础，因此，该方法在实现过程中常配合以一定的电容电压平衡控制方式。常用的均压控制是采用电容电压排序的方法，该方法的具体原理会在后面介绍。

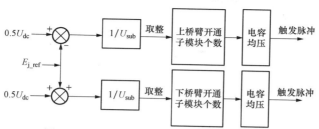

图 2-13 最近电平逼近的实际调制策略流程

最近电平逼近调制类似于阶梯波调制，当换流器电平数目较少时，逼近误差就相对比较大了，低次谐波也随之出现。该控制方法凭借其原理简单、实现容易、效率高的优点，适用于电平数高的场合。

2.2.4 谐波分析

基于正弦逼近的阶梯波调制（Stepped Waveform Modulation，SWM）本质上是一种跟踪控制，指令值跟随参考电压变化。这种调制策略最大的特点是避免了非线性计算，仅通过逻辑比较动态跟踪系统电压，而且该方法响应速度快，易于硬件实现。

如图 2-14 所示，用具有 $(2s+1)$ 个台阶的阶梯波 U_{an} 去逼近正弦波，并且始终保持阶梯波与正弦波之间的差值在一个电平电压 U_d 的 $1/2$ 以内，其中 U_d 为换流器一个子模块的电容电压。

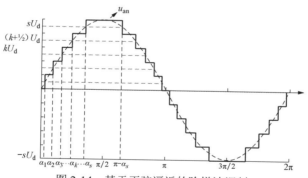

图 2-14 基于正弦逼近的阶梯波调制

$$\begin{cases} \text{if } \mathrm{mod}(u, U_d) > 1/2, \ u = (k+1)U_d \\ \text{if } \mathrm{mod}(u, U_d) \leqslant 1/2, \ u = kU_d \end{cases} \tag{2-6}$$

式中，$k = \mathrm{mod}(u, U_d)$，且 $k = 0, 1, \cdots, s-1$；$\mathrm{mod}(\ )$ 是求余函数。

因而，采用基于正弦逼近的 SWM 时，换流器 a 相上下桥臂电压可记为

$$\begin{cases} u_{au} = (s+k)U_d \\ u_{al} = (s-k)U_d \end{cases} \tag{2-7}$$

当换流器输出电平数较高时，采用基于正弦逼近的 SWM，就能够得到质量较高的输出波形。SWM 有效降低了控制复杂度和计算压力，使得模块化多电平换流器在大功率应用领域有很多技术优势。

2.2.4.1 换流器交流侧的特征谐波

由于 SWM 输出波形具有 1/4 周波偶对称性和 1/2 周波奇对称性，对输出相电压进行傅里叶分析，有如下结论

$$a_n = \frac{1}{\pi}\int_{\pi/2}^{\pi/2} u_{an}(\alpha)\cos(n\alpha)\,\mathrm{d}\alpha = 0 \tag{2-8}$$

$$
\begin{aligned}
b_n &= \frac{2U_d}{\pi}\int_0^{\pi/2} u_{an}(\alpha)\sin(n\alpha)\,\mathrm{d}\alpha \\
&= \frac{2U_d}{\pi n}\sum_{k=1}^{s}\gamma_k\left[\cos(n\alpha_k)-\cos(\pi n - n\alpha_k)\right]
\end{aligned}
\tag{2-9}
$$

其中式（2-9）可以化简为

$$b_n = \begin{cases} \dfrac{4U_d}{n\pi}\sum_{k=1}^{s}\gamma_k\cos(n\alpha_k) & n=1,3,5,\cdots \\ 0 & n=2,4,6,\cdots \end{cases} \tag{2-10}$$

由式（2-10）可知，相电压中不存在偶数次谐波，只有奇数次谐波。则 $u_{an}(\alpha)$ 的表达式可写为

$$u_{an}(\alpha) = \frac{4U_d}{\pi}\sum_{n=1,3,5,\cdots}^{\infty}\frac{1}{n}\left[\cos(n\alpha_1)+\cos(n\alpha_2)+\cdots+\cos(n\alpha_s)\right]\sin(n\alpha) \tag{2-11}$$

由式（2-11）可知，相电压中不存在偶数次谐波，只有奇数次谐波。

换流器正常运行调制比的范围是[0.75, 1]。在此范围内，采用 MATLAB 软件对式（2-11）进行计算，分析不同调制比下输出电压的频谱特性。

由图 2-15 可以看出，相电压 THD 率随着调制比的增大而减小。这是由于调制比减小时，输出电压幅值减小，从而导致换流器实际工作的电平数减少，电平数减小导致了电压畸变率的增大；但是调制比在[0.75,1]正常变化范围内时，THD 均低于 1.5%。另外，单次谐波的畸变率均低于 0.5%，因而完全满足系统对换流器谐波的要求。需要说明的是，以上的分析中忽略了阀电抗器的滤波作用，在实际的系统中高次谐波分量将能够得到很好的抑制。

2.2.4.2 换流器直流侧的特征谐波

换流器直流侧的特征谐波是指在理想的运行条件下，单纯由换流器换流过程引起的谐波。理想状态下，换流器交流母线电压为理想的三相阶梯电压波，直流侧电压为恒定的直流电压，直流侧为理想的直流电流，换流过程的三相参数和控制过程对称良好。

2.2.4.3 换流器交直流侧的非特征谐波

实际系统在运行过程中，不仅各次特征谐波的大小和相位都可能与理论上存在一定差异，而且还会产生许多非特征次谐波。其中子模块电容电压不平衡和电容电压波动是产生非特征谐波的一个重要因素。

图 2-16 所示为换流器交流出口处桥臂电压与线电压波形和频谱特性，波形质量均较

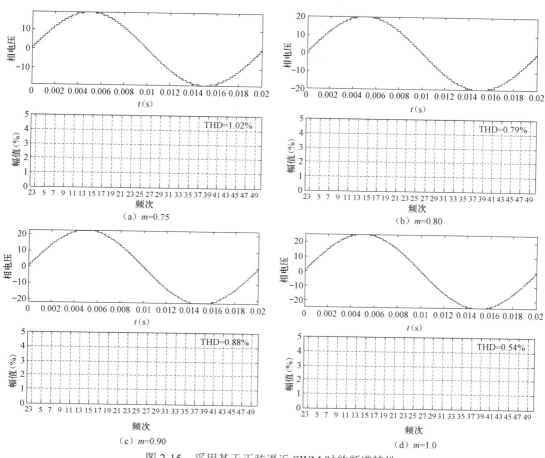

图 2-15　采用基于正弦逼近 SWM 时的频谱特性

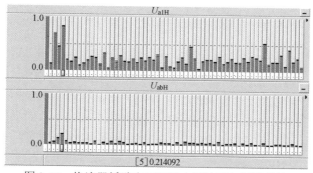

图 2-16　换流器桥臂电压和线电压波形与频谱特性

高。线电压中的各次谐波含量都非常小，单次谐波幅值均小于 0.5%，其中最大的 5 次谐波电压幅值也不过 0.214%；线电压的总谐波畸变率 THD 为 0.366%；电话影响因子 TIF 为 38.28。因而，两个指标都在国家标准规定的限值内。

由图 2-17 所示换流器桥臂电流频谱图可知，2～5 次谐波电流的幅值相对较大，但其幅值都没有超过基频分量的 1%，电流的 THD 为 1.54%。因此，相关指标也都满足国家标准要求。

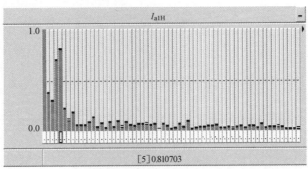

图 2-17　换流器桥臂电流频谱

如图 2-18 所示，换流器直流线路电流频谱中，各次谐波电流都以有名值的形式给出，单位是 kA。各次谐波电流的幅值都相对较小，远小于直流电流幅值 1600A。

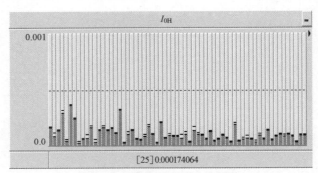

图 2-18　换流器直流电流频谱

换流器中所产生的非特征次谐波，一般都比频率相近的特征次谐波小很多。而且由于换流器的运行方式变化可能很大，一些不平衡的因素影响也无法预测，高次非特征谐波很难利用理论分析计算出准确的结果，所以通常都采用测量方法得到。

2.2.4.4　换流器滤波系统配置

综上所述，虽然电容电压不平衡会带来较大低次谐波分量，由于系统电压本身畸变较小（非常近似正弦波），再加上相电抗的滤波作用，换流器交流侧出口处电压、电流波形的谐波含量都满足国家标准要求。因而工程换流器的交流侧不考虑加装滤波器。

另外，前文对直流侧谐波的分析表明：直流电流中各次谐波幅值都很小，因而工程换流器的直流侧不考虑加装滤波器。

2.3　MMC 的电容电压平衡控制与环流抑制

2.3.1　电容电压平衡控制原理

对于 MMC 而言，电容均压控制就是使桥臂上各子模块的电容电压处于一个相同的水平，称作电容电压平衡控制。如果不进行均压控制，就意味着当需要开通 k 个子模块时，便简单地选通第 1～k 号子模块。以 11 电平 MMC 为例，当不采取电容电压平衡控制时，a

相单元中各个子模块通断状态如图 2-19 所示。显而易见，同一桥臂上所有子模块的占空比相差悬殊，阀组件承受的应力也是如此。为了能采用同一规格的器件以提高运行的安全、稳定性及设计的模块化和可扩展性，必须对桥臂上所有子模块实施电容电压平衡控制。

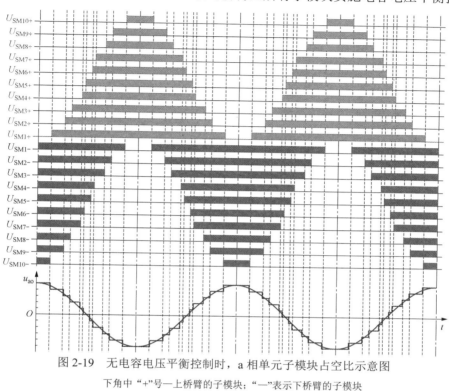

图 2-19　无电容电压平衡控制时，a 相单元子模块占空比示意图

下角中 "+" 号—上桥臂的子模块；"—" 表示下桥臂的子模块

图 2-19 中，当子模块需要开通（即运行于全电压状态）时，所在桥臂电流的极性直接决定电容器的运行状态（充电或放电）。也就是说，根据桥臂电流的极性选通合适的子模块，就可对其电容电压进行调整。

图 2-20 所示为换流器 a 相上、下桥臂电流示意图。桥臂电流含有直流分量，正负半周不对称。对整流侧而言，桥臂电流的直流分量总是使相单元和投入的子模块放电，即整流侧向直流系统输送功率。而桥臂电流的交流分量对上、下桥臂投入的子模块的充放电总是大小相等、性质相反。当 i_a 为正

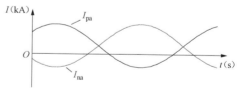

图 2-20　换流器 a 相上、下桥臂电流示意图

时，如果此时换流器 a 相电压 u_a 为正，即下桥臂投入的子模块数多于上桥臂，则桥臂电流的交流分量使下桥臂子模块的充电大于其使上桥臂子模块的放电，整个相单元被充电；如果此时 u_a 为负，则整个相单元被放电。同理当 i_a 为负时，如果此时 u_a 为负，则相单元被充电；如果此时 u_a 为正，则相单元被放电。不考虑换流器损耗时，只要相电压和相电流的相角差小于 90°，桥臂电流的交流分量对相单元的充电大于放电，该充放电能量之差就是交流系统向整流侧输送的能量，以此实现交直流侧能量的平衡。如果考虑换流器损耗，则该损耗由交直流侧功率之差来补偿。对整流侧子模块而言，相电压和相电流的相角差小于 90°

意味着子模块的投入时间较多地分布在桥臂电流的交流分量使其充电的时间内，而子模块的切除时间较多地分布在桥臂电流的交流分量使其放电的时间内，以补偿桥臂电流的直流分量对投入的子模块造成的放电，从而实现子模块电容的充放电平衡。

2.3.2　电容电压平衡控制策略

2.3.2.1　传统的电容电压平衡控制策略

MMC 的总直流电压控制和 3 个相单元的并联结构可以维持相单元的直流电压平衡，随着相单元上、下桥臂子模块投切状态的轮换，其上、下桥臂子模块电容电压之间也能够实现平衡。所以 MMC 的电容电压平衡控制可以以一个桥臂为单位。子模块接口电路以毫秒级的采样速率对各子模块电容电压进行周期性测量，上层控制根据该信息先将桥臂上所有子模块电容电压进行排序，再依据桥臂电流的极性和当前需要开通的子模块数，选通相应的子模块组。比如，当电流流向子模块时，选通电容电压较低的那些子模块组以对其充电，使得电容电压被提升；当电流流出子模块时，选通电容电压较高的那些子模块组以对其放电，使得电容电压降低。通过这种简单的控制策略，除了能保证电容电压的持续平衡外，还能实现电容储能的优化利用和阀损耗的均匀分布。

传统的电容电压平衡控制方法步骤如下：

（1）快速监测桥臂中各子模块的电容电压值。

（2）监测各桥臂电流方向，判定其对桥臂中投入的子模块的充放电情况。

（3）在触发控制动作时，控制器先对该时刻的子模块电容电压值进行排序。如果该时刻桥臂电流对投入的子模块充电，则按照电容电压由低到高的顺序投入相应数量的子模块，并将其余的子模块切除；如果该时刻桥臂电流使子模块放电，则按照相反的顺序投入相应数量的子模块，并将其余的子模块切除。

下面以 A 相桥臂为例，具体说明该方法的实现过程。设 a 相上下桥臂各有 N 个模块，计算出第 i 个调制控制周期内 a 相上桥臂的开关函数为 S_{ap}，也就是在这个调制周期内的任意时刻需要投入即开通 S_{ap} 个模块。此时如果 a 相上桥臂电流 $i_{ap}>0$，那么上桥臂中的模块按照模块电容电压由小到大的顺序排列，给前 S_{ap} 个模块开通信号，这样电容电压最小的 S_{ap} 个模块便得以充电。如果电流 $i_{ap}<0$，那么上桥臂中的模块按照模块电容电压由大到小的顺序排列，给前 S_{ap} 个模块开通信号，这样电容电压最大的 S_{ap} 个模块便得以放电。通过这种控制策略，可以保证对桥臂内模块电容电压连续的平衡控制。

假定一段时间内，某桥臂的桥臂电流对该桥臂中投入的子模块充电。在这段时间内的某一时刻触发控制第一次动作，控制器会对这时的子模块电容电压进行排序，根据调制策略和子模块电容电压排序结果将该桥臂中电容电压较低的那些子模块投入，将其余电容电压较高的那些子模块切除。被投入的子模块将被充电，其电容电压将升高；被切除的子模块的电容电压则保持不变。由于平衡控制的持续作用，总体上各子模块的电容电压值相差并不大。等到触发控制第二次动作时，被投入的那些子模块的电容电压与被切除的那些子模块的电容电压相比已经显著升高。控制器对这时的子模块电容电压重新进行排序，然后根据调制策略和新的电容电压排序结果对子模块重新进行投切。之前因电容电压较低而被投入的一部分子模块经过充电后，这时其电容电压已经较高，将被切除；而之前因电容电压较高而被切除的一部分子模块的电容电压这时已经较低，将被投入。由此可见，传统方法下子模块的投切状态变化比较频繁，开关器件的开关频率比较高，会造成较大的开关损耗。图 2-21 所示为传统的电容电压平衡控制原理图。

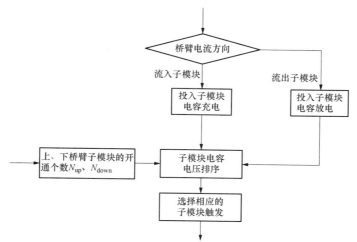

图 2-21　传统的电容电压平衡控制原理图

2.3.2.2　改进的电容电压平衡控制策略

传统的电容电压平衡控制中，所有的子模块都需要随时进行排序计算，增加了计算机的运算量。而改进后的策略则避免了任意时刻将所有的子模块都进行排序，从而大大减少了计算机的运算量，同时也减小了换流器的开关频率。具体原理如图 2-22 所示。

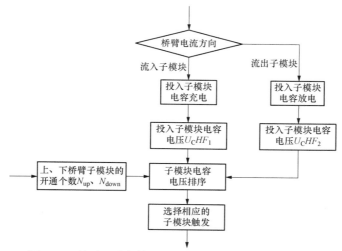

图 2-22　基于双重保持因子的电容电压平衡控制原理图

（1）当桥臂电流流向子模块时，即投入子模块充电时，电容电压较低的子模块优先投入。将处于切除状态且电容电压高于下限值的子模块电容电压乘以一个略大于 1 的系数后再做排序，这样增大了这些子模块在下一控制周期保持切除状态的可能性，相应地增大了电容电压低于下限值，以及处于切除状态的子模块和处于充电状态的子模块在下一控制周期投入充电的可能性。

（2）当桥臂电流流出子模块时，即投入子模块放电时，电容电压较高的子模块优先投入。将处于切除状态且电容电压高于上限值的子模块以及处于放电状态的子模块的电容电压乘以一个略大于 1 的系数后再做排序，这样增大了这些子模块在下一控制周期处于投入状态的可能性，相应地增大了处于切除状态且电容电压低于上限值的子模块在下一控制周期保持切除状态的可能性。

可知，当两个保持因子都等于 1 时，即为传统的电容电压均压方法。上述 MMC 的子模块电容电压平衡优化方法，其核心是将子模块的初始投切状态引入排序，通过增加两个保持因子，使更多的子模块保持原来的投切状态，从而有效地降低元件的投切次数，降低元件的开关损耗。同时，增加保持因子后，同样考虑了子模块电容电压越限的情况，从而保持了电容电压平衡的效果。

图 2-23 所示为 MMC 采用不同保持因子时，A 相上桥臂 20 个子模块电容电压波动的仿真波形。显而易见，采用优化调制策略后，子模块电容电压的波动范围比传统方法大，但是整体波动范围仍在 ±8% 以内，可以满足电容设计的要求。

接下来分析优化的电容电压平衡控制方法对器件开关频率的影响。表 2-5 给出了 10 组保持因子下，各元件的开关频率以及子模块电容电压的最大波动幅度。

由表 2-5 可以看出，当 $HF_1=HF_2=1$ 时，即采用传统的电容电压平衡控制方法时，元件的开

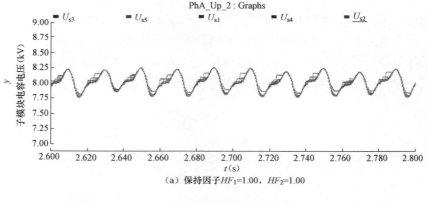

（a）保持因子 HF_1=1.00，HF_2=1.00

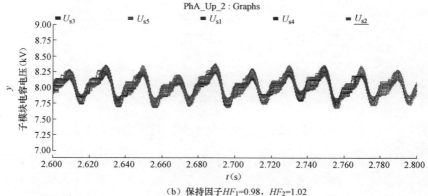

（b）保持因子 HF_1=0.98，HF_2=1.02

图 2-23 上桥臂子模块电容电压波动的仿真波形（一）

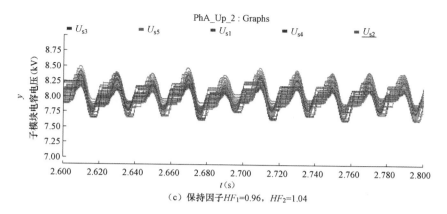

（c）保持因子HF_1=0.96，HF_2=1.04

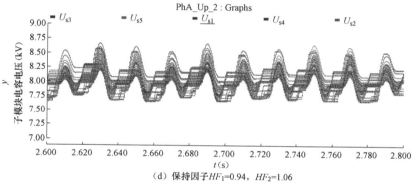

（d）保持因子HF_1=0.94，HF_2=1.06

图2-23 上桥臂子模块电容电压波动的仿真波形（二）

关频率为1102Hz，开关频率很高。但是当HF_1=0.99且HF_2=1.01时，电容电压的最大波动幅度与传统方法相近，但是元件开关频率降低到了177Hz；当HF_1=0.98且HF_2=1.02时，电容电压的最大波动幅度有所增大，但是元件开关频率降低到了110Hz。同时，随着保持因子HF_1的增大及HF_2的减小，虽然子模块的电容电压的最大波动幅度有所增大，但是元件的开关频率与传统电容电压平衡控制方法相比有了显著的降低。因此，电容电压平衡控制优化方法通过适当地选择保持因子，可以在保证电容电压波动幅度满足要求的同时，显著降低元件开关频率。

表2-5   不同保持因子下，各元件开关频率以及子模块电容电压最大波动幅度

保持因子		IGBT 开关频率（Hz）	电容电压最大波动幅度
HF_1=1.00，	HF_2=1.00	1102	$-3.66\%\sim3.66\%$
HF_1=0.99，	HF_2=1.01	177	$-4.05\%\sim4.35\%$
HF_1=0.98，	HF_2=1.02	110	$-4.45\%\sim4.63\%$
HF_1=0.97，	HF_2=1.03	82	$-4.70\%\sim5.68\%$
HF_1=0.96，	HF_2=1.04	72	$-4.88\%\sim6.14\%$
HF_1=0.95，	HF_2=1.05	69	$-5.09\%\sim7.21\%$
HF_1=0.94，	HF_2=1.06	65	$-4.61\%\sim8.33\%$
HF_1=0.93，	HF_2=1.07	62	$-4.56\%\sim8.99\%$
HF_1=0.92，	HF_2=1.08	61	$-6.01\%\sim9.41\%$
HF_1=0.91，	HF_2=1.09	60	$-6.18\%\sim8.39\%$
HF_1=0.90，	HF_2=1.10	58	$-6.24\%\sim7.65\%$

图 2-24 与图 2-25 分别为随着保持因子 HF_2 增长，开关频率的变化规律与各个子模块电容电压波动幅度的变化规律。

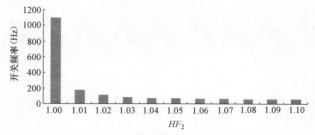

图 2-24   不同保持因子下开关频率的变化规律

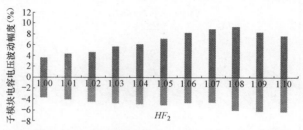

图 2-25   不同保持因子下开关频率的变化规律

2.3.3   换流器内部环流产生机理

图 2-26 所示为 MMC 的等效电路图，换流器的交流侧通过变压器与交流系统连接。该侧的相电压和线电流分别为 u_{vj} 和 i_j（$j=a$，b，c，下同）；L_0 为桥臂串联电抗器的电感值；电阻 R_0 用来等效整个桥臂的损耗；U_{dc} 为直流电压；I_{dc} 为直流电流。各子模块构成的桥臂

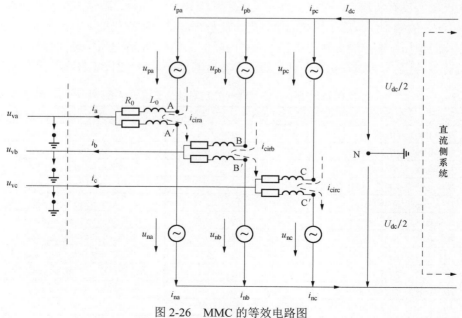

图 2-26   MMC 的等效电路图

电压可用 6 个受控电压源 u_{pj} 和 u_{nj} 来等效，下标 p 和 n 分别表示上桥臂和下桥臂。相应的桥臂电流分别为 i_{pj} 和 i_{nj}，参考方向如图 2-26 所示。换流器中的三个相单元并联于直流侧母线上，在运行时每个相单元产生的直流电压很难保持严格一致，因此就有环流在 3 个相单元间流动。

由于图 2-26 所示的换流器的各相单元结构是对称的，以 a 相为例，i_{cira} 为流经 a 相单元的环流，可知

$$\begin{cases} i_{cira} = i_{pa} - \dfrac{i_a}{2} = i_{na} + \dfrac{i_a}{2} \\ i_a = i_{pa} - i_{na} \end{cases} \tag{2-12}$$

得到环流 i_{cira} 表达式

$$i_{cira} = \frac{1}{2}(i_{pa} + i_{na}) \tag{2-13}$$

由以上公式可以得出，环流只存在于换流器内部，独立于换流器外部所接电源或负荷；尽管桥臂电抗可以限制环流的大小，但是相单元间环流的存在会使桥臂电流发生畸变，也会对电容电压平衡产生一定影响，所以就有必要采用合适的控制策略对环流进行抑制。

2.3.4 MMC 环流抑制控制策略

MMC 可由式（2-14）、式（2-15）表示

$$u_{vj} = \frac{u_{nj} - u_{pj}}{2} - \frac{R_0}{2} i_{vj} - \frac{L_0}{2} \frac{di_{vj}}{dt} \tag{2-14}$$

$$L_0 \frac{di_{cirj}}{dt} + R_0 i_{cirj} = \frac{U_{dc}}{2} - \frac{u_{pj} + u_{nj}}{2} \tag{2-15}$$

令虚拟电动势 e_j 为

$$e_j = \frac{u_{nj} - u_{pj}}{2} \tag{2-16}$$

令不平衡压降 u_{cirj} 为

$$u_{cirj} = L_0 \frac{di_{cirj}}{dt} + R_0 i_{cirj} \tag{2-17}$$

u_{cirj} 是某相不平衡电流 i_{cirj} 在一个桥臂电抗上产生的压降。

上、下桥臂电压参考值 u_{pj_ref}，u_{nj_ref} 为

$$u_{pj\_ref} = \frac{U_{dc}}{2} - e_j - u_{cirj} \tag{2-18}$$

$$u_{nj\_ref} = \frac{U_{dc}}{2} - e_j - u_{cirj} \tag{2-19}$$

虚拟电动势 e_j 为 PCP 控制器的输出，用来控制 MMC 的有功功率、无功功率及直流母线电压等。不平衡压降 u_{cirj} 用于抑制 MMC 的内部环流。

i_{cirj} 由直流电流分量 i_{cirj_DC} 和二倍频负序交流分量 i_{cirj_AC} 组成，其中 i_{cirj_DC} 等于 $I_{dc}/3$，而 i_{cirj_AC} 为 MMC 桥壁之间的内部环流。

$$\begin{cases} i_{\text{cira}} = \dfrac{I_{\text{dc}}}{3} + I_{2\text{f}}\sin(2\omega_0 t + \varphi) \\[2mm] i_{\text{cirb}} = \dfrac{I_{\text{dc}}}{3} + I_{2\text{f}}\sin\left[2\left(\omega_0 t - \dfrac{2}{3}\pi\right) + \varphi\right] \\[2mm] i_{\text{circ}} = \dfrac{I_{\text{dc}}}{3} + I_{2\text{f}}\sin\left[2\left(\omega_0 t + \dfrac{2}{3}\pi\right) + \varphi\right] \end{cases} \tag{2-20}$$

式中 $I_{2\text{f}}$——二倍频环流峰值；

　　ω_0——基波角频率；

　　φ——初相角。

通过变换矩阵 $T_{\text{acb}/dq}$ 将三相环流分解成 dq 轴两个方向上的直流分量

$$T_{\text{acb}/dq} = \frac{2}{3}\begin{bmatrix} \cos\theta & \cos\left(\theta - \dfrac{2}{3}\pi\right) & \cos\left(\theta + \dfrac{2}{3}\pi\right) \\[2mm] -\sin\theta & -\sin\left(\theta - \dfrac{2}{3}\pi\right) & -\sin\left(\theta + \dfrac{2}{3}\pi\right) \end{bmatrix} \tag{2-21}$$

其中 $\theta = 2\omega_0 t$，三相不平衡电压降可表示为

$$\begin{bmatrix} u_{\text{cira}} \\ u_{\text{circ}} \\ u_{\text{cirb}} \end{bmatrix} = L_0\frac{\text{d}}{\text{d}t}\begin{bmatrix} i_{\text{cira}} \\ i_{\text{circ}} \\ i_{\text{cirb}} \end{bmatrix} + R_0\begin{bmatrix} i_{\text{cira}} \\ i_{\text{circ}} \\ i_{\text{cirb}} \end{bmatrix} \tag{2-22}$$

通过 dq 变换后可以得到

$$\begin{bmatrix} u_{\text{cir}d} \\ u_{\text{cir}q} \end{bmatrix} = L_0\frac{\text{d}}{\text{d}t}\begin{bmatrix} i_{2\text{f}d} \\ i_{2\text{f}q} \end{bmatrix} + \begin{bmatrix} 0 & -2\omega_0 L_0 \\ 2\omega_0 L_0 & 0 \end{bmatrix}\begin{bmatrix} i_{2\text{f}d} \\ i_{2\text{f}q} \end{bmatrix} + R_0\begin{bmatrix} i_{2\text{f}d} \\ i_{2\text{f}q} \end{bmatrix} \tag{2-23}$$

其中，$u_{\text{cir}d}$、$u_{\text{cir}q}$、$i_{2\text{f}d}$、$i_{2\text{f}q}$ 分别为 $u_{\text{cir}j}$、$i_{2\text{f}}$ 在二倍频负序旋转坐标系下的 dq 轴分量，MMC 内部环流数学模型为

$$\begin{cases} U_{\text{p}j} = \dfrac{1}{2}U_d - U_j - U_{\text{cir}j} \\[2mm] U_{\text{n}j} = \dfrac{1}{2}U_d + U_j - U_{\text{cir}j} \end{cases} \tag{2-24}$$

由式（2-23）可得 $u_{\text{cir}d}$ 和 $u_{\text{cir}q}$ 与 $i_{2\text{f}d}$ 和 $i_{2\text{f}q}$ 之间的关系图如图 2-27。

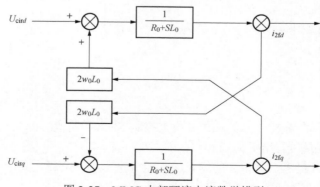

图 2-27　MMC 内部环流电流数学模型

为抑制 MMC 内部的三相环流，在 MMC 内部环流数学模型的基础上，采用二倍频负序旋转坐标变换将换流器内部的三相环流分解为 2 个直流分量，并设计了相应的 CCSC，从而消除了桥臂电流中的环流分量，大大减小了桥臂电流的畸变程度，使其更逼近正弦波。根据以上分析，可以设计相应的 CCSC 如图 2-28 所示。

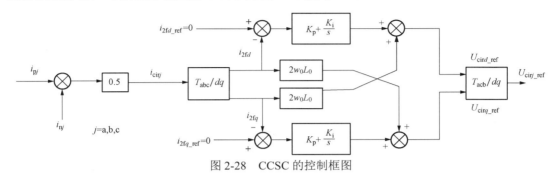

图 2-28　CCSC 的控制框图

上、下桥臂电流取平均值得到内部电流 i_{cirj}，再经二倍频负序坐标变换，得到 dq 轴两个方向上的环流分量 i_{2fd} 和 i_{2fq}，作为控制量，i_{2fd} 和 i_{2fq} 分别与零基准作差经过 PI 调节器，同时引入前馈量 $2\omega_0 L_0 i_{2fd}$ 和 $2\omega_0 L_0 i_{2fq}$ 解耦，得到 dq 轴方向的参考值 u_{cird_ref} 和 u_{cirq_ref}。最后经过反变换得到三相参考值 u_{cirj}。逆变换公式为

$$T_{dq/acb} = \begin{bmatrix} \cos\theta & -\sin\theta \\ \cos\left(\theta - \dfrac{2}{3}\pi\right) & -\sin\left(\theta - \dfrac{2}{3}\pi\right) \\ \cos\left(\theta + \dfrac{2}{3}\pi\right) & -\sin\left(\theta + \dfrac{2}{3}\pi\right) \end{bmatrix} \tag{2-25}$$

其中，$\theta = 2\omega_0 t$。图 2-29 为包含 CCSC 的 MMC 整体控制结构，其中 P_{ref}，Q_{ref} 为外环控制器的有功和无功功率基准值，i_{d_ref}、i_{q_ref} 为内环控制器的 dq 轴电流参考值。内环控制器的输出 e_{j_ref} 与环流抑制控制器的输出 u_{cirj_ref} 叠加后得到上、下桥臂电压参考信号 u_{pj_ref} 和 u_{nj_ref}，通过调制算法触发脉冲控制相应 IGBT。

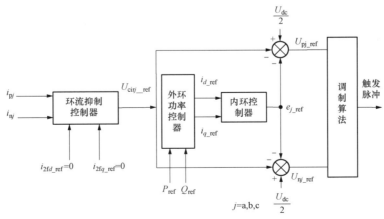

图 2-29　包含 CCSC 的 MMC 整体控制结构

2.4　电力电子器件技术与子模块设计

2.4.1　IGBT 技术

IGBT 本质上是一个场效应管，只是在漏极和漏区之间多了一个 P 型层，如图 2-30 所示。可以看出，IGBT 是由一个纵向的 PNP 管和一个横向的 N 沟道 MOS 并联而成的。在正常工作时，P^+ 区衬底接正电位，称为 IGBT 器件的集电极，同时也是 PNP 晶体管的发射极，IGBT 发射极将 N^+ 与 P-base 短接。

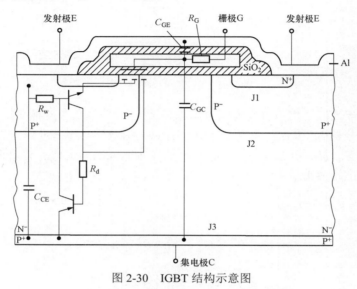

图 2-30　IGBT 结构示意图

IGBT 封装技术处于整个 IGBT 大功率器件生产技术链的末端。大功率的 IGBT 封装形式现分为压接式和焊接式两种。

焊接式封装主要以 ABB、西门康、三菱和富士公司为主要代表。ABB 公司模块的设计思想是尽可能减小因电流引线产生的寄生电感，这样可有效提高 IGBT 模块的外部参数特征，对于应用在大 di/dt 工况中显得尤为重要。西门康公司主要致力于中、低功率 IGBT 的开发，并提出了无引线、低温烧结、弹簧压力接触端子和无基板、无钎焊模块等多项先进封装技术。三菱公司和富士公司在 IGBT 模块封装领域同其他日系公司一样，在精细加工工艺方面都有其独特之处。

压接式 IGBT 由于其低电感、低热阻和失效短路模式等突出优点，在高压大容量系统中广泛应用。压接式 IGBT 模块封装技术掌握在 IXYS（美国）、ABB（瑞士）、东芝（日本）等少数设计兆瓦级大功率装置的公司。IXYS 的全资英国子公司 Westcode 的 SPT+Press-pack IGBT 产品是 5.5～6 MW 功率级别风力发电机设计的基础。此款模块采用完全密封压接式陶瓷封装，确保其在兆瓦级大功率应用中的可靠性。而 ABB 公司 StakPakTM 压接式 IGBT 则是拥有最多柔性直流输电系统商业化运行实际工程实例的公司。东芝压接式 IGBT 只有国内荣信集团少量柔直工程应用。国内压接式模块还在研究阶段，株洲南车时代集团和国网智能电网研究院微电子所正在建设压接式模块生产封装线，主要研制 2500V 和 3300V 等级压接式 IGBT。

压接式 IGBT 模块的 G 极通过弹簧片连接至栅极电路板，杂散电感极低，每个芯片的过压特性一致。焊接式 IGBT 模块通过母排和引线连接，杂散电感较高，每个芯片的过压特性差异性较大。

压接式 IGBT 在上下两面安装散热器，实现双面散热，提高了模块运行的可靠性。焊接式 IGBT 模块只在底面安装散热器，实现单面散热。压接式 IGBT 模块的散热特性更好。

压接式 IGBT 和焊接式 IGBT 最重要的区别是失效后压接式 IGBT 呈现短路特性，焊接式 IGBT 呈现开路特性。对于高压直流输电的应用场合，通常需要数十只压接式 IGBT 串联实现上百千伏的直流电压。当一个 IGBT 发生故障导致失效时，瞬时能量将硅片和其接触的金属融合成合金，为短路电流提供稳定通路。举个例子，在电流为 1500A 的直流系统中，失效压接式 IGBT 模块可以通流至少 1 年，而目前的柔性换流站的正常检修周期为 1 年，因此采用失效压接式 IGBT 模块可以保证系统不间断运行。

2.4.2 子模块设计

从结构设计方面考虑，子模块主要有模块化子模块和压接型子模块。

模块化子模块可分为三大部分，即模块单元（子模块组件）、电容、底座，如图 2-31 所示，其中核心单元能够实现在型材导轨中自由插拔，便于后期阀塔的维护。

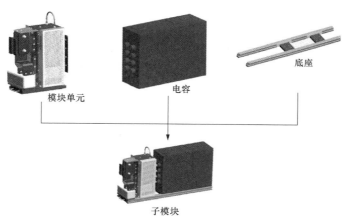

图 2-31 子模块构成示意图

模块化阀组件主要包括两侧的铝支撑梁、中部阀组件绝缘支撑梁、6 个功率模块、模块间连接排、光纤槽绝缘导轨、阀组件出水管和进水管等，如图 2-32 所示。

压接型子模块阀组件主要包括两侧的铝支撑梁、中部绝缘支撑梁、均压电容、IGBT 压接单元、控制单元、晶闸管单元、旁路开关、冷却水管（PVDF 水管）等部分。子模块通过串联压接构成阀组件，IGBT 位于两个铝散热器之间，提供所规定的压紧力使 IGBT 和散热器压接在一起，满足散热和电气连接的要求。图 2-33 所示为阀组件结构图。

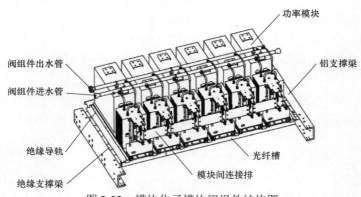

图 2-32　模块化子模块阀组件结构图

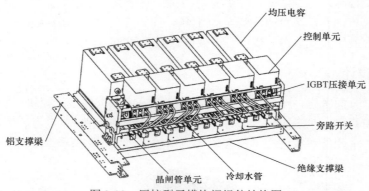

图 2-33　压接型子模块阀组件结构图

子模块额定电压与电容器参数是换流阀设计最基础的设计内容，也是最核心的设计内容。

给定直流电压等级下，换流器子模块数量取决于其额定电压。子模块额定电压对换流阀总串联数、换流阀占地等具有重要影响，是模块化多电平换流器最重要的参数之一，对阀运行可靠性和经济性有很大影响。

综合来看，子模块额定电压的设计依据如下：

（1）直流电容器电压纹波。

（2）关断电压尖峰。

（3）子模块旁路过电压。

（4）失效率与电压的关系。

（5）子模块电压保护定值。

子模块额定电压设计流程如图 2-34 所示。

影响子模块电流设计的主要因素包括：

（1）流经换流阀子模块内部上、下管器件的有效值电流。

（2）流经换流阀子模块内部上、下管器件的暂稳态峰值电流与持续时间。

（3）开关频率。

子模块电流选型流程如图 2-35 所示。

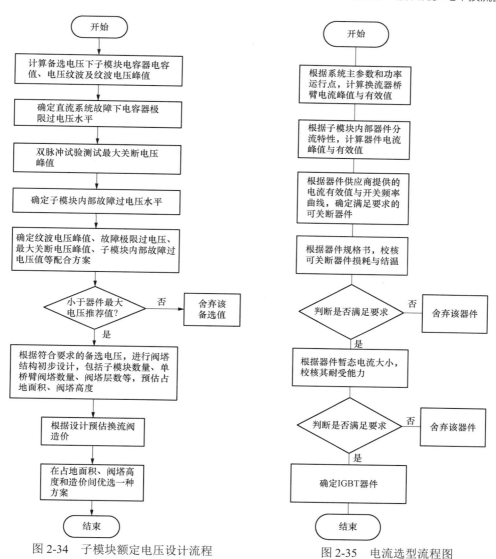

图 2-34 子模块额定电压设计流程   图 2-35 电流选型流程图

2.4.3 子模块关键元件选型

2.4.3.1 IGBT

由于 IGBT 是 MMC 中最为昂贵的器件，且数量众多，一个工程中 IGBT 的费用非常可观，因此应对 IGBT 参数进行详细的核算，以控制工程造价。

影响 IGBT 型号选择的关键参数主要是 IGBT 电气应力和结温，而结温的计算是基于 IGBT 热电流的，因此首先对子模块 IGBT 器件的热电流进行计算。

（1）IGBT 热电流计算。设 I_1 为子模块上 IGBT 电流有效值，即子模块电容电流有效值 I_{c0}；I_2 为子模块下 IGBT 电流有效值；I_{arm} 为桥臂电流有效值。

设定 A 相电压 $u_{ao} = \hat{u}_N \sin(\omega_N t)$，A 相电流 $i_{ac} = \hat{i}_N \sin(\omega_N t + \varphi)$

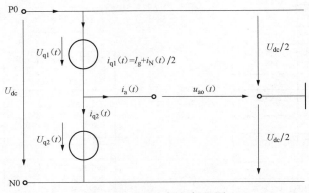

图 2-36　MMC 运行机理图

由图 2-36 知桥臂电流为

$$I_v(\omega t) = \frac{I_{dc}}{3} + \frac{I_{ac} \cdot \sqrt{2}}{2} \sin(\omega t) \tag{2-26}$$

式中　I_{ac}——交流电流有效值；

　　　I_{dc}——直流电流。

（2）IGBT 功耗计算。阀模块的功率损耗为每个子模块的损耗之和，因此首先要计算每个子模块的损耗。参考 IEC 62751-1，半桥式两电平子模块拓扑的功率损耗主要为 IGBT 模块（每个 IGBT 模块包括一个 IGBT 和一个反并联二极管）的损耗，IGBT 模块的损耗主要由开关损耗、通态损耗、断态损耗构成。

为了进一步校验子模块的功率损耗，在子模块不同运行工况下，必须重复进行损耗分析。

2.4.3.2　子模块电容器

（1）子模块电容器额定电压选择。子模块电容器与 IGBT 一样，是子模块中价格最为昂贵的原件，数量与子模块数量相同，一个工程中子模块电容器的费用也占很大比例，因此应对子模块电容器参数进行详细的核算，以控制工程造价。

由于子模块电容平衡控制等控制策略已经比较成熟，同时为了降低成本和控制运算量，要尽量提高子模块的额定电压，子模块额定电压提高了，在相同直流额定电压的条件下，换流站所需的子模块数量能够大幅下降，这不仅节省了电容器的使用数量，同时也减少了所需 IGBT 的数量。但是，子模块额定电压又不能太高，否则 IGBT 失效率会相应上升。应根据具体工程的子模块数量和失效率要求，并综合考虑 IGBT 电压电流应力及热效应等方面确定子模块电容器额定电压的上限。

正常运行时桥臂电流的有效值和峰值分别是

$$I_{rms} = \sqrt{\left(\frac{I_{ac}}{2}\right)^2 + \left(\frac{I_{dc}}{3}\right)^2} \tag{2-27}$$

$$I_{peak} = \frac{\sqrt{2}I_{ac}}{2} + \frac{I_{dc}}{3} \tag{2-28}$$

IGBT 在关断上述电流时会产生一个电压尖峰，若子模块电压波动的上限值较大，再叠加上此电压尖峰，很可能达到子模块故障保护电压的设定值，因此应合理选择子模块电压波动上限。

实际运行中，子模块电压波动是由多种因素引起的，包括功率传输引起的波动、电压测量误差、控制系统计算误差、电容电压平衡控制误差等，见表2-6。计入上述误差后的子模块电压波动上限值不应超过允许上限值。

表2-6　　　　　　　　　　不同因素引起的子模块电压波动误差

参　　　　数	描　　　　述
k_{dc}	功率传输引起的波动
k_u	电压测量误差
k_c	控制系统计算误差
k_v	电容电压平衡控制误差

另外，电容值越大，电容器的体积和造价都会增大，并且制造难度也会上升。电容值越小，子模块电压波动越大，对系统运行的稳定性和可靠性都是不利的：首先较大的波动导致恶劣的电磁环境，严重影响子模块中其他元器件的运行可靠性；其次，较大的波动对电容器的设计是非常不利的，增加电容器的设计难度。

（2）子模块电容器电容值计算。采用模块化多电平拓扑的换流器，其模块电容器作为子模块储能电容，支撑子模块电压，通过控制系统控制子模块的电压的投入和切出，叠加形成近似正弦的多电平波形。子模块电容的设计主要考虑一个周期内充电能量在桥臂 N 个模块上平均分配，并使模块电压波动小于允许值。

为了保持子模块电容电压的平衡，通过换流器的能量应有两部分。一部分是有效送出或转换成其他形式的能量：①如果是整流站，通过直流线路送到另一侧换流站，如果是逆变站，通过阀电抗器送到交流电网；②换流站的设备不同于理想的电气元件，都是有损耗的，损耗的形式有很多，有电阻损耗、电磁损耗、涡流损耗等，最后都转化成热能或动能，引起设备发热或振动。另一部分则是以电磁能量的形式相互转化。因此，可以认为通过换流器的功率包括有功功率和无功功率。正常运行时输入换流器的有功功率必须等于输出换流器的有功功率和损耗的有功功率之和，否则多余的能量要存储在子模块电容中，造成电容电压的上升；输入换流器的无功功率会引起子模块电容电压的波动，一个周期内充电的能量与放电的能量相等。

换流器6个桥臂的工作规律相同，可以以 a 相上桥臂为例进行分析。a 相上桥臂充电功率为

$$p_{a1} = u_{a1}i_{a1} \tag{2-29}$$

忽略换流器的损耗，根据输入、输出换流器的有功功率平衡做如下假设

$$\begin{cases} M = \dfrac{\sqrt{2}U_a}{U_{dc}/2} \\ k = \dfrac{\sqrt{2}I_a/2}{I_{dc}/3} \end{cases}, \quad \text{且} kM = \dfrac{2}{\cos\varphi} \tag{2-30}$$

其中 M 就是换流器的调制比。于是式（2-29）可以写成

$$p_{a1} = U_a I_a \left(\frac{k\cos\varphi}{2} - \sin\omega t \right)\left(\frac{1}{k} + \sin(\omega t + \varphi) \right) \tag{2-31}$$

其波形如图 2-37 所示。

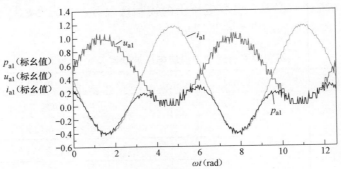

图 2-37 桥臂充电功率仿真波形（15 电平）

当 p_{a1} 为正时，给投入的子模块电容充电；p_{a1} 为负时，投入的子模块电容放电。分析式（2-31）可知一个周期内 p_{a1} 最多有三个过零点，分别为

$$\begin{cases} \omega t_1 = -\left[\arcsin\left(\frac{1}{k} \right) + \varphi \right] \\ \omega t_2 = \pi + \arcsin\left(\frac{1}{k} \right) - \varphi \\ \omega t_3 = \arcsin\left(\frac{1}{M} \right), \ M \geq 1 \end{cases} \tag{2-32}$$

对于 MMC 拓扑，桥臂输出的最大交流电压不会超过直流电压，M 不会超过 1，因此一个周波（工频）内，桥臂的充放电能量为

$$\begin{aligned} \Delta W &= \int_{\omega t_1}^{\omega t_2} |p_{a1}(\omega t)| \, \mathrm{d}(\omega t) \\ &= U_a I_a \cos\varphi \frac{k}{\omega}\left(1 - \frac{1}{k^2} \right)^{\frac{3}{2}} \\ &= \frac{2}{3}\frac{S}{\omega M}\left[1 - \left(\frac{M\cos\varphi}{2} \right)^2 \right]^{\frac{3}{2}} \end{aligned} \tag{2-33}$$

分析式（2-33）可知，桥臂充/放电能量与换流器的运行状态有关。换流器的视在功率越大，桥臂充/放电能量越大；换流器的功率因数越小，桥臂充/放电能量越大；换流器的调制比越小，桥臂充/放电能量越大。当直流系统与交流系统交换额定功率时，桥臂充/放电的能量应大于换流器不满载的情况。因此式（2-33）可以改写为

$$\Delta W = \frac{\lambda S}{\omega}\left[1 - \left(\frac{M\cos\varphi}{2} \right)^2 \right]^{\frac{3}{2}}$$
$$\lambda = \frac{U_{dc}}{\sqrt{6}U_N} \tag{2-34}$$

式中 U_N——交流 PCC 母线线电压有效值。

综合来看，换流器工作在 STATCOM 状态时，由于桥臂的充放电引起的子模块电容电压波动最大，如图 2-38 所示。因此子模块电容值取值如果能保证在这种状态下使子模块电压波动不超出允许范围，那么在任何状态下子模块电压波动都不会超出允许范围。

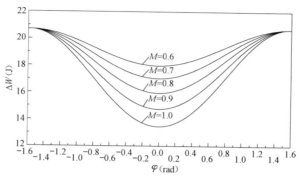

图 2-38 桥臂充电能量与换流器运行状态的关系

设一个周波内子模块电容电压波动为 ε，则有

$$\Delta W = \frac{1}{2}\frac{C_0}{n}\left(nU_0\right)^2\left(1+\varepsilon\right)^2 - \frac{1}{2}\frac{C_0}{n}\left(nU_0\right)^2\left(1-\varepsilon\right)^2 N$$
$$= 2nC_0U_0^2\varepsilon \tag{2-35}$$

满足抑制子模块电容电压波动不超过 ε 的电容值为

$$C_0 = \frac{\lambda S}{2\omega n\varepsilon U_0^2}\left[1-\left(\frac{M\cos\varphi}{2}\right)^2\right]^{\frac{3}{2}} \tag{2-36}$$

2.4.3.3 晶闸管选型

晶闸管的作用主要在于半桥式子模块模块化多电平换流器发生直流短路时，及时触发以分担故障电流，确保 IGBT 器件的安全。

对于晶闸管的电流，要根据系统直流短路时最大桥臂暂态电流和交流断路器跳开时间，以及晶闸管数据手册，选择合适的晶闸管。晶闸管电压主要和子模块过电压密切相关。

2.4.3.4 取能电源设计

柔性直流输电换流阀因电压高、子模块数多，且高压柔性直流换流阀子模块一般都采用直接从子模块电容取能，子模块电容电压范围宽、波动大，因此取能电源需满足输入范围宽、耐受输入电压频繁波动、输入/输出耐受电压需与功率器件电压等级匹配等要求。

2.4.3.5 旁路开关设计

旁路开关的作用是在子模块发生故障之后，及时旁路掉故障子模块，降低电容电压过高的风险。子模块旁路方式采用高速旁路开关，要求该高速旁路开关合闸时间快，即从线圈加电至旁路开关主接点闭合只需很短时间（比如 3.5ms）就能完成，且保证零弹跳。

2.4.3.6　均压电阻设计

均压电阻的作用有两个方面：一是保证换流阀的自然均压特性；二是为换流系统停机后的子模块提供放电通道，便于换流阀检修与维护。

均压电阻一方面不能选得过小，否则会造成系统损耗增加；另一方面也不能选得太大，否则换流阀自然均压受分布参数的影响较大，均压效果较差。通过建立宽频带模型，并结合试验，对均压电阻参数值进行优化选取。

参 考 文 献

[1]　刘钟淇，宋强，刘文华. 基于模块化多电平换流器的轻型直流输电系统[J]. 电力系统自动化，2010，34（2）：53-58.

[2]　汤广福，贺之渊，徐政，等. 电压源型换流器直流输电基础理论研究[R]. 北京：中国电力科学研究院，2008.

[3]　丁冠军，汤广福，丁明，等. 新型多电平电压源型换流器模块的拓扑机制与调制策略[J]. 中国电机工程学报，2009，29（36）：1-8.

[4]　管敏渊，徐政. MMC 型 VSC-HVDC 系统电容电压的优化平衡控制[J]. 中国电机工程学报，2011，31（12）：9-14.

[5]　赵昕，赵成勇，李广凯，等. 采用载波移相技术的模块化多电平换流器电容电压平衡控制[J]. 中国电机工程学报，2011，31（21）：48-56.

[6]　许建中，赵成勇. 模块化多电平换流器电容电压优化平衡控制算法[J]. 电网技术. 2012，36（6）：256-261.

[7]　屠卿瑞，徐政. MMC 型 VSC-HVDC 系统电容电压的优化平衡控制[J]. 中国电机工程学报. 2011，31（12）：9-14.

[8]　屠卿瑞，徐政，郑翔，等. 模块化多电平换流器型直流输电内部环流机理分析[J]. 高电压技术，2010，36（2）：547-552.

[9]　屠卿瑞，徐政，管敏渊，等. 模块化多电平换流器环流抑制控制器设计[J]. 电力系统自动化，2010，34（18）：57-61.

第 3 章

柔性直流输电的稳态特性与运行方式

3.1 柔性直流输电的稳态特性

3.1.1 换流站主接线方式

在柔性直流输电系统中，换流站主接线方式对于整个直流工程实施的难度、可靠性水平、对交流系统的影响等都具有重要的意义，是工程设计研究的基础，也是整体技术解决方案和技术路线的主要体现。换流站主接线方案的核心问题是确定换流站主要设备的具体配置，需要从技术方案的可行性、工程的可靠性及经济性等方面进行研究论证。

3.1.1.1 对称单极接线方案

对称单级接线方案主回路接线如图 3-1 所示。

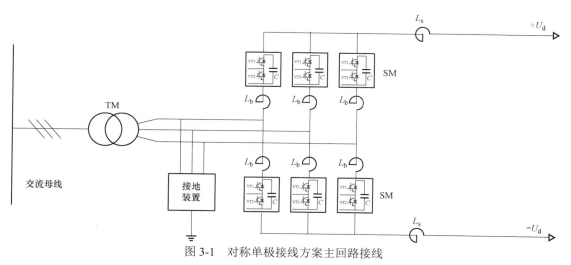

图 3-1　对称单极接线方案主回路接线

TM—连接变压器；L_b—桥臂电抗器；SM—模块化 IGBT 换流阀；L_s—直流电抗器

对称单极接线方式是目前柔性直流输电系统中最常见的接线方式，这种接线方式采用一个 6 脉动桥结构，在交流侧或直流侧采用合适的接地装置钳制住中性点电位，两条直流极线的电位为对称的正负电位。

这种接线方式结构简单，在正常运行时，对连接变压器阀侧来说承受的是正常的交流电压，设备制造容易；对直流侧来说，由于采用对称的正负电位，整体的绝缘水平得到了改善。

当系统未配置可以开断大电流的直流断路器时，这种接线方式在直流侧短路后只能整体退出运行，故障恢复较慢，适用于直流线路采用电缆线路的场合，以提高系统运行可靠性。该接线方式在海峡间的输电、风电传输等领域得到了广泛的应用。若系统配置了直流断路器或本书第 5 章所述故障隔离和重启动技术，这种接线方式在直流侧短路后，可以迅速切除故障，并在故障消除后快速恢复运行，适用于采用架空线路的直流电网的场合，以提供系统运行的可靠性和灵活性。

对于对称单极接线方式来说，还涉及接地点的选择问题。基于模块化多电平技术的柔性直流输电工程控制的是两条极线之间的电压，为了保证双极对称运行，需要保证两极线中点的电位为零，因此需要在换流站合适的地方设置接地点。接地方式通常有以下几种：

（1）通过直流极线经电阻接地。这种接地方式不考虑连接变压器的接线方式，是在直流两条极线与大地之间分别并联两个等阻值的电阻接地，如图 3-2 所示。

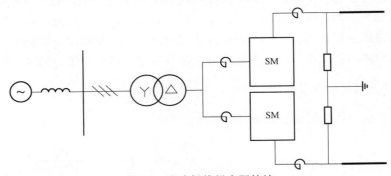

图 3-2　直流极线经电阻接地

该接地方式的优点是简单、直接、有效，且成本较低。缺点是通过直流电阻接地后，在直流线路侧正常运行时电阻是一个长期负载，功率损耗较大；长期运行后电阻器偏差会导致直流极线电压偏差。该接地方式一般应用在直流侧电压等级较低的工程中。

（2）通过连接变压器丫绕组经接地电阻接地。连接变压器阀侧采用丫绕组，阀侧通过丫绕组中性点经接地电阻接地，如图 3-3 所示。

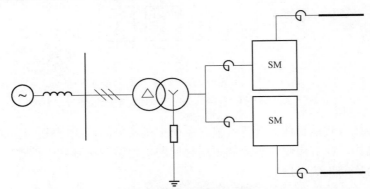

图 3-3　连接变压器丫绕组经接地电阻接地

　　该接地方式在柔性直流输电工程中也有应用，其优点是直接利用变压器丫绕组中性点接地，接地设备少；其缺点是完全依靠变压器丫绕组承受故障下直流电压和故障电流，对变压器提出较高要求，当变压器整体容量较大时，其设计制造相对较困难。而且这种接地方式需要网侧采用不接地的绕组形式才能起到隔离交直流的作用，在中性点必须接地的交流系统中，还要考虑其他方式的站内接地。

　　（3）通过电抗器形成中性点经电阻接地。这种方式主要应用在阀侧绕组为△形接地方式时，无法通过变压器丫绕组中性点接地，因此需要通过电抗器人为形成一个中性点，再通过接地电阻接地，如图3-4所示。

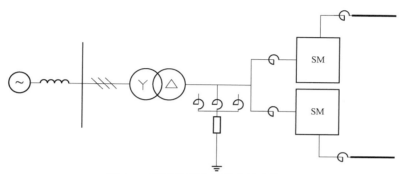

图 3-4　通过并联电抗器中性点接地

　　该方式的优点是电抗器分担了故障电流，对连接变压器的影响减小，电抗器还能起到限制短路电流的作用，不足之处在于对于高电压等级并联电抗器本身吸收的无功功率较大，对系统影响较大，且制造成本和体积较大。

3.1.1.2　对称双极接线方案

　　对称双极接线方案主回路接线如图3-5所示。

　　对称双极接线方式采用两个6脉动桥结构，分别组成正极和负极，两极可以独立运行，中间采用金属回线或接地极形成返回电流通路。

　　目前世界上采用该接线方式的柔性直流工程：国外有 ABB 公司承建的连接 Namibia 和 Zambia 的 Caprivi 工程，该工程一期输电容量 300MW，电压等级 350kV，采用了 950km 的架空线路，项目 2007 年开始建设，2009 年末投入商业运行，工程远期输电容量 600MW，将建成一个双极±350kV 的柔性直流输电系统；国内有南瑞继保公司（负责控保）和中电普瑞公司（负责换流阀）承建的连接福建厦门彭厝（岛外）和湖边（岛内）的柔性直流输电工程，该工程输电容量 1000MW，电压等级±320kV，采用 10.7km 的电缆，项目从 2014 年开始建设，2015 年 12 月投入运行。

　　这种接线方式的特点是可靠性较对称单极接线高，当一极故障时，另外一极可以继续运行，尽最大能力接收故障极损失的功率传输能力，不会导致功率断续。

　　对称双极结构的换流站有一定的故障恢复能力。一旦检测到直流线路故障，比如受到雷击而发生短路时，立刻闭锁换流器阀，然后跳开两侧的交流断路器以切断流经换流器阀二极管中的故障电流，断开交流滤波器（若有）以抑制交流电压上升，然后断开直流断路器 DCBP 以消除直流侧残余电流并使故障弧道去游离。之后，两侧交流断路器和交流滤波器开关重

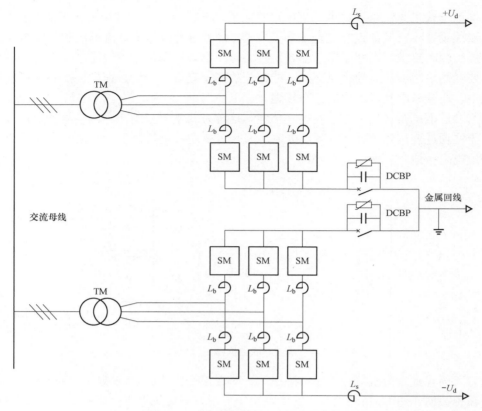

图 3-5　对称双极接线方案主回路接线

TM—连接变压器；L_b—桥臂电抗器；SM—模块化 IGBI 换流阀；L_s—直流电抗器；DCBP—直流断路器

新闭合，解锁换流器阀并使换流器按 STATCOM 模式运行。最后，重新合上直流断路器并使直流线路重新带功率。从检测到故障直到直流线路重新恢复全功率送电耗时约 1.5s。这个时间对于故障自清除来说还是较长，不能算是真正的故障自清除。

　　另外，对称双极接线方式下，每一极的交流侧联结区在正常运行时都要承受一个带直流偏置的交流电压，直流偏置电压的大小为直流极线电压的 1/2。这种工况的要求提高了变压器及联结区相关设备的制造难度。

3.1.1.3　其他柔性直流主回路接线方案

　　前述两种柔性直流主回路接线方案为本书研究的重点，但是柔性直流输电由于其自身的结构特点，也有许多文献提出了多种其他形式的接线方案，这些接线方案有些尚未出现工程应用，但在理论上已经具备可行性。

　　（1）多换流器组合接线方式。正在规划中的加拿大 Nelson River 第 3 个双极直流工程（Bipole 3），计划容量为 2300±200MW，准备采用 500kV 直流电压等级的柔性直流输电系统，每极换流器采用 2 个换流器单元组合并联结构，接线方案如图 3-6 所示。

　　该换流站采用典型的多换流器组合接线方案，既有串联，也有并联。对于组合式换流器，需要解决的问题是并联组合时的均流问题和串联组合时的均压问题。一些文献中的研

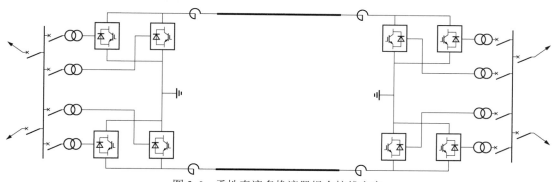

图 3-6　柔性直流多换流器组合接线方案

究表明，MMC 换流器在进行串并联组合时具有天然的均压和均流特性，并不需要采取额外的均压和均流措施。

这种接线方式的可行性证明了柔性直流输电可以通过多换流器串并联方式比较方便地提升柔性直流输电容量，该接线方式也很容易可以扩展到多端柔性直流输电的接线形式。

（2）LCC+MMC 混合式 HVDC 双极系统主接线。混合式双极系统主接线形式主要是应对柔性直流输电系统的直流侧故障自清除问题而提出的一种接线方式。对于这种混合式双极系统，整流站采用传统的 LCC 型换流器，逆变站采用常规 MMC 型换流器，但为了具有直流侧故障自清除能力，在 MMC 的直流侧出口串联了一个电流单向导通的二极管阀，以使直流线路故障时 MMC 不能向故障点馈入电流，从而达到直流侧故障自清除的目的。其接线方案如图 3-7 所示。

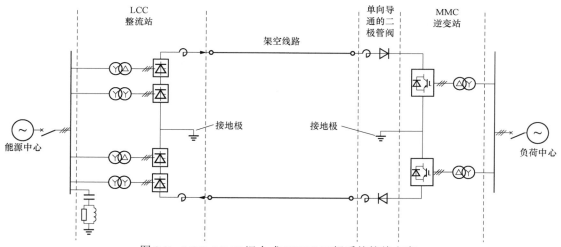

图 3-7　LCC+MMC 混合式 HVDC 双极系统接线方案

这种 LCC 加二极管阀加 MMC 构成的混合式直流输电技术的主要优势表现在：

（1）整流站采用 LCC 型换流器，技术成熟，设备成本低，运行损耗小。

（2）逆变站采用 MMC 型换流器，比采用 CDSM-MMC 型换流器所用的双向可控器件少，成本比采用 CDSM-MMC 型换流器低。

（3）二极管阀技术成熟，成本低。

逆变站采用 MMC 型换流器，不存在换相失败问题，可以解决受端系统由多直流馈入引起的同时换相失败问题；并可以作为受端系统的无功电源，起到电压支撑的作用，十分有利于受端系统的安全稳定。

由于加入了单向导通的二极管阀，这种混合式直流系统可以像传统直流输电系统一样非常有效地处理架空直流线路的暂时性故障，使架空线路的暂时性故障不会影响直流输电线路的可用率。但也是由于加入了单向导通的二极管阀，此类接线方式只能应用于功率方向固定的场合，无法实现功率反向输送。具体将在本书第 9 章混合直流输电技术中进行分析讨论。

3.1.2 换流器的功率运行区间

柔性直流换流站内换流设备可以由多个 6 脉动换流器组成，其功率运行区间决定了换流站可运行的功率范围，换流器的功率运行区间指的是从换流器交流母线注入交流系统的有功功率和无功功率的变化范围。换流器功率运行区间限制条件包括：连接变压器网侧和阀侧容量均不超标；调制比在指定范围内；直流功率限制（电缆等通流能力限制）；考虑交流系统内阻抗的特性，根据交流系统等值，换流母线的电压也要在稳态运行范围内。

3.1.2.1 由功角特性决定的运行区间

交流电网向换流器注入的有功功率和无功功率分别为

$$P = -\frac{U_v U_c}{X}\sin\delta \tag{3-1}$$

$$Q = \frac{U_v\left(U_v - U_c\cos\delta\right)}{X} \tag{3-2}$$

式中　$\dot{U}_v$——连接变压器阀侧额定电压；

U_c——换流器出口侧额定电压；

δ——$\dot{U}_c$ 与 $\dot{U}_v$ 的相角差。

消去 δ，得到 P、Q 的关系式为

$$P^2 + \left(Q - \frac{U_v^2}{X}\right)^2 = \left(\frac{U_v U_c}{X}\right)^2 \tag{3-3}$$

由式（3-1）和式（3-2）消去 U_c，还可以得到 δ 与 P、Q 的关系

$$P = \tan\delta\left(Q - \frac{U_v^2}{X}\right) \tag{3-4}$$

柔性直流换流器的运行还受到两个电流的限制，一个是 IGBT 允许流过的最大电流。该电流决定了 IGBT 的导通电流 I_S 的上限 I_{Smax}，它限制了柔性直流输电系统的安全运行域，如式（3-5）所示

$$P^2 + Q^2 \leqslant (\sqrt{3}U_v I_{Smax})^2 \tag{3-5}$$

另一个是直流线路（电缆或架空线）允许通过的最大稳态直流电流 I_{dmax}，它限制了有功功率的传输范围，如式（3-6）所示

$$-U_d I_{d\max} \leqslant P \leqslant U_d I_{d\max} \tag{3-6}$$

直流电压与交流输出电压有效值的关系式为

$$U_c = \frac{\mu M}{\sqrt{2}} U_d \tag{3-7}$$

式中 μ——直流电压利用率，定义为换流器输出的最大线电压峰值与直流电压的比值，与脉宽调制方式相关；

   M——调制比。

综合式（3-3）～式（3-7）得到柔性直流输电系统外特性的稳态数学模型为

$$\begin{cases} P^2 + \left(Q - \dfrac{U_v^2}{X}\right)^2 = \left(\dfrac{U_v U_c}{X}\right)^2 \\ P^2 + Q^2 \leqslant \left(\sqrt{3} U_v I_{S\max}\right)^2 \\ -U_d I_{d\max} \leqslant P \leqslant U_d I_{d\max} \end{cases} \tag{3-8}$$

$$\begin{cases} P = \tan\delta \left(Q - \dfrac{U_v^2}{X}\right) \\ U_c = \dfrac{\mu M}{\sqrt{2}} U_d \end{cases} \tag{3-9}$$

(U_S/X) 相当于换流器出口母线发生三相短路时流过变压器和阀电抗器短路电流的 $\sqrt{3}$ 倍，显然有 $\left(U_S^2/X\right) \gg \left(\sqrt{3} U_S I_{S\max}\right)$。所以式（3-8）和式（3-9）确定的换流器的 $P\text{-}Q$ 运行区间如图3-8所示。图3-8（b）是图3-8（a）的全貌图，换流器工作在第1、2象限时吸收感性无功功率，工作在第3、4象限时吸收容性无功功率。δ 的几何意义是经过式（3-3）确定的功率圆圆心的直线与 Q 轴的夹角。从图3-8（a）中可以看出，通过调节 δ 和 M 可以使换流器运行在由式（3-5）和式（3-6）确定的安全运行域内（图中阴影部分）。

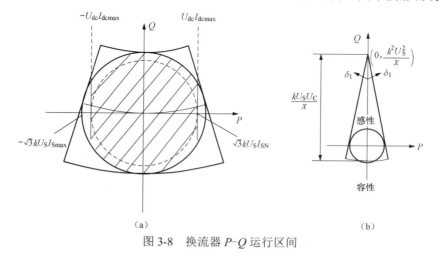

（a）   （b）

图3-8 换流器 $P\text{-}Q$ 运行区间

3.1.2.2 由调制比决定的运行区间

柔性直流换流器的调制比 M 的调节是有一个范围的。柔性直流输电系统一般要求工作在线性调制区。为了使换流器正常工作，直流电源必须留有一定的裕量，以保证对交流侧电流的调控能力。工程中通常根据开关器件串并联技术的成熟度和阀电流容量的限制确定直流电压等级，直流电压确定后，考虑到控制裕度、交流电压和直流电压的波动而可能引起的过调，M 并不能取到上限。同时 M 也不能过低，否则将导致换流器交流侧谐波特性变差，交流系统总的谐波畸变率（THD）将超过允许值，波形质量变差。稳态运行时 M 应保持在最佳调节范围内。该最佳调节范围是确定柔性直流输电系统功率运行区间的又一因素。

3.1.2.3 直流运行电压变化时运行区间的变化

根据多端柔性直流输电的多点直流电压协调控制原理，多端输电系统可能运行于不同的直流稳态电压下，在不同稳态运行电压条件下，需要保证换流器传输系统输出要求的有功和无功功率。由于

$$\dot{U}_{\mathrm{c}} = \frac{\mu M}{\sqrt{2}} U_{\mathrm{d}} \angle \delta \qquad (3\text{-}10)$$

直流电压的大小影响了换流器交流侧输出电压的大小。根据

$$\frac{U_{\mathrm{c}}^{*}}{U_{\mathrm{v}}^{*}} = 1 + Q^{*} X^{*} \qquad (3\text{-}11)$$

换流器的无功输出能力也受到了直流电压的影响。图 3-9 所示为直流电压变化对换流器 P-Q 运行区间的影响。

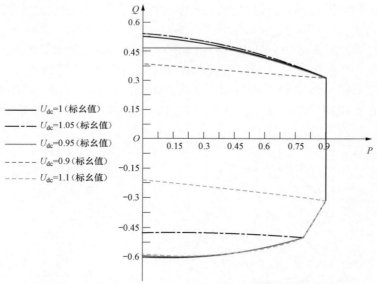

图 3-9 直流电压变化对换流器 P-Q 运行区间的影响

3.2 多端柔性直流输电的稳态特性

3.2.1 多端柔性直流输电的拓扑结构

3.2.1.1 拓扑结构类型

对于两端高压直流输电系统，不论是电流源还是电压源换流器，既可以认为两个换流

站是并联连接，同时也可认为二者是串联连接。因为两个换流站具有相同的直流电压以及相同的直流电流。当要增加新的换流站时，就面临着是保持共同的直流电压还是维持共同的直流电流的问题。因此，多端直流输电系统的网络拓扑结构可基本分为 3 个类型，分别是各个换流站经直流线路并联连接、各换流站经直流线路串联连接以及同时含有串联和并联的混合连接。

（1）并联结构。多端柔性直流输电系统的并联拓扑结构可以根据多端工程的适用场合及直流线路架设等情况，分为树枝式（放射式）和环网式结构，分别如图 3-10 和图 3-11 所示。如果不考虑直流线路上的电压降落，则并联结构中每个 VSC 都工作在相同的直流电压下，各个换流站的功率分配通过调整流经 VSC 的电流来实现。在并联结构的 VSC-MTDC 中，必须至少有一个换流站要采取定直流电压的控制方式来控制整个系统的直流电压，剩余的换流站可以采取定功率或定直流电流的控制方式。与两端 VSC-HVDC 中各换流站自行进行控制的情况不同，由于多端直流控制中需协调配合和集中控制多个换流站，因此在主控制级以上需要有复杂的高层控制。对于并联结构，高层控制中主要涉及多站的直流电流协调，多点直流电压模式切换，以及部分换流站退出运行后的功率自动分配等控制。

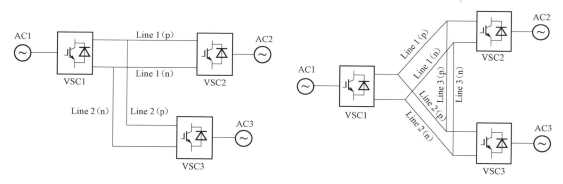

图 3-10　并联 VSC-MTDC 系统拓扑结构（树枝式）　图 3-11　并联 VSC-MTDC 系统拓扑结构（环网式）

对于树枝式并联结构，根据应用，又可以分为多输入单输出以及多输入多输出等拓扑结构。

多输入单输出拓扑结构主要应用于多能源中心向单负荷中心（电源）供电系统。图 3-12 所示为多输入单输出拓扑结构。此拓扑结构优点为控制相对简单，具有很好的刚性；缺点为只能采用单点主从控制方式，一旦作为主站的电网侧 VSC 站故障，如果输入的能源没有其他途径流通，功率的累积将造成直流电压升高，从而造成整个系统的崩溃。

多输入多输出拓扑结构（见图 3-13）主要应用于多能源中心向多个负荷中心送电情况。此种拓扑结构特别适合我国国情。因我国的能源与经济发展的不平衡，必然要求电网能够实现多电源供电和多落点受电。

多个送端根据不同类型可以选择定功率控制或者定频率控制方式。多个受端可以根据调度来调整其功率接收比率，实现功率按照调度要求与实际需求流动，实现了能量的优化管理。同时任一站故障，健全站在容量允许范围内能够继续运行，保证电网的稳定。

图 3-13 所示为一个两发两收 VSC-MTDC 拓扑结构，两个风电场（WFVSC）通过 VSC 将电能输送入电网，同时电网能够向风电场提供所需要的电压支撑，维持风电场侧电压稳定。

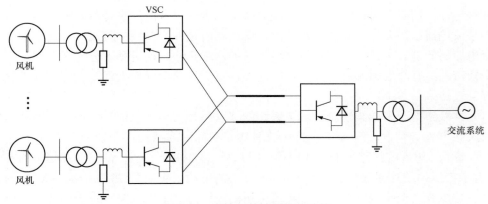

图 3-12 多输入单输出拓扑结构

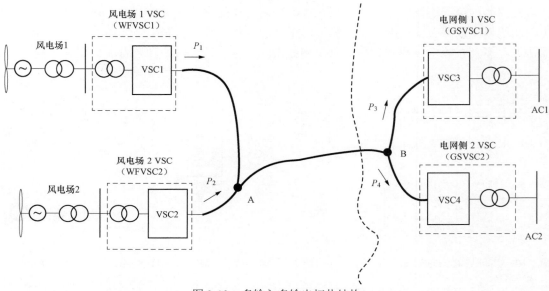

图 3-13 多输入多输出拓扑结构

（2）串联结构。一个 3 端串联结构的 VSC-MTDC 系统如图 3-14 所示。传统电流源换流器构成的多端直流输电系统如果采用串联的拓扑结构，则系统中有一个站负责控制直流电流，其余各站则通过改变本站的直流电压来控制各自的功率。而由 VSC 构成的串联型多端系统的控制方式与传统多端直流系统有很大区别，因为 VSC 不能够通过改变直流电压来控制功率，而只能通过控制电流来控制功率，同时，多端 VSC-HVDC 系统中各换流站需要有稳定的直流电压才能保证稳定运行，因此需要有 n-1 个 VSC 运行于定直流电压控制方式，剩下的一个站运行于定功率或定直流电流控制方式。

如图 3-14 所示，换流器 VSC1 和 VSC2 采用定直流电压控制模式，而 VSC3 采用定功率或直流电流控制方式，VSC1 同 VSC2 形成串联结构，而 VSC3 可以看做是同 VSC1 和 VSC2 的串联结构相并联，其直流电压等于串联的两个 VSC 的直流电压的和。一般而言，VSC1 和 VSC2 均采取定直流电压控制方式运行，这是由于每个 VSC 的直流侧都并接有一个大的直流电容（MMC 的直流电容分散在各个子模块里），所以 VSC1 和 VSC2 的串联也

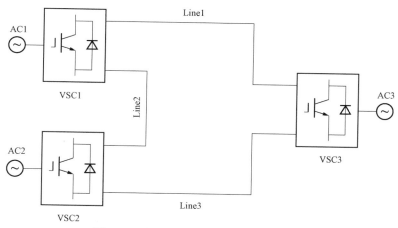

图 3-14　串联 VSC-MTDC 系统拓扑结构

意味着电容器的串联。如果它们中有一个 VSC 不采用定直流电压控制，则当流入该 VSC 的功率改变时，其他 VSC 两端的电压将改变，从而导致系统运行困难。

对图 3-15 所示的 3 端串联 VSC 系统进行仿真分析，VSC1 和 VSC2 定直流电压为 650kV，VSC3 定功率为-300MW，即 VSC1 和 VSC2 为送端，VSC3 为受端。由图 3-15 可以看出，VSC3 的直流电压等于 VSC1 和 VSC2 的直流电压之和。仿真中在 4.2s 时将 VSC2 的直流电压参考值调整至 500kV，VSC3 的直流电压随之发生改变，仍然为二者之和。

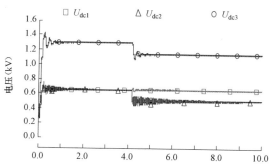

图 3-15　串联 VSC-MTDC 系统各端直流电压（横轴）

（3）混合结构。通过上面两种拓扑结构的组合可以实现 VSC-MTDC 的混合接线方式的多端拓扑结构。这种混合结构又可以有两种形式：一种是串并联结构，另一种是并串联结构，分别如图 3-16 和图 3-17 所示。

从图 3-16 可以看出，VSC1 与 VSC2 串联，VSC3 与 VSC4 串联，然后这两组再并联。

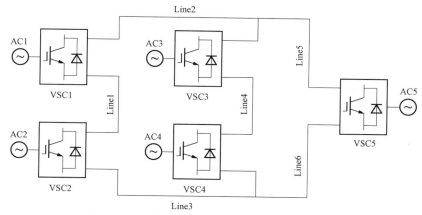

图 3-16　串并联混合 VSC-MTDC 系统拓扑结构

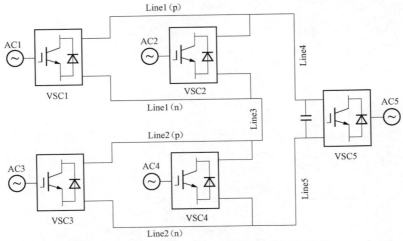

图 3-17　并串联混合 VSC-MTDC 系统拓扑结构

运行中 VSC1～VSC4 采用定直流电压控制方式，VSC5 采用定功率或定直流电流控制方式。

从图 3-17 可以看出，并串联结构的 VSC-MTDC 与图 3-16 相反，VSC1 与 VSC2 并联，VSC3 与 VSC4 并联，然后这两组再串联。运行中，并联组合的运行方式与并联类型的 VSC-MTDC 相似，每组中都需要有一个 VSC 定直流电压，VSC5 采用定功率或定直流电流控制方式。

总之，混合接线 VSC-MTDC 结合了并联接线和串联接线两种接线类型的特点，但是控制也更复杂。

3.2.1.2　拓扑结构比较

并联型多端 VSC-HVDC 和串联型多端 VSC-HVDC 各有其特点，现从调节范围、潮流反转、故障运行方式、系统绝缘配合、扩展灵活性、适用场合和经济性 7 个方面对并联、串联及混合拓扑结构进行对比分析。

（1）调节范围。对于并联结构的 VSC-MTDC，必须有至少一个 VSC 采取定直流电压控制方式，其他 VSC 可以采取定功率或定直流电流的控制方式，相对来说，VSC 的控制比较简便和灵活。因为主要通过改变 VSC 电流的大小来调节 VSC 输出功率，所以 VSC 的功率调节范围比较宽。但是，由于在并联结构的 VSC-MTDC 系统中，除一个换流站定直流电压外，其余都可以运行在定功率模式。如果几个换流站同时增大功率定值，直流电流会被大幅抬升。因此，在并联结构中，当大部分 VSC 作为逆变器运行的时候，要考虑直流线路上过负荷的可能性。

而串联型 VSC-MTDC 一个 VSC 定功率或直流电流，其他 VSC 定直流电压，很难对其功率进行控制，因此调节范围有限。

混合多端 VSC 结构中，并串联结构中可运行于定功率方式的换流站相比于串并联结构较多，因此并串联结构的调节范围也相对较大。

（2）潮流反转。并联结构的多端 VSC-HVDC 系统中直流电压方向一定，功率的流向可以通过定功率的 VSC 改变功率参考值的正负来实现，因此比较容易实现潮流反转。

串联结构的多端 VSC-HVDC 系统中由于有一个 VSC 采取定功率控制，而电压源的性质决定了系统的直流电压方向不变，因此串联结构的多端 VSC 也可以通过调节功率参考值的正负实现潮流反转，只不过对功率的控制没有并联结构的准确。

混合多端 VSC 结构接线方式复杂，因此要实现某站的潮流反转的方法也会对应不同的结构有不同的方式，但总体较为复杂。

（3）故障运行方式。在并联结构的 VSC-MTDC 中，如果其中一个 VSC 由于检修或故障原因需要退出运行，则必须停运整个 VSC-MTDC 系统，然后将需停运的 VSC 移除网络后，再重新启动。如果发生直流线路故障，并联 VSC-MTDC 可以在整个系统先停运后，将故障线路断开，然后重新启动剩余部分继续运行。对于树枝型并联结构的 VSC-MTDC，与故障直流线路相连的 VSC 也将退出运行，剩余站需要重新调整功率定值。而对于环网型并联结构的 VSC-MTDC，当某条直流线路被切除后，可以利用其他线路的过负荷能力，使各换流站继续运行，具有良好的运行灵活性和较高的可靠性。此外，若采用 MMC 换流器，由于存在冗余子模块，可使开关器件故障引发的换流器故障概率降低，因此 MMC-MTDC 的可靠性要高于 VSC-MTDC。

在串联结构的 VSC-MTDC 中，如果其中有一个 VSC 需要退出运行，处理措施与并联 VSC-MTDC 相似，可以先停运整个系统，将退出运行的 VSC 隔离并旁通后，再重新启动系统。如果系统发生直流线路的永久性故障，则与并联结构不同，整个串联 VSC-MTDC 必须停运。

混合 VSC-MTDC 结构中，串并联结构 VSC-MTDC 的主要缺点是，一个串联组合链中的一个（或几个）VSC 如果需要退出运行，则这个组合链中的剩余 VSC 必须调整自身输出的直流电压以适应整个系统的直流电压或者这个组合链全部停运。而对于并串联结构，如果一个并联组合上的一个（或几个）VSC 需要停运，由于这个组合上的其他 VSC 仍然可以定直流电压，使剩余的 VSC 继续正常运行，所以并串联结构的 VSC-MTDC 在故障运行方式方面比串并联结构的 VSC-MTDC 具有优势。

（4）系统绝缘配合。在并联结构中，每个 VSC 承受相同的直流电压，所以整个 VSC-MTDC 系统的绝缘配合比较容易。

对于串联结构，由于串联 VSC-MTDC 中不同 VSC 有不同的对地电位，所以也导致整个系统的绝缘配合比较复杂。

（5）扩展灵活性。并联多端系统的扩展比较简单。如果需要再加入一个 VSC，只需要将其并接在直流母线两端即可。加入 VSC 后，由于网络中直流电流分布的改变，必须重新检查系统的过电流情况。

对于串联多端系统的扩展而言，由于加入新的 VSC 后，要改变串联 VSC-MTDC 系统的直流电压水平，所以也比并联 VSC-MTDC 更困难一些。

（6）适用场合。并联多端 VSC-HVDC 结构由于其控制方式简单灵活，便于扩展，因此适用场合也较为广泛，包括远距离输电的中间地区抽水蓄能或电源接入、多个电网的非同步联网、风电场并网、城市中心供电等。目前世界上运行的 4 个传统多端直流和一个 VSC 多端直流输电工程均采用并联的拓扑结构。

串联多端 VSC 系统中，VSC1 和 VSC2 的串联相当于提高了 VSC3 端的直流电压（如图 3-14），因此，串联 VSC-MTDC 系统适合应用在需要将低压系统组合成高压直流系统的场合。例如，可以应用在风电场并网的情况，通过多台风机的组合形成更高的直流电压并入交流系统。也就是说，VSC1 和 VSC2 的交流侧可以是一台或者多台风机的组合。

混合多端 VSC-HVDC 结构中，串并联结构通过串联得到更高的直流电压，通过并联获得更大的容量，这种类型的 VSC-MTDC 通常被用于风电场的联网。同样，并串联结构的 VSC-MTDC 也通常被用于风电场的联网。

（7）经济性。从直流线路的角度考虑，同样的几个 VSC 换流站相连，用串联结构比用并联结构所用的直流线路条数要少，节约成本。

从运行效率角度考虑，串联结构可能存在只有部分负荷却在额定电流下运行的情况，效率较低。

多端 VSC-HVDC 用于抽水蓄能方式时，当抽能容量占整个系统逆变容量较小时，直流电压较小，因此可减少 IGBT 的个数或选择低电压等级的 IGBT，降低成本和技术难度。但如果是大容量抽水蓄能，采用并联抽水蓄能比串联水蓄抽能更为合算。

3.2.2　多端柔性直流输电的运行方式

多端柔性直流输电系统的运行方式根据具体工程实际情况的不同而多种多样，本节针对舟山柔性直流输电工程（简称舟山工程）进行研究，从而通过仿真进一步分析多端柔性直流输电系统可能的运行方式及运行特性。

目前，舟山电网的主要电源点位于舟山本岛（定海），岱山等其他岛屿均通过交流 220kV 或 110kV 交流线路供电。建设舟山工程的主要目的是满足各岛屿用电负荷增长的需要，以及交流线路故障时向各岛屿供电。因此，柔直工程投运后主要的运行方式是定海站作为送电端，其他 4 个换流站作为受电端。当定海站退出运行时，考虑到舟山本岛与岱山岛间通过交流 220kV 连接，岱山站将作为送电端，其他三个换流站作为受电端。

该工程除了考虑上述主要的运行方式外，为增加运行的灵活性，发挥多端柔性直流输电系统的优势，也保留其他运行方式。对于并联型五端系统，其运行方式可分为五端、四端、三端、二端及 STATCOM 五大类，理论上共有 27 种运行方式，但正常运行时衢山站和泗礁站不配置接地点，因此不考虑衢山站与泗礁站两端运行方式，实际共有 26 种运行方式，详见表 3-1。由于站内直流侧没有接地，衢山站和泗礁站也没有 STATCOM 运行方式。

当舟山电网全部失电时，洋山岛通过 110kV 线路与上海电网连接，可通过洋山换流站对舟山电网进行黑启动。具体做法是先通过洋山交流系统对洋山换流站、岱山换流站充电，然后输送部分功率至岱山站，再进一步启动舟山电厂机组。岱山换流站应备有柴油发电机，以便在黑启动时为水冷及辅助系统供电。

表 3-1　　　　　　　　　　　舟山多端柔性直流示范工程运行方式

序号	分类	运行的换流站	换流站直流功率和最大值（MW）
1	五端系统	定海、岱山、衢山、洋山、泗礁	800
2	四端系统	定海、岱山、衢山、洋山	800
3		定海、岱山、衢山、泗礁	800
4		定海、岱山、洋山、泗礁	800
5		定海、衢山、洋山、泗礁	600
6		岱山、衢山、洋山、泗礁	600

续表

序号	分类	运行的换流站	换流站直流功率和最大值（MW）
7	三端系统	定海、岱山、衢山	800
8		定海、岱山、洋山	800
9		定海、岱山、泗礁	800
10		定海、衢山、洋山	400
11		定海、衢山、泗礁	400
12		定海、洋山、泗礁	400
13		岱山、衢山、洋山	400
14		岱山、衢山、泗礁	400
15		岱山、洋山、泗礁	400
16		衢山、洋山、泗礁	200
17	二端系统	定海、岱山	600
18		定海、衢山	200
19		定海、洋山	200
20		定海、泗礁	200
21		岱山、衢山	200
22		岱山、洋山	200
23		岱山、泗礁	200
24		衢山、洋山	200
25		洋山、泗礁	200
26	STATCOM	5个换流站各自完全独立，定海站、岱山站、洋山站可以运行于 STATCOM 方式	0

上述运行方式不考虑5个站解裂为两个独立的柔性直流系统的运行方式，即不考虑两个独立的两端系统，或一个为两端系统而另一个为三端系统，同时不考虑降压运行方式。各换流站可提供的有功、无功功率均要受换流器 P-Q 圆图限制，同时仅在运行方式26中可以独立作为 STATCOM 运行。因此，各站均具有输出一定容量无功功率的能力，以应对接入点交流电网的无功功率需求，并用于降低泗礁岛弱电网对来自上海的常规直流换流站的影响，降低换相失败风险。

3.2.3　多端柔性直流输电单个换流站投退功能

在多端柔性直流输电系统正常运行过程中，会出现某个换流站因为故障退出的情况，当该换流站故障排除后，需要把该换流站投入系统中再次运行。

3.2.3.1　换流站单站退出

当换流站发生站内故障时，从系统的灵活运行上考虑，希望该站单站退出，其他换流站继续保持正常运行。换流站单站退出的步骤如下：

（1）换流站站内发生故障。

（2）换流站闭锁。

（3）换流站站内交流断路器跳开。

（4）换流站直流隔离开关或断路器断开，与直流线路隔离。

若换流站直流侧配置直流断路器，换流站单站退出时，不需要考虑直流侧电流。当换流站直流侧配置直流隔离开关或者普通断路器时，由于直流隔离开关或者普通断落器直流断流能力非常小，因而需要保证在换流站退出瞬间，直流侧电流不大于一定值。

下面具体分析换流站退出时的直流电流，以对称单极结构且交流侧接地为例。

换流站单站退出分为两种工况，分别为不控充电阶段单站退出、解锁运行后单站退出。

（1）不控充电阶段单站退出。在不考虑子模块冗余的情况下，设 MMC 每相单元的子模块个数为 $2N$，则单个桥臂子模块个数为 N，设直流正负极电压差为 U_{dc}，阀侧相电压幅值为 U_a，则子模块的平均电压为

$$U_c = \frac{U_{dc}/2 + \sqrt{2}U_a}{N} \tag{3-12}$$

当换流站需要退出时，先断开交流侧断路器，交流侧断路器断开后，进行分直流隔离开关或者断路器的操作，该时间间隔不会超过 100ms，因而不考虑子模块电压的下降。在交流断路器分开后，MMC 每相单元的子模块电压和为

$$U_{ap} + U_{an} = 2NU_c = U_{dc} + 2\sqrt{2}U_a > U_{dc} \tag{3-13}$$

从而保证了直流侧电流不会从直流海缆流向换流阀。同时，由于子模块中二极管的单向导电性，保证了直流侧电流也不会从换流阀流向海缆。因而在不控充电阶段，当交流断路器跳开后，直流侧没有电流，可以拉开直流隔离开关或者断路器。

（2）解锁运行后单站退出。此时，子模块电压已经升至额定值 $U_{cN} = \dfrac{U_{dc}}{N}$。当换流站需要退出时，首先闭锁并断开交流侧断路器，交流侧断路器断开后，进行分直流隔离开关或者断路器的操作，该时间间隔不会超过 100ms，因而不考虑子模块电压的下降。在交流断路器分开后，MMC 每相单元的子模块电压和为 $2U_{dc}$，远远大于直流侧电压。因而，此种工况下直流侧也没有电流，可以拉开直流隔离开关或者断路器。

3.2.3.2　换流站单站投入

换流站因故障单站退出，检修完毕后需要再次投入直流系统。为了防止换流站投入瞬间电流冲击，要求 MMC 每相单元的子模块电压和大于直流侧电压，从而使电流无法从直流侧流入换流阀且同时无法从换流阀流入直流侧。

换流站单站投入的步骤如下：

（1）待投入换流站从检修操作到 STATCOM 运行。

（2）换流站闭锁后，立即合上直流侧隔离开关或者断路器。

（3）运行方式由 STATCOM 转为 HVDC，控制模式由定直流电压转为定有功功率。

（4）解锁待投入换流站，换流站投入成功。

由于在换流站闭锁后，子模块的电压开始根据其 RC 时间常数进行放电，因而要求其子模块电压下降到 $U_c = \dfrac{U_{dc}/2 + \sqrt{2}U_a}{N}$ 之前，直流隔离开关或者断路器已经处于合位，即换流站已经投入直流系统。从而，从换流站 STATCOM 运行闭锁到换流站投入直流系统但未解锁的这段时间 t 应满足关系式

$$U_c\left(1 - e^{-\frac{t}{RC}}\right) = \frac{U_{dc}/2 + \sqrt{2}U_a}{N} \tag{3-14}$$

该时间 t 通常不会太长，考虑到直流隔离开关从分到合的时间在 10s 左右，不建议换流站投入操作时采用直流隔离开关，应采用快速隔离开关或者断路器来实现换流站投入功能，或者采用直流断路器。

3.3　柔性直流输电系统的损耗

传统直流输电工程中换流站损耗占系统额定功率的 0.5%～1%，而 VSC-HVDC 系统中由于电压源换流器，其损耗远远大于传统直流输电，这也是其应用于大容量功率传输的主要障碍。VSC-HVDC 系统的损耗包括换流器损耗、滤波器损耗、换流变压器损耗、直流输电线路损耗及接地极系统损耗等部分。由于 VSC-HVDC 系统中的电压源换流阀在正常工作时每个工频周期下开关达上千次，因而造成的损耗较大，整个换流站损耗占额定容量的 1.5%～6%，大大高于传统直流输电换流站的 0.5%～1%。换流器的损耗计算在 VSC-HVDC 系统损耗分析中最为重要。换流器损耗的决定因素包括开关器件的特性、VSC 的拓扑结构、VSC 的容量、VSC 的调制方式、直流侧电压等级等，而这些因素又与 VSC-HVDC 的其他性能指标密切相关，如电能质量等。

3.3.1　IGBT 功率损耗分析

IGBT 器件运行状态下的功率损耗主要有三个部分：①稳态损耗，包括通态损耗 P_{Tcon} 和截止损耗；②暂态损耗 P_{Tsw}，包括开通损耗和关断损耗；③驱动损耗。IGBT 的正向截止损耗和驱动回路损耗在总的损耗中占的比例很小，一般忽略不计。

换流器中的 IGBT 一般带有反向并联二极管，二极管的损耗主要包括通态损耗 P_{Dcon}、开通损耗、反向恢复损耗 P_{rec} 和截止损耗。由于二极管截止时漏电流很小，正向开通速度很快，因此其截止损耗和开通损耗可以忽略不计。需要注意的是，下面讨论的二极管并不是当前所说 IGBT 的反并联二极管，而是同一个桥臂的另外一个 IGBT 的反并联二极管，由于结构的对称性，这样分析对总损耗计算不会产生影响。那么假定下面所讨论的 IGBT 是指 A 相上桥臂的 IGBT，则反并联二极管指的是 A 相下桥臂的 IGBT 对应的反并联二极管。

综上所述，IGBT 损耗 P_{Ttot}、二极管损耗 P_{Dtot} 和换流器总损耗 P_{tot} 分别可以表示为

$$P_{Ttot} = P_{Tcon} + P_{Tsw} \tag{3-15}$$

$$P_{Dtot} = P_{Dcon} + P_{rec} \tag{3-16}$$

$$P_{tot} = n(P_{Ttot} + P_{Dtot}) \tag{3-17}$$

式（3-17）中，n 为换流器总的 IGBT 的个数。

3.3.1.1 IGBT 通态损耗

IGBT 集射集电压 U_{CE} 和电流 I_C 的典型曲线图如图 3-18 所示，该曲线可以用下面的函数来近似

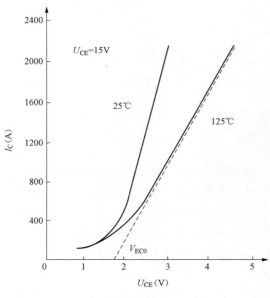

图 3-18 IGBT 正向导通压降

$$U_{CE} = R_T I_C + U_{CE0} \qquad (3\text{-}18)$$

式中 R_T 和 U_{CE0}——IGBT 正向导通电阻和擎住电压，两者都受温度的影响，可以通过拟合 U_{CE}/I_C 曲线得到。

分别由结温 T_1（125℃）和 T_2（25℃）的 IGBT 集射级电压 U_{CE} 和电流 I_C 的典型曲线得到两组参数，（R_{T1}、U_{E01}）和（R_{T2}、U_{E02}）。通过插值，近似得到 R_T 和 U_{CE0} 关于结温 T_{vj} 的函数如下

$$U_{CE0}(T_{vj}) = (U_{CE01} - U_{CE02})\frac{T_{vj}-25}{100} + U_{CE02}$$
$$(3\text{-}19)$$

$$R_T(T_{vj}) = (R_{T1} - R_{T2})\frac{T_{vj}-25}{200} + R_{T2} \qquad (3\text{-}20)$$

如果有多条 IGBT 特性曲线，可以对 R_T 和 U_{CE0} 进行温度的分段求取，从而得到更精确的结果。为表述简单，下面的推导继续以（R_T、U_{CE0}）表示[$R_T(T_{vj})$、$U_{CE0}(T_{vj})$]。

上桥臂 IGBT 通态损耗的功率计算如下

$$P_{Tcon} = U_{CE}I_C = (R_T I_C + U_{CE0})I_C = f(I_C, T_{vj}) \qquad (3\text{-}21)$$

同理，下桥臂反向并联二极管的通态损耗计算如下

$$P_{Dcon} = U_D I_D = (R_D I_D + U_{D0})I_D = f(I_D, T_{vj}) \qquad (3\text{-}22)$$

式中 U_D 和 I_D——通过二极管的电压、电流；

U_{D0} 和 R_D——二极管特性参数，与结温有关。

由式（3-21）和式（3-22）可知，对于特定型号的 IGBT 和二极管，如果内阻的温度特性确定，那么器件的通态损耗主要与导通电流和结温这两个物理量有关。对于特定型号的 IGBT 和二极管，如果内阻的温度特性确定，那么器件的通态损耗主要与导通电流和结温这两个物理量有关。

3.3.1.2 IGBT 开通损耗

IGBT 典型的开关波形如图 3-19 所示。开通电流的过冲主要与二极管的恢复电流有关，计算换流器中的 IGBT 开通损耗必须考虑二极管的存在。下面分段计算 IGBT 的开通损耗。

1-2 段，$0 < t < t_r$，下桥臂二极管保持导通，上桥臂 IGBT 近似为保持关断时的电压。

理论分析和实验结果均表明，IGBT 开通电流的变化率 $\mathrm{d}i_\mathrm{C}/\mathrm{d}t$ 在开通过程中接近一个常数，该常数与最终电流成近似的线性关系，因而导通时间 t_r 可以表示为

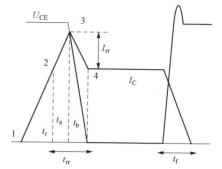

$$t_\mathrm{r} = k_1 + k_2 I_\mathrm{C} \tag{3-23}$$

式中　k_1，k_2——拟合参数，与结温有关。

该段损耗计算如下

$$E_{\mathrm{on}1} = \int_0^{t_\mathrm{r}}\left(U_\mathrm{dc}\frac{I_\mathrm{C}}{t_\mathrm{r}}t\right)\mathrm{d}t = \frac{1}{2}U_\mathrm{dc}(k_1 I_\mathrm{C} + k_2 I_\mathrm{C}^2) \tag{3-24}$$

2-3 段，下桥臂二极管开始反向恢复，此时二极管上的压降很小，此段二极管损耗可以忽略不计。

图 3-19　典型 IGBT 开关特性曲线

IGBT 近似为保持关断时的电压，IGBT 电流叠加了二极管的反向恢复电流。设二极管恢复电流峰值为 I_rr，则 IGBT 电流可以表示如下

$$i(t) = I_\mathrm{rr}\frac{t}{t_\mathrm{a}} + I_\mathrm{C} \tag{3-25}$$

二极管的反向恢复电流峰值、时间与导通电流呈近似的线性关系，表示如下

$$I_\mathrm{rr} \approx (k_3 + k_4 I_\mathrm{C}) \tag{3-26}$$

$$t_\mathrm{rr} \approx (k_5 + k_6 I_\mathrm{C}) \tag{3-27}$$

式中　k_3、k_4、k_5、k_6——与结温有关的拟合参数。

计算 2-3 段的 IGBT 损耗为

$$E_{\mathrm{on}2} = U_\mathrm{dc}\frac{1}{s+1}\left[\frac{k_3 k_5}{2} + \left(\frac{k_3 k_6}{2} + \frac{k_4 k_5}{2} + k_5\right)I_\mathrm{C} + k_6\left(\frac{k_4}{2}+1\right)I_\mathrm{C}^2\right] \tag{3-28}$$

3-4 段，下桥臂二极管开始承受反向电压，恢复电流从峰值开始下降。到 4 点，二极管反向电压达到最终值，恢复电流降到零，完成关断。相应的，IGBT 集射级电压下降到通态电压，电流达到最终值，完成导通。这个过程的损耗由 IGBT 和二极管共同产生。IGBT 电压 $U_\mathrm{CE}(t)$、电流 $i(t)$，二极管电压 $U_\mathrm{D}(t)$、电流 $i_\mathrm{D}(t)$ 可以分别近似表示为

$$U_\mathrm{CE}(t) = U_\mathrm{dc}\left(1 - \frac{t}{t_\mathrm{b}}\right) \tag{3-29}$$

$$i(t) = I_\mathrm{rr}\left(1 - \frac{t}{t_\mathrm{b}}\right) + I_\mathrm{C} \tag{3-30}$$

$$U_\mathrm{D}(t) = U_\mathrm{dc}\frac{t}{t_\mathrm{b}} \tag{3-31}$$

$$i_\mathrm{D}(t) = i(t) - I_\mathrm{C} = I_\mathrm{rr}\left(1 - \frac{t}{t_\mathrm{b}}\right) \tag{3-32}$$

此段 IGBT 损耗计算如式（3-33）所示

$$\begin{aligned}E_{\mathrm{on}3} &= \int_0^{t_\mathrm{b}} U_\mathrm{CE}(t)i(t)\mathrm{d}t\\ &= U_\mathrm{dc}\frac{s}{s+1}\left[\frac{k_3 k_5}{3} + \left(\frac{k_3 k_6 + k_4 k_5}{3} + \frac{k_5}{2}\right)I_\mathrm{C} + \left(\frac{k_4 k_6}{3} + \frac{k_6}{2}\right)I_\mathrm{C}^2\right]\end{aligned} \tag{3-33}$$

二极管反向恢复损耗计算如式（3-34）所示

$$E_{\text{rec}} = \int_0^{t_b} U_D(t) i_D(t) \mathrm{d}t = U_{\text{dc}} I_{\text{rr}} t_b \cdot \frac{1}{6}$$

$$= U_{\text{dc}} \frac{s}{s+1} \left[k_3 k_5 + (k_3 k_6 + k_4 k_5) I_C + k_4 k_6 I_C^2 \right] \tag{3-34}$$

IGBT 开通损耗为三段损耗之和

$$E_{\text{on}} = E_{\text{on1}} + E_{\text{on2}} + E_{\text{on3}} \tag{3-35}$$

3.3.1.3　IGBT 关断损耗

从厂商数据和实验结果可以得出，IGBT 关断时电流下降时间 t_f 受电流变化的影响不大，可表示为

$$t_f = k_7 + k_8 I_C \tag{3-36}$$

计算 IGBT 关断损耗

$$E_{\text{Toff}} = \int_0^{t_f} U_{\text{CE}}(t) i(t) \mathrm{d}t = \int_0^{t_f} U_{\text{dc}} \left(\frac{t I_C}{t_f} \right) \mathrm{d}t$$

$$= \frac{1}{2} U_{\text{dc}} (k_7 I_C + k_8 I_C^2) \tag{3-37}$$

可得 IGBT 开关损耗为

$$E_{\text{sw}} = E_{\text{on}} + E_{\text{off}}$$

$$= U_{\text{dcN}} (\mu_1 + \mu_2 I_C + \mu_3 I_C^2) \frac{U_{\text{DC}}}{U_{\text{DCN}}} \tag{3-38}$$

$$= E_{\text{swN}} \frac{U_{\text{dc}}}{U_{\text{dcN}}}$$

同理，二极管的恢复损耗也可以表示为

$$E_{\text{rec}} = U_{\text{dcN}} (\mu_4 + \mu_5 I_C + \mu_6 I_C^2) \frac{U_{\text{dc}}}{U_{\text{dcN}}} \tag{3-39}$$

$$= E_{\text{recN}} \frac{U_{\text{dc}}}{U_{\text{dcN}}}$$

式中　　μ_1，μ_2，μ_3，μ_4，μ_5，μ_6——与温度有关的参数，可以用常数 $k_1 \sim k_8$ 来表示；

$\qquad\qquad U_{\text{DCN}}$——IGBT 额定电压；

$\qquad\qquad E_{\text{swN}}$，$E_{\text{recN}}$——额定直流电压下的开关损耗和反向恢复损耗。

可以利用厂商的 $E_{\text{swN}} - I_C$、$E_{\text{recN}} - I_C$ 特性曲线来拟合得到参数 $\mu_1 \sim \mu_6$。

参数 $\mu_1 \sim \mu_6$ 都受结温的影响，满足一定的温度范围时，可以利用插值得到损耗的结温系数。IGBT 开关损耗和二极管损耗的结温系数表示如下

$$\rho_T(T_{\text{vj}}) = \frac{1}{E_{\text{sw1}}} \left[\frac{E_{\text{sw1}} - E_{\text{sw2}}}{100} (T_{\text{vj}} - 25) + E_{\text{sw2}} \right] \tag{3-40}$$

$$\rho_D(T_{\text{vj}}) = \frac{1}{E_{\text{rec1}}} \left[\frac{E_{\text{rec1}} - E_{\text{rec2}}}{100} (T_{\text{vj}} - 25) + E_{\text{rec2}} \right] \tag{3-41}$$

式中　E_{sw1}，E_{sw2}——IGBT 额定电压、额定电流下，结温 T_1（125℃）和 T_2（25℃）时的开关损耗；

$\quad\quad E_{rec1}$，E_{rec2}——相同条件下的二极管反向恢复损耗。

为了表述简单，下面的推导继续以（ρ_T、ρ_D）表示[$\rho_T(T_{vj})$、$\rho_D(T_{vj})$]。IGBT 开关损耗和二极管反向恢复损耗的表达式为

$$\begin{cases} E_{sw} = U_{DC}(\mu_1 + \mu_2 I_C + \mu_3 I_C^2)\rho_T = f_{sw}(U_{DC}, I_C, T_{vj}) \\ E_{rec} = U_{DC}(\mu_4 + \mu_5 I_C + \mu_6 I_C^2)\rho_D = f_{rec}(U_{DC}, I_C, T_{vj}) \end{cases} \quad (3\text{-}42)$$

通过上面的推导可知

$$\begin{cases} P_{Tcon} = U_{CE}I_C = (R_T I_C + U_{CE0})I_C = f(I_C, T_{vj}) \\ P_{Dcon} = U_D I_D = (R_D I_D + U_{D0})I_D = f(I_D, T_{vj}) \\ E_{sw} = U_{DC}(\mu_1 + \mu_2 I_C + \mu_3 I_C^2)\rho_T = f_{sw}(U_{DC}, I_C, T_{vj}) \\ E_{rec} = U_{DC}(\mu_4 + \mu_5 I_C + \mu_6 I_C^2)\rho_D = f_{rec}(U_{DC}, I_C, T_{vj}) \end{cases} \quad (3\text{-}43)$$

根据式（3-43）可以计算任意电流、电压、结温下的损耗，可用于分析不同工况下的 IGBT 损耗。该表达式中的各种参数均可方便地获得，计算方便。

3.3.2　其他损耗分析

3.3.2.1　换流变压器损耗

换流变压器的损耗比同容量的交流变压器的损耗大，因为经换流变压器绕组的电流含有谐波分量。

根据 IEC 61378-2《变流变压器 第二部分：高压直流（HVDC）用变压器》，首先假定绕组中的涡流损耗与频率的平方成正比，金属构件中的杂散损耗与频率的 0.8 次方成正比，然后通过在两个频率（工频 f_1 和倍频 f_x）下的负载损耗试验，将式（3-44）和式（3-45）联立求出工频下绕组中的涡流损耗 $P_{we,1}$ 和金属构件中的杂散损耗 $P_{se,1}$

$$P_1 = I_1^2 R_{dc} + P_{we,1} + P_{se,1} \quad (3\text{-}44)$$

$$P_x = I_x^2 R_{dc} + P_{we,1}\left(\frac{I_x}{I_1}\right)^2\left(\frac{F_x}{F_1}\right)^2 + P_{se,1}\left(\frac{I_x}{I_1}\right)^2\left(\frac{F_x}{F_1}\right)^{0.8} \quad (3\text{-}45)$$

式中　P_x——倍频下的负载损耗；

$\quad\quad P_{we,1}$——工频下绕组中的涡流损耗；

$\quad\quad P_{se,1}$——工频下构件中的杂散损耗；

$\quad\quad I_1$——工频负载试验时的试验电流；

$\quad\quad I_x$——倍频负载试验时的试验电流；

$\quad\quad f_1$——工频（50Hz 或 60Hz）；

$\quad\quad f_x$——倍频（150～250Hz 或 180～300Hz）。

最后，再根据上述假定，由变压器换流运行时的电流频谱计算出各次谐波电流产生的损耗 P_h 及负载损耗 P_c。

$$P_h = I_h^2 R_{dc} + P_{we,h} + P_{se.h} \tag{3-46}$$

$$P_c = \sum_{h=1}^{49} P_h \tag{3-47}$$

$$P_{we,h} = P_{we,1} K_h^2 h^2 \tag{3-48}$$

$$P_{se,h} = P_{we,1} K_h^2 h^{0.8} \tag{3-49}$$

式中　　h——谐波次数；

　　　$P_{we,h}$——h 次谐波电流下绕组中的涡流损耗；

　　　$P_{se,h}$——h 次谐波电流下构件中的杂散损耗。

3.3.2.2　直流线路损耗

直流线路损耗与线路长度成正比，包括与电压相关的损耗和与电流相关的损耗两部分。与电压相关的损耗主要指线路电晕损耗和线路绝缘子串泄漏损耗。由于后者数量很小，一般可以忽略不计。直流线路电晕损耗比交流线路电晕损耗小，且受气候条件的影响也小。对 500kV 直流线路进行过实测，测得线路电晕损耗正极为 3.1W/m，负极为 3.6 W/m。与电流相关的损耗主要是流过线路的直流电流在直流线路电阻上产生的损耗。与输送同样有功功率的交流线路相比，直流线路的损耗通常较小。直流线路损耗还与直流系统运行方式有关。按损耗大小从小到大排序为双极线并联运行、大地回线运行、金属回线运行。

3.3.2.3　接地损耗

接地损耗包括接地极引线及接地电极损耗。接地极引线电压很低，只需考虑与电流相关的损耗。接地极的电阻很小，一般在 0.1 Ω以下，且其损耗与直流系统运行方式有关。当直流系统按单极-大地回路方式或双极线并联-大地回路方式运行时，流过接地极系统的直流电流是负载电流，这种情况下应计算其损耗；当直流系统按双极对称运行时，流经接地极系统的电流仅为两极不平衡电流（正常情况下仅为直流系统额定电流的 1% 左右），由此产生的损耗可以忽略不计。以我国葛洲坝—上海±500kV 直流输电系统（1045km，1200MW）为例，双极额定负载运行时，两换流站损耗为额定负载的 1.31%，直流线路损耗为额定负载的 6.73%，接地极引线（两端引线的长度均约 30km）和接地极的损耗可以忽略。

参 考 文 献

[1]　赵畹君. 高压直流输电工程技术[M]. 北京：中国电力出版社，2004.

[2]　张文亮，汤涌，曾南超. 多端高压直流输电技术及应用前景[J]. 电网技术，2010，34（09）：1-6.

[3]　屠卿瑞，徐政. 多端直流系统关键技术概述[J]. 华东电力，2009，37（02）：267-271.

[4]　《国家电网报》杂志. 国家电网公司评审多端柔性直流可研报告[EB/OL].（2012-07-05）[2012-07-20]. http://www.sgcc.com.cn/ztzl/newzndw/zndwzx/gnzndwzx/2012/07/275919.shtml.

[5]　中国电力网. 国内首个柔性多端直流输电工程落地汕头 [EB/OL].（2012-05-28）[2012-11-27]. http://www.chinapower.com.cn/newsarticle/1159/new1159528.asp.

[6]　汤广福. 基于电压源换流器的高压直流输电技术[M]. 北京：中国电力出版社，2010.

[7]　汤广福，贺之渊，滕乐天，等. 电压源换流器高压直流输电技术最新研究进展[J]. 电网技术，2010，

32(22)：39-44，89.

[8]　Nakajima, T, Irokawa, S. A control system for HVDC transmission by voltage sourced converters［C］. Power Engineering Society Summer Meeting, Edmonton, Alberta, Canada, 1999.

[9]　Nakajima, T. Operating experiences of STATCOMs and a three-terminal HVDC system using voltage sourced converters in Japan［C］. Transmission and Distribution Conference and Exhibition 2002: Asia Pacific. IEEE/PES, Piscataway, USA, 2002.

[10]　潘武略，徐政，张静，等. 电压源换流器型直流输电换流器损耗分析[J]. 中国电机工程学报，2008，28（21）：7-14.

[11]　汤广福. 2004 年国际大电网会议系列报道——高压直流输电和电力电子技术发展及展望[J]. 电力系统自动化，2005，29（7）：1-5.

[12]　DORN J, HVANGH, RETZMANN D, A new multilevel voltage-sourced converter Topology for HVDC Applications［C］. CIGRE session, Paris, France, 2008.

[13]　Lesnicar A, Marquardt R. A new modular voltage source inverter topology［C］. 10th European Conference on Power Electronics and Applications, Toulouse, France, 2003.

[14]　Lesnicar A, Marquardt R. An innovative modular multilevel converter topology suitable for a wide power range［C］. Proceedings of IEEE Power Tech Conference, Bologna, Italy, 2003.

[15]　Marquardt R, A L. New concept for high voltage-modular multilevel converter［C］. PESC 2004 conference, Aachen, Germany, 2004.

[16]　刘钟淇，宋强，刘文华. 基于模块化多电平换流器的轻型直流输电系统[J]. 电力系统自动化，2010，34（2）：53-58.

[17]　汤广福，贺之渊，徐政，等. 电压源型换流器直流输电基础理论研究[R]. 北京：中国电力科学研究院，2008.

[18]　丁冠军，汤广福，丁明，等. 新型多电平电压源型换流器模块的拓扑机制与调制策略[J]. 中国电机工程学报，2009，29（36）：1-8.

[19]　管敏渊，徐政. MMC 型 VSC-HVDC 系统电容电压的优化平衡控制[J].中国电机工程学报，2011，31（12）：9-14.

[20]　赵昕，赵成勇，李广凯，等. 采用载波移相技术的模块化多电平换流器电容电压平衡控制[J]. 中国电机工程学报，2011，31（21）：48-56.

[21]　许建中，赵成勇. 模块化多电平换流器电容电压优化平衡控制算法[J]. 电网技术. 2012，36（6）：256-261.

[22]　赵岩，胡学浩，汤广福，等. 基于 MMC 的 VSC-HVDC 控制策略研究[J]. 中国电机工程学报，2010，31（25）：35-42.

[23]　马骏超，江全元，赵宇明. 直流配电网定电压——下垂协调控制策略研究[J]. 供用电，2015，10（4）.

[24]　屠卿瑞，徐政，郑翔，等.模块化多电平换流器型直流输电内部环流机理分析[J]. 高电压技术，2010，36（2）：547-552.

[25]　屠卿瑞，徐政，管敏渊，等.模块化多电平换流器环流抑制控制器设计[J]. 电力系统自动化，2010，34（18）：57-61.

[26]　刘崇茹，张伯明. 交直流输电系统潮流计算中换流器运行方式的转换策略[J]. 电网技术，2007，31（09）：17-21.

[27] 陈谦. 新型多端直流输电系统的运行与控制[D]. 南京：东南大学，2004.

[28] 卓谷颖，黄晓明，楼伯良，等. 直流建模对静态电压稳定分析的影响[J]. 浙江电力，2016，35（6）.

[29] 吴俊宏. 多端柔性直流输电控制系统的研究[D]. 上海：上海交通大学，2009.

[30] 马骏超，江全元，余鹏，等. 直流配电网能量优化控制技术综述[J]. 电力系统自动化，2013，37（24）.

[31] 胡静，赵成勇，赵国亮，等. 换流站通用集成控制保护平台体系结构[J]. 中国电机工程学报，2012，32（22）：133-140.

第4章

柔性直流输电的控制系统与启动方式

柔性直流输电控制系统是柔性直流输电的"大脑"，直接关系着柔性直流输电运行的性能、安全、效益，是柔性直流输电系统的关键环节。设计性能优异的控制系统对实现基于电压源型换流器的柔性直流输电系统（VSC-HVDC）的安全、稳定、高效、经济运行至关重要。控制系统的设计与应用场合、换流器拓扑结构、主电路参数、接入点交流系统特性等多种因素相关，应综合考虑，相互配合。

为了达到工程要求的可用率及可靠性等指标，柔性直流输电控制系统应采用多重化设计。通常采用双重化设计，正常运行时，一套控制系统处于工作状态（active system），另外一套系统处于热备用状态（standby system），两套系统同时对数据进行处理，但只有工作系统可对一次设备发出指令。当工作系统发生故障时，切换逻辑将其退出工作，处于热备用状态的系统能自动、安全、快速地切换到工作状态。两套系统同时故障的概率极小，因此可以满足实际工程需要。也可以采用三重化及以上的冗余设计，采取通过逻辑组合表决出控制方案，但是设备的元件数会因此而增加，从而增加了设备投资及系统复杂性，通常双重化或者三重化设计是较好的选择。控制系统设计应允许在因故障而退出运行的系统上进行维修工作以及修复后的验证工作，而保证不会对正在运行中的系统产生干扰，以满足控制系统不停电即可维护的要求。

柔性直流输电控制系统按面向物理或逻辑对象的原则进行功能配置，不同对象的功能之间尽可能少地交换信息，某一对象异常不影响其他对象功能的正常运行。

柔性直流输电控制系统是一个复杂的多输入、多输出系统，为了提高其运行可靠性、限制任一控制环节故障造成的影响，按照分层原则设计可将其从高层次到低层次分为系统级控制策略和换流站级策略（见图4-1）。

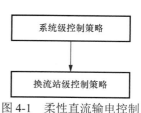

图4-1　柔性直流输电控制系统分层结构

4.1　换流站级基本控制策略

换流站级控制是柔性直流输电控制的核心，它接收系统级控制生成指令信号，根据控制模式分别对换流站的有功类控制量（有功功率、直流电压或电网频率）和无功类控制量（无功功率或交流电压）进行控制，并将本级有关运行信息反馈给系统级控制层。换流站级控制有多种实现方式，如直接控制（direct control）、矢量控制（vector control）、自适应控制等。直接控制方式接受系统级控制器的指令，通过调节调制信号的调制度和相位来调节换流器端输出的电压幅值和相位。此种控制方式简单、直接，但响应速度比较慢，不容易实现过电流控制。矢量控制通常采用双环控制，即外环控制和内环电流控制。外环控制器接受系统级控制器发出的指令参考值，根据控制目标产生合适的参考信号，并传递给内环电流控制器。内环电流控制器接受外环功率控制器的指令信号，经过一系列的运算得到换流器侧期望的输出交流电压参考值，并送到阀控层。矢量控制结构比较简单，响应速度很快，很容易实现过电流等控制，适用于柔性直流输电场合。

换流站级控制主要的功能包括下面的一项或者多项：

（1）有功功率控制（active power control）。

（2）无功功率控制（reactive power control）。

（3）直流电压控制（DC voltage control）。

（4）交流电压控制（AC voltage control）。

（5）频率控制（frequency control）。

（6）换流器变压器分接头调整控制（tap-changer control），等。

为了抑制交流系统故障时产生的过电流和过电压，控制器还应该包括交流电流控制（AC current control）、电流指令计算及限值控制（current order calculation and current order limiter）等功能，这也是采用双环矢量控制器时内在的功能。控制器设计中还应该包括过电流控制、负序电流控制、直流过电压控制和欠电压控制等环节，这对防止因系统故障而损坏设备有重要意义。

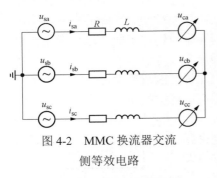

图 4-2　MMC 换流器交流
侧等效电路

柔性直流输电系统目前占主导地位的控制方法为矢量控制（vector control），也被称为"直接电流控制"，通常由外环（outer loop）功率控制和内环（inner loop）电流控制两个环构成，具有快速的电流响应特性。同时，矢量控制具有很好的内在限流能力，因此被工业界普遍采用。

MMC 换流器交流侧可等效为图 4-2 所示电路。图中：u_{sa}、u_{sb} 和 u_{sc}——阀侧三相电压；i_{sa}、i_{sb} 和 i_{sc}——阀侧三相电流；u_{ca}、u_{cb} 和 u_{cc}——换流器产生的受控三相电压；R、L——连接电抗器的等效电阻和等效电感。

对于三相对称系统，图 4-2 所示的 VSC 在同步旋转坐标系下 VSC 的数学模型为

$$\begin{cases} \dfrac{\mathrm{d}i_{sd}}{\mathrm{d}t} = \dfrac{1}{L}u_{sd} + wi_{sq} - \dfrac{1}{L}u_{cd} - \dfrac{R}{L}i_{sd} \\ \dfrac{\mathrm{d}i_{sq}}{\mathrm{d}t} = \dfrac{1}{L}u_{sq} - wi_{sd} - \dfrac{1}{L}u_{cq} - \dfrac{R}{L}i_{sq} \end{cases} \tag{4-1}$$

式中　u_{sd}, u_{sq}——阀侧电压的 d、q 轴分量；

i_{sd}, i_{sq}——阀侧电流的 d、q 轴分量；

u_{cd}, u_{cq}——VSC 产生的受控电压 d、q 轴分量；

ω——电网电压角速度

根据瞬时无功功率理论，同步旋转坐标系下的换流器的有功功率和无功功率为（正值表示换流器吸收功率，负值表示换流器发出功率）

$$\begin{cases} P = \dfrac{3}{2}(u_{sd}i_{sd} + u_{sq}i_{sq}) \\ Q = \dfrac{3}{2}(u_{sq}i_{sd} - u_{sd}i_{sq}) \end{cases} \tag{4-2}$$

根据式（4-1）所示的数学模型可设计 VSC 控制系统结构如图 4-3 所示，它由内环电流控制器、外环功率控制器、锁相同步环节和触发脉冲生成等环节组成。内环电流控制器实现换流器交流侧电流波形和相位的直接控制，以快速跟踪参考电流。外环功率控制根据 VSC-HVDC 系统级控制目标，可以实现定直流电压控制、定有功功率控制、定频率控制、定无功功率控制和定交流电压控制等。锁相环节输出的相位信号用于提供电压矢量定向控制和触发脉冲生成所需的基准相位。触发脉冲生成环节利用电流环输出的参考电压和同步相位信号产生换流器各桥臂的触发脉冲。

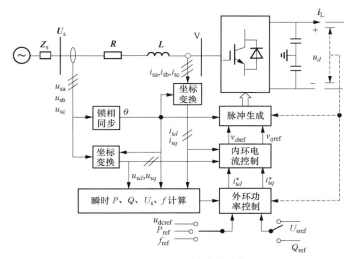

图 4-3 VSC 控制系统结构

下面详细介绍控制系统内环和外环控制器的不同实现方式。

4.1.1 换流站内环控制器

内环控制器接受来自外环控制的有功、无功电流的参考值 i_{dref} 和 i_{qref}，并快速跟踪参考电流，实现换流器交流侧电流波形和相位的直接控制。内环控制主要包括内环电流控制、负序电压控制和 PLL 环控制等。

4.1.1.1 锁相环控制

锁相环（Phase Locked Loop，PLL）用于实现换流器控制与交流系统电压的同步。锁相环的输入是在连接变压器的阀侧母线处测得的三相交流电压，其输出是基于时间的相角值，在稳态时等于系统交流电压的相角。

其原理如下：三相电网电压瞬时值经 Clark 变换为 $\alpha\beta$、dq，通过相位乘法器分别与压控振荡环节 VCO 输出相位的正弦值（sin）和余弦值（cos）相乘，二者乘积之和为 V_q，V_q 经 PI 调节与比例系数 k_v 相乘得到角频率误差 $\Delta\omega$，$\Delta\omega$ 与中心角频率 ω_0 相加后得到角频率 $\hat{\omega}$，

最后再经过积分环节得到相位测量值 $\hat{\theta}$

$$\begin{cases} U_\alpha = \dfrac{1}{3}\left[2U_a - (U_b + U_c)\right] \\ U_\beta = \dfrac{1}{\sqrt{3}}(U_b - U_c) \\ \theta = \theta_{k-1} + t_s + \Delta f_{k-1} \end{cases} \tag{4-3}$$

式中　θ——PLL 输出的相角；

　　　t_s——计算采样时间。

$$\Delta f = (U_b \cos\theta - U_a \sin\theta)\left(1 + \dfrac{1}{sT}\right) \tag{4-4}$$

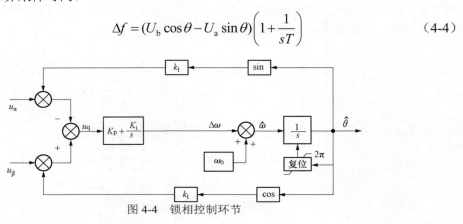

图 4-4　锁相控制环节

4.1.1.2　内环电流控制策略

内环控制环节接收来自外环控制的有功、无功电流的参考值 i_{dref} 和 i_{qref}，并快速跟踪参考电流，实现换流器交流侧电流波形和相位的直接控制。

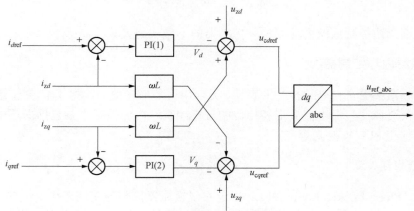

图 4-5　交流电流矢量控制

交流电流控制的作用是根据换流器的基频动态模型，将经过电流指令限制后的交流电流参考值变换为换流器阀控所需要的三相电压参考值，具体说明如下：

经过 Park 变换获得的 $dq0$ 坐标系下的参量定义如下：i_{dref}、i_d、i_{qref}、i_q 分别为网侧交流电流参考值和测量值的 d、q 轴分量；u_{sd}、u_{sq} 分别为网侧系统交流电压 d 轴和 q 轴分量；u_{cd}、u_{cq} 分别为换流器输出电压 d 轴和 q 轴分量。电压平衡关系为

$$\begin{cases} L\dfrac{\mathrm{d}i_d}{\mathrm{d}t} = -Ri_d + \omega Li_q + u_{sd} - u_{cd} \\ L\dfrac{\mathrm{d}i_q}{\mathrm{d}t} = -Ri_q - \omega Li_d + u_{sq} - u_{cq} \end{cases} \tag{4-5}$$

图 4-6 所示为电压源换流器在 $d\text{-}q$ 坐标系下的模型结构。

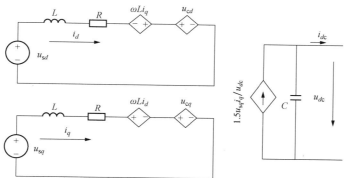

图 4-6　电压源换流器在 $d\text{-}q$ 坐标系下的模型结构图

换流器的数学模型可以表示为矩阵形式

$$\frac{\mathrm{d}}{\mathrm{d}t}\begin{bmatrix} i_d \\ i_q \end{bmatrix} = \frac{1}{L}\begin{bmatrix} -R & \omega L \\ -\omega L & -R \end{bmatrix}\begin{bmatrix} i_d \\ i_q \end{bmatrix} + \frac{1}{L}\begin{bmatrix} u_{sd} \\ u_{sq} \end{bmatrix} - \frac{1}{L}\begin{bmatrix} u_{cd} \\ u_{cq} \end{bmatrix} \tag{4-6}$$

内环电流控制器有多种实现方式，下面简要介绍基于 PI 环节、反馈线性化和 Smith 状态预估器的三种控制方式。

（1）基于 PI 环节的内环电流控制器。式（4-1）可以表示为

$$\begin{cases} L\dfrac{\mathrm{d}i_{sd}}{\mathrm{d}t} = -Ri_{sd} + \omega Li_{sq} + u_{sd} - u_{cd} \\ L\dfrac{\mathrm{d}i_{sq}}{\mathrm{d}t} = -Ri_{sq} - \omega Li_{sd} + u_{sq} - u_{cq} \end{cases} \tag{4-7}$$

式（4-7）表明，d、q 轴电流除受控制量 u_{cd}、u_{cq} 的影响外，还受到电流交叉耦合项 ωLi_{sd}、ωLi_{sq} 和电网电压 u_{sd}、u_{sq} 的影响。为消除 d、q 轴之间的电流耦合和电网电压扰动，现将式（4-7）改写成式（4-8），即得到 VSC 交流侧期望输出的基波电压量

$$\begin{cases} u_{cd} = u_{sd} - v'_d + \Delta u_q \\ u_{cq} = u_{sq} - v'_q + \Delta u_d \end{cases} \tag{4-8}$$

式中

$$\begin{cases} v'_d = L\dfrac{\mathrm{d}i_{sd}}{\mathrm{d}t} + Ri_{sd} \\ v'_q = L\dfrac{\mathrm{d}i_{sq}}{\mathrm{d}t} + Ri_{sq} \\ \Delta u_q = \omega Li_{sq} \\ \Delta u_d = \omega Li_{sd} \end{cases} \tag{4-9}$$

在式（4-8）中，v'_d、v'_q 分别是与 i_{sd}、i_{sq} 具有一阶微分关系的电压分量。显然，这个解耦项可以采用式（4-10）所示的比例积分环节来实现，以补偿在等效电抗器上的电压降。由式（4-8）可知，通过引入 d、q 轴电压耦合补偿项 Δu_d、Δu_q，使非线性方程实现解耦，同时通过对电网扰动电压 u_{sd}、u_{sq} 采取前馈补偿，不但能实现 d、q 轴电流的独立解耦控制，而且还能提高系统的动态性能。从控制原理来看，式中引入前馈补偿实际上是采用开环控制方式去补偿可测量的扰动信号

$$\begin{cases} v'_d = K_{P1}(i^*_{sd} - i_{sd}) + K_{I1} \int (i^*_{sd} - i_{sd})\mathrm{d}t \\ v'_q = K_{P2}(i^*_{sq} - i_{sq}) + K_{I2} \int (i^*_{sq} - i_{sq})\mathrm{d}t \end{cases} \tag{4-10}$$

式中 i^*_{sd}、i^*_{sq}——有功电流和无功电流的参考值。

因此，由式（4-8）和式（4-10）可得图 4-7 所示的电流解耦控制器。图中，电流控制器输出量 v_{dref}、v_{qref} 分别对应 VSC 期望输出的正弦参考基波电压的 d 轴和 q 轴分量。根据电压参考分量和电网电压相位信号，通过相关调制方式可获得各桥臂的触发脉冲。图中的电流参考值 i^*_{sd}、i^*_{sq} 从外环控制器输出获得。内环电流控制采用电流反馈和电网电压前馈，提高了电流控制器的跟踪响应特性，同时又通过 PI 调节器消除了电流跟踪的稳态误差。

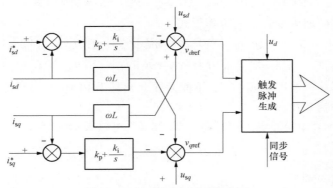

图 4-7　VSC 的内环电流控制器

综合式（4-8）和图 4-7 所示的电流内环控制器，可以得到基于同步旋转坐标系下含有电流解耦控制器的 VSC 换流站系统结构图，如图 4-8 所示。

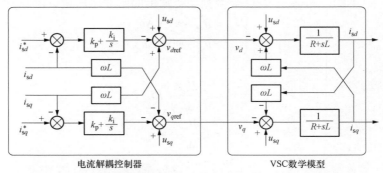

电流解耦控制器　　　　　VSC数学模型

图 4-8　采用电流解耦和电压前馈控制的 VSC 控制系统结构图

进一步分析图 4-8 可知，VSC 换流器采用电流解耦控制后，其电流控制器的 d 轴和 q 轴成为两个独立的控制环，即可以将图 4-8 简化为图 4-9 所示的系统结构。图 4-9 所示的 VSC 等效控制系统忽略了实际数字控制系统中的信号采样及滤波延时、换流器的开关延时等因素。根据图 4-9 的系统结构，可以方便地设计相关的电流控制器参数以满足对系统动态响应速度的要求。

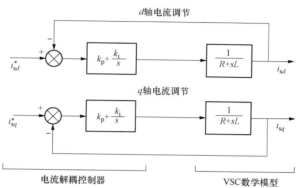

图 4-9 简化后的 VSC 换流站内环电流控制系统结构图

由于图 4-9 中的 d 轴电流环和 q 轴电流环结构对称，因此下面以 d 轴电流控制环为例，可得电流控制环的开环传递函数 $G(s)$ 为

$$G(s) = \left(k_\mathrm{p} + \frac{k_\mathrm{i}}{s} \right) \cdot \frac{1}{R + sL} = \frac{sk_\mathrm{p} + k_\mathrm{i}}{s(R + sL)} \tag{4-11}$$

根据内环电流控制器的动态响应特性要求，同时考虑到控制的延时对系统稳定性的影响，可以选择合适的 k_p、k_i。

这种基于前馈控制的算法使电压源换流器的数学模型中电流内环实现了解耦控制，i_d 和 i_q 的控制互不影响，而且通过 PI 调节器提高了系统的动态性能，可以方便地设计相关的电流控制器参数以满足对系统动态响应速度的要求。

VSC-HVDC 的过载能力较小。系统运行过程中由于发生故障或者受到扰动等原因，会产生很大的过电流，从而可能损坏 IGBT 元件和其他设备。在设计内环和外环控制器的时候应该考虑到这些因素，其输出应该考虑到系统允许的过载能力，可以在控制器中设置限流环节（current limiter）来控制流过 IGBT 的电流大小，提高系统抵抗扰动的能力。

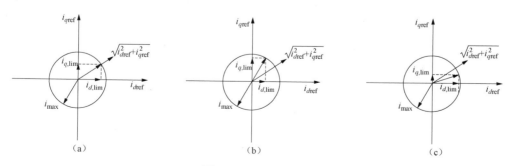

图 4-10 电流限制器

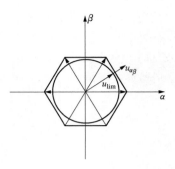

图 4-11　换流器输出
电压指令限制

电流限制方式 1：有功电流和无功电流同比例减小，如图 4-10（a）所示。电流限制方式 2：无功电流的优先级高于有功电流，如图 4-10（b）所示。电流限制方式 3：有功电流的优先级高于无功电流，如图 4-10（c）所示。

为了减少谐波和保证电流控制器的性能，考虑到直流侧电压水平，内环电流控制器的输出参考电压指令在送到阀控设备之前，其合成的矢量幅值应限制在六边形内部（见图 4-11）。

（2）基于反馈线性化的内环电流控制器。VSC-HVDC 系统是一个多变量、强耦合、非线性系统。基于反馈线性化思想的非线性控制理论近年来获得了很大的发展，通过坐标变换和状态反馈，可以使某些系统化为线性并解耦。

根据非线性系统反馈线性化理论，选取状态变量 $x=[x_1,x_2]=[i_{sd},i_{sq}]$，选取输入变量 $u=[u_1,u_2]=[u_{cd},u_{cq}]$，输出变量 $h_1[x(t)]=i_{sd},h_2[x(t)]=i_{sq}$，即可以将式（4-1）写成两输入、两输出的换流器非线性数学模型

$$\begin{cases} \dot{X} = f(X) + g_1\big[X(t)\big]u_1 + g_2\big[X(t)\big]u_2 \\ y_1 = h_1\big[x(t)\big] \\ y_2 = h_2\big[x(t)\big] \end{cases} \quad (4\text{-}12)$$

式中

$$g_1(X) = \begin{bmatrix} \dfrac{-1}{L} \\ 0 \end{bmatrix}, \quad g_2(X) = \begin{bmatrix} 0 \\ \dfrac{-1}{L} \end{bmatrix}, \quad f(X) = \begin{bmatrix} \dfrac{-R}{L}x_1 + \omega x_2 + \dfrac{1}{L}u_{sd} \\ \dfrac{-R}{L}x_2 - \omega x_1 + \dfrac{1}{L}u_{sq} \end{bmatrix}$$

从而得到 VSC 换流站的非线性数学模型。

由式（4-7）可知，d、q 轴电流除受 u_{cd}、u_{cq} 的控制外，两相电流之间又相互耦合，因此需要找到一种能消除 d、q 轴之间电流耦合的线性控制方法。现将式（4-7）表示成

$$\begin{cases} \dfrac{\mathrm{d}i_{sd}}{\mathrm{d}t} = \dfrac{1}{L}u_{sd} - \dfrac{R}{L}i_{sd} + \omega i_{sq} - \dfrac{1}{L}u_{cd} \\ \dfrac{\mathrm{d}i_{sq}}{\mathrm{d}t} = \dfrac{1}{L}u_{sq} - \dfrac{R}{L}i_{sq} - \omega i_{sd} - \dfrac{1}{L}u_{cq} \end{cases} \quad (4\text{-}13)$$

为了提高电流控制性能，现采用输入、输出反馈线性化控制思想，引入一组新的输入变量 x_d、x_q，这组变量与输出电流 i_{sd}、i_{sq} 之间呈线性解耦关系。根据换流器的拓扑结构，VSC 交流侧每相只有一个换流电抗器，因此可令输出电流 i_{sd}、i_{sq} 由一组新的输入变量 x_d、x_q 来表示，且满足如下的关系式

$$\begin{cases} \dfrac{\mathrm{d}i_{sd}}{\mathrm{d}t} + \lambda_1 i_{sd} = \lambda_1 x_d \\ \dfrac{\mathrm{d}i_{sq}}{\mathrm{d}t} + \lambda_2 i_{sq} = \lambda_2 x_q \end{cases} \quad (4\text{-}14)$$

将式（4-14）代入式（4-13），得

$$\begin{cases} \lambda_1 x_d = \lambda_1 i_{sd} + \dfrac{1}{L} u_{sd} - \dfrac{R}{L} i_{sd} + \omega i_{sq} - \dfrac{1}{L} S_d u_d \\ \lambda_2 x_q = \lambda_2 i_{sq} + \dfrac{1}{L} u_{sq} - \dfrac{R}{L} i_{sq} - \omega i_{sd} - \dfrac{1}{L} S_q u_d \end{cases} \tag{4-15}$$

由式（4-15）可以求得换流器的输入变量 $u=[u_1,\ u_2]=[u_{cd},\ u_{cq}]$ 的值，即

$$\begin{bmatrix} S_d \\ S_q \end{bmatrix} = \begin{bmatrix} u_1 \\ u_2 \end{bmatrix} = \frac{L}{u_d} \begin{bmatrix} \dfrac{1}{L} u_{sd} - \dfrac{R}{L} i_{sd} + \omega i_{sq} - \lambda_1 (x_d - i_{sd}) \\ \dfrac{1}{L} u_{sq} - \dfrac{R}{L} i_{sq} - \omega i_{sd} - \lambda_2 (x_q - i_{sq}) \end{bmatrix} \tag{4-16}$$

由式（4-16）可知，通过引入新的输入变量 x_d、x_q 和电压耦合补偿项 ωi_{sd}、ωi_{sq}，不仅使电流 i_{sd}、i_{sq} 与新变量 x_d、x_q 之间呈线性关系，而且实现了非线性方程的解耦。根据式（4-16），可得输入、输出反馈线性化的电流解耦控制器结构，如图 4-12 所示。

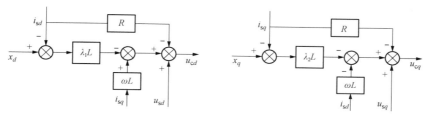

（a）d 轴有功电流调节　　　　　　　　　（b）q 轴无功电流调节

图 4-12　输入输出反馈线性化的电流解耦控制器

将式（4-16）变换为频域形式，即

$$\frac{I_{sd}(s)}{X_d(s)} = \frac{\lambda_1}{s+\lambda_1},\ \frac{I_{sq}(s)}{X_q(s)} = \frac{\lambda_2}{s+\lambda_2} \tag{4-17}$$

式（4-17）表示的是一阶惯性环节，其性能由参数 λ_1 和 λ_2 决定。因此，可以通过选择合适的参数 λ_1 和 λ_2，使电流控制器具有良好的动态性能。图 4-12 所示电流解耦控制器的输出变量 u_{cd} 和 u_{cq} 分别对应参考调制电压的 d 轴和 q 轴分量。根据选择的调制方式，可以获得换流器各桥臂开关器件的触发脉冲。引入的输入变量 x_d 和 x_q 分别为外环控制器输出的有功电流和无功电流指令。

基于反馈线性化的 VSC-HVDC 控制系统结构如图 4-13 所示。

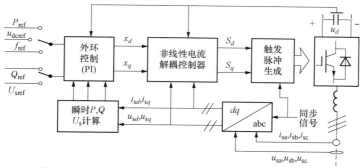

图 4-13　基于反馈线性化的 VSC 换流器控制系统结构

（3）基于 Smith 状态预估器的内环电流控制器。在 VSC-HVDC 工业过程控制中，离散控制对象具有纯滞后性质，会导致控制作用的不及时，引起系统的超调和振荡。Smith 提出了一种纯滞后补偿模型，其原理为与 PI 控制器并接一个补偿环节，该补偿环节称为 Smith 预估器。本书中 Smith 预估器的基本原理是利用状态观测器提前一个采样周期预先估计系统输出电流值，并且把该预估电流值反馈到电流内环控制器中，消除离散控制器的采样延时。

假设电流内环控制器的电流状态估计值为 $\hat{i}_d$ 和 $\hat{i}_q$，由式（4-7）得 Smith 预估器方程为

$$\begin{cases} u_{cd}(t) = u_{sd}(t) - R\hat{i}_d(t) - j\omega L\hat{i}_q(t) - L\dfrac{\mathrm{d}}{\mathrm{d}t}\hat{i}_d(t) \\ u_{cq}(t) = u_{sq}(t) - R\hat{i}_q(t) + j\omega L\hat{i}_d(t) - L\dfrac{\mathrm{d}}{\mathrm{d}t}\hat{i}_q(t) \end{cases} \tag{4-18}$$

在采样时间 $kT_s \sim (k+1)T_s$ 内由向前欧拉法得

$$\begin{cases} u_{cd}(t) = u_{cd}^*(t) \\ u_{cq}(t) = u_{cq}^*(t) \\ u_{sd}(t) = u_{sd}^*(t) \\ u_{sq}(t) = u_{sq}^*(t) \end{cases} \tag{4-19}$$

$$\begin{cases} \dfrac{\mathrm{d}\hat{i}_d}{\mathrm{d}t} = \dfrac{1}{T_s}\left[\hat{i}_d(k+1) - \hat{i}_d(k)\right] \\ \dfrac{\mathrm{d}\hat{i}_q}{\mathrm{d}t} = \dfrac{1}{T_s}\left[\hat{i}_q(k+1) - \hat{i}_q(k)\right] \end{cases} \tag{4-20}$$

则由式（4-18）～式（4-20）得内环电流状态估计模型为

$$\begin{cases} \hat{i}_d(k+1) = \left(1 - \dfrac{RT_s}{L}\right)\hat{i}_d(k) - \omega T_s\hat{i}_q(k) - \dfrac{T_s}{L}\left[u_{cd}^*(k) - u_{sd}(k)\right] \\ \hat{i}_q(k+1) = \left(1 - \dfrac{RT_s}{L}\right)\hat{i}_q(k) + \omega T_s\hat{i}_d(k) - \dfrac{T_s}{L}\left[u_{cd}^*(k) - u_{sd}(k)\right] \end{cases} \tag{4-21}$$

则 Smith 预估器输出为

$$\begin{cases} \Delta i_d(k+1) = -\dfrac{RT_s}{L}\hat{i}_d(k) - \omega T_s\hat{i}_q(k) - \dfrac{T_s}{L}\left[u_{cd}^*(k) - u_{sd}(k)\right] \\ \Delta i_q(k+1) = -\dfrac{RT_s}{L}\hat{i}_q(k) + \omega T_s\hat{i}_d(k) - \dfrac{T_s}{L}\left[u_{cd}^*(k) - u_{sd}(k)\right] \end{cases} \tag{4-22}$$

基于 Smith 预估器的电流内环控制器框图如图 4-14 所示。Smith 预估器的输出是 VSC 第 k 时刻的交流侧采样电流值 $I(k)$ 与第 $(k-1)$ 时刻采样电流值 $I(k-1)$ 的差值。如果在第 k 时刻采样电流变化，在第 $(k+1)$ 时刻电流内环控制器的输出参考电压 U_{cdq}^* 才发生变化，Smith 状态预估器的输出不为 0，电流控制器将调节电流偏差。当 $(k+2)$ 采样时刻预估电流和延时电流相等时，输出为 0，Smith 预估器不影响电流偏差。因此 Smith 预估器只在暂态时起作用，在稳态时不起作用。

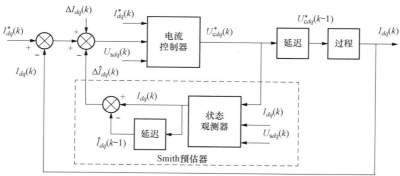

图 4-14　基于 Smith 状态预估器的电流内环控制器框图

4.1.1.3　负序电流抑制策略

由外环控制产生的电流内环控制需要的给定值 I_{dref} 和 I_{qref}，需要采用 100Hz 的陷波器剔除 2 次谐波。将消除 2 次谐波后的给定值作为电流内环控制的参考值与交流电流通过正序锁相角变换得到的 I_d 和 I_q 实际值进行比较，通过比例积分环节即可消除交流电流的负序分量。

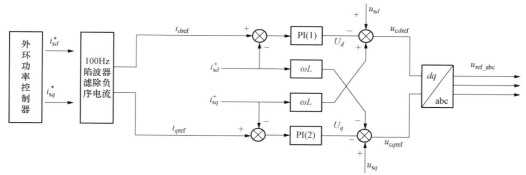

图 4-15　负序电流抑制逻辑

4.1.1.4　负序电压抑制策略

当故障发生在 PCC 连接点或之前线路上时，柔性直流系统应当具备故障穿越能力，通过控制算法耐受住暂态冲击，保持正常运行。因此为了防止换流器过电流和功率模块电容过电压，需要加入不对称故障控制。

不对称故障对换流器的影响主要是负序电压的影响，影响负序补偿控制有效性的最重要因素是能够最快、最准确地检测到 PCC 处的负序电压分量及负序相角。

图 4-16 所示为负序控制系统框图，其中负序电流分量的给定值为零。当网侧交流电压正常时，负序控制系统的补偿电压分量是零；当有不对称故障发生时，一般是单相接地或者相间短路；当不平衡度超过一定的范围时，负序补偿控制启动，将过电流控制在允许的范围内。

4.1.2　换流站外环控制器

柔性直流系统外环控制器主要有定直流电压控制、定有功功率控制、定无功功率控制、定交流电压控制和定频率控制等基本控制方式。为了保持系统有功平衡和直流电压稳定，

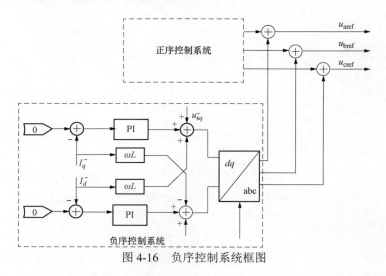

图 4-16　负序控制系统框图

多端柔性直流系统中必须有一个换流器采用定直流电压控制，而其他换流站可以采用定有功功率控制或者定频率控制。下面分别设计各控制方式下的外环控制器结构。

4.1.2.1　外环功率控制

在三相电网电压平衡条件下，取电网电压矢量 U_s 的方向为 d 轴方向，有 $u_{sd}=U_s$（U_s 为电网电压空间矢量的模值），$u_{sq}=0$，则

$$\begin{cases} P = \dfrac{3}{2}U_s i_{sd} \\ Q = -\dfrac{3}{2}U_s i_{sq} \end{cases} \quad (4\text{-}23)$$

因此可以通过 i_{sd} 和 i_{sq} 分别控制 P 和 Q，从而实现有功功率和无功功率的独立调节。为了消除稳态误差，引入 PI 调节器，则外环有功功率和无功功率控制器结构如图 4-17 所示。

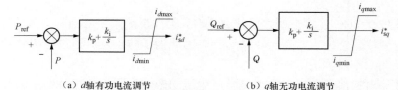

（a）d 轴有功电流调节　　　　　（b）q 轴无功电流调节

图 4-17　外环有功功率和无功功率控制器

也可以引入稳态逆模型设计有功功率控制器和无功功率控制器。根据式（4-23），可得有功电流和无功电流的预估值分别为

$$\begin{cases} i'_{sd} = \dfrac{2P_{ref}}{3U_s} = \dfrac{\eta P_{ref}}{U_s} \\ i'_{sq} = -\dfrac{2Q_{ref}}{3U_s} = -\dfrac{\eta Q_{ref}}{U_s} \end{cases} \quad \left(\eta = \dfrac{2}{3}\right) \quad (4\text{-}24)$$

为了消除稳态误差，引入 PI 调节器，则外环定有功功率和定无功功率控制器和功率控制器结构如图 4-18 所示。

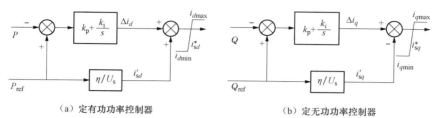

（a）定有功功率控制器　　　　　　（b）定无功功率控制器

图 4-18　外环定有功功率和定无功功率控制器

4.1.2.2　外环直流电压控制

如前所述，采用定直流电压控制模式的换流器可以用于平衡直流系统有功功率和保持直流侧电压稳定。在忽略 R 和换流器损耗时，换流器交直流两侧的有功功率保持平衡，即

$$P_{ac} = \frac{3}{2}U_s i_{sd} = P_{dc} = u_{dc} i_{dc} \tag{4-25}$$

稳态时可得

$$i_{dc} = \frac{3}{2}\frac{U_s i_{sd}}{u_{dc}} \tag{4-26}$$

当 VSC 交直流两侧的有功功率不平衡时，将引起直流电压的波动，此时有功电流将使直流电容充电（或放电），直至直流电压稳定在设定值，对于定直流电压控制的换流器而言，相当于一个有功功率平衡节点。图 4-19 所示为定直流电压控制器。

另外，由于直流电容的能量与直流电压的平方成正比，可以得到如图 4-20 所示的定直流电压控制器。

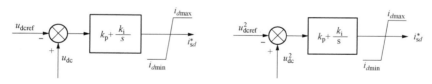

图 4-19　定直流电压控制器（一）　　　图 4-20　定直流电压控制器（二）

此外利用可测量量，如直流侧负荷电流、直流侧有功功率、直流侧电容器电流等，还可以构建其他类型的定直流电压控制器，但是它们都需要较多的量测量，会增加系统的复杂性，不再赘述。

4.1.2.3　外环交流电压控制

母线处的交流电压波动主要取决于系统潮流中的无功分量。所以，要维持母线交流电压的恒定，必须采用定交流电压控制，但其本质上是通过改变无功功率来实现。如图 4-21 所示为定交流电压控制器结构。

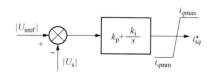

图 4-21　定交流电压控制器结构

4.1.2.4　外环频率控制

定频率控制在不同的应用场合可以选择不同的控制方式。

（1）频率控制方式 1。如果无源系统中只有换流器来调节系统的频率，可以直接令与无源系统互联的换流器 f_{vsc}^* 等于系统额定频率即可[见图 4-22（a）]，此换流器还可以同时用来控制交流电压。

（2）频率控制方式 2。由于直流电容器存储的能量为

$$W_{dc} = \frac{1}{2} C_{dc} U_{dc}^2 \tag{4-27}$$

当忽略换流器的损耗时，有

$$\frac{d}{dt} W_{dc} = \frac{1}{2} C_{dc} \frac{d}{dt} U_{dc}^2 = P_{rec} - P_{inv} \tag{4-28}$$

式中　P_{rec}，P_{inv}——流入柔性直流输电系统整流侧的功率和逆变侧流出的功率。

根据互联电力系统的功率-频率特性，频率控制方式 2 可以选择如下的方式[见图 4-22（b）]

$$f^* = f_0 - k_f (U_{dc0}^2 - U_{dc}^2) \tag{4-29}$$

式中　f_0——系统额定频率；

$\quad\quad k_f$——增益系数；

U_{dc0} 和 U_{dc}——直流电压额定值和实际测量值。

此频率控制器是一个比例控制器。

（3）频率控制方式 3。根据电力系统的有功功率-频率关系，频率控制方式的框图如图 4-22（c）所示，其中 f_{ref} 来自 PLL 的估计。采用 PI 环节可以消除稳态误差。

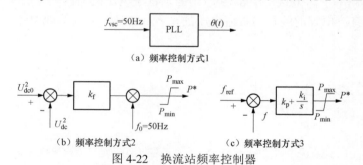

（a）频率控制方式1

（b）频率控制方式2　　　　　（c）频率控制方式3

图 4-22　换流站频率控制器

4.2　系统级协调控制方法

多端柔性直流输电系统指 3 个及以上换流器联合运行的系统，当某一换流站因故障退出运行时，其他健全站可继续组成两端或多端直流系统，提高系统的可靠性。相比两端系统，多端系统最大的优点在于其可靠性高，经济性好，控制灵活方便。

为了保证多端直流输电系统的可靠性，需要研究合适的协调控制策略，保证运行中的直流系统至少有一个换流器处于定直流电压控制模式以维持直流网络的功率平衡。目前，相关文献提出的协调控制方式如下：

（1）主从控制方式，即多端系统所有与有源交流系统连接的换流器中，有且仅有一个

换流器控制直流电压，而其他换流器都运行于有功功率控制方式或频率控制方式。

（2）电压下降特性控制方式，即选择多个换流器运行于直流电压控制方式，其输出电压随输出电流的增加而降低，也称为带电压下降特性的控制方式，从而保证多端系统稳定运行。

（3）直流电压偏差控制方式，即若直流电压偏差过大，备用换流站由定有功功率控制转为定直流电压控制，以维持 VSC-MTDC 系统的稳定性。

主从控制方式对直流电压调节和功率控制等性能都具有很好的刚性，但它需具备上层控制模块和高速通信条件。电压下降方式不需要通信，但直流电压控制质量差，参与电压下降方式运行的单个换流器无法实现定有功控制。直流电压偏差控制方式也不需要通信，但需要同时进行高低直流电压的调节，控制器稍显冗余和复杂。

4.2.1　单点直流电压控制策略

单点直流电压控制策略，即柔性直流输电系统中只有一个换流站具有定直流电压的作用，其余的换流站则负责控制其余的电气量，例如直流交换功率、交流交换功率、交流频率、交流系统电压等。主从控制方式最初被应用于点对点的双端柔性直流输电系统中，其原理简单，在多端柔性直流输电系统中亦是可行的控制方式。下面以一个四端柔性直流输电系统说明单点直流电压控制器的工作原理，假设换流站 1 为具备直流电压控制能力的换流站，其控制目标是将换流站 1 的直流端电压控制在 U_{dcref}，并且其直流功率传输的上下限分别为 P_{max} 以及 P_{min}；换流站 2、换流站 3 以及换流站 4 具备直流交换功率控制的能力，它们从直流系统吸收的直流交换功率 P_{dci} 的控制参考值为 P_{dcrefi}，假定其直流电压上下限分别为 U_{max} 以及 U_{min}，其中 $i=1$，2，3。定直流电压换流站 1 的外环控制器以及定直流功率的外环控制器的设计如图 4-23 所示，其设计方法和点对点双端直流输电系统的外环控制器无异。

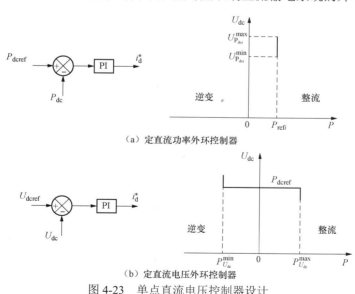

（a）定直流功率外环控制器

（b）定直流电压外环控制器

图 4-23　单点直流电压控制器设计

单点直流电压控制器的工作原理如图 4-24 所示，实心黑点为直流系统的稳态运行点，由图可以得到运用单点直流电压控制器需要遵守以下原则

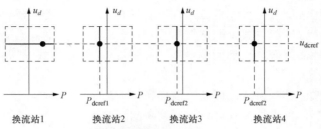

图 4-24　单点直流电压控制器工作原理

$$P_{U_{dc}}^{\min} \leqslant \sum_{i=2}^{4} P_{dci} + P_{loss} = P_{dc1} \leqslant P_{U_{dc}}^{\max} \qquad (4\text{-}30)$$

式中　　P_{loss}——直流系统中的网络损耗。

换流站 2、3、4 由直流侧吸收的直流功率之和再加上网络损耗要与定直流电压的换流站 1 的输送功率相等，各个换流站注入直流系统的功率之和为 0，并且不能越出换流站 1 的功率输送边界，否则功率不平衡将会产生以下两种后果：

（1）$\sum_{i=2}^{4} P_{dci} + P_{loss} \geqslant P_{U_{dc}}^{\max}$，则各个换流站注入直流系统的功率之和将小于 0，直流电压将降低，当直流电压的降低导致控制器的调制比 $k > 1$ 的时候，直流系统运行失稳。

（2）$\sum_{i=2}^{4} P_{dci} + P_{loss} \leqslant P_{U_{dc}}^{\min}$，则各个换流站注入直流系统的功率之和将大于 0，直流电压将升高，功率越限严重的情况下有可能影响到直流系统线路和设备的绝缘，对系统造成较大的破坏。

在应用单点直流电压控制器作为多端柔性直流输电系统直流电压协调控制器时，应该遵循以下原则：

（1）选取输送功率能力最强的换流站作为定直流电压的换流站。

（2）定直流电压的换流站所连接的交流系统应该是一个有源的强交流系统。

由式（4-30）以及上述应用原则可得，随着直流输电网络的扩建，式（4-30）的条件越来越难以满足，因此在直流网络中仅存在一个换流站拥有直流电压控制功能，则实现整个直流网络的功率平衡的难度将非常大。因此单点直流电压控制器在换流站个数较多的多端柔性直流输电系统中并不适用。另外，考虑到当定直流电压的换流站本身或者其所连接的交流系统发生故障的时候，这些故障都将会减小定直流电压换流站功率输送的能力，从而使得式（4-30）难以成立。因此，单点直流电压控制策略在柔性多端直流输电系统中并不适用，而多点直流电压控制策略以及直流电压斜率控制策略更适用于多端柔性直流输电系统，因为控制直流电压的任务被分配给了多个换流站共同完成。

多点直流电压控制策略与单点直流电压控制策略最大的差别是多端直流输电系统中有多个换流站具备直流电压控制的能力。在这些具备直流电压控制能力的换流站中，选定一个换流站作为主换流站，其余的换流站称作后备换流站；系统处于稳定运行情况下时，主换流站承担控制直流系统电压的任务，此时从换流站控制其余的变量，因此稳态运行时段的控制特性与上节所述的单点直流电压控制器无异。当稳态运行条件无法满足时，系统的直流电压将失稳，此时后备换流站就能够发挥其后备定直流电压的功能，从而稳定直流电压。

4.2.2　主从控制策略

主从控制策略是实现起来最为简单的多点直流电压控制策略，其实现基于直流系统的通信网络。思路大致如下：柔性多端直流输电系统中具有直流电压控制能力的换流站被分为主换流站与从换流站两种；同样以一个四端柔性直流输电系统为例，假设换流站 1 为主换流站，换流站 2、3 为具有后备定电压能力的从换流站，并且换流站 2 为换流站 1 的备用换流站，换流站 3 为换流站 2 的备用换流站。直流系统在正常运行情况下，由换流站 1 控制直流系统的电压，换流站 2 以及换流站 3 处于定功率运行模式；当换流站 1 失去控制直流系统电压能力时，调度部门将向换流站 2 发送指令，命令换流站 2 由定功率运行模式切换为定直流电压运行模式，换流站 2 将代替换流站 1 控制直流系统电压。当换流站 1 以及换流站 2 同时失去定直流电压能力时，调度部门将向换流站 3 发送指令，命令换流站 3 由定功率运行模式切换为定直流电压运行模式，换流站 3 将代替换流站 1、2 控制直流系统电压。

造成换流站失去直流电压控制能力的原因一般而言有三类，分别是换流站功率越限、换流站内部故障以及换流站交流系统故障。

（1）换流站功率越限会导致换流器中电力电子阀组过电流，这有可能损坏昂贵的电力电子阀组，因此当换流站功率越限时，换流站的控制器需要进行限幅处理，这将导致原本控制直流系统电压的换流站丧失控制直流电压的能力；换流站功率越限后将运行于定功率的运行状态，当功率越上限时功率指令值为功率上限，反之当功率越下限时功率指令值为功率下限。引起换流站功率越限的原因有两种：一是受端换流站的负载增加；二是受端换流站注入直流系统的功率增大。换流站长期运行于功率限值会缩短换流站中电力电子器件的寿命，因此需要设计主从控制器的恢复机制，在功率平衡条件满足的情况下尽可能地减少换流站运行于功率限值的时间。

（2）换流站内部故障一般而言都为永久性故障，这类故障改变了换流器的拓扑，原有的控制模式无法再确定换流站的运行状态，因此内部故障也将导致换流站丧失控制直流电压的能力。

（3）换流站交流系统故障一般分为瞬时性故障与永久性故障两类。瞬时性故障持续的时间较短，故障会暂时性地影响到换流站的运行，但是故障清除后，控制器一般都能够将系统调整回原始的控制状态，因此瞬时性故障一般不需要动用从换流站的后备定直流电压功能。永久性故障持续的时间较长，与换流站内部故障相似，在交流系统发生永久性故障时，原有的控制模式无法再确定换流站的运行状态，因此永久性交流故障也将导致换流站丧失控制直流电压的能力。换流站永久性交流系统故障以及换流站内部故障都需要闭锁换流器，在排除故障之后才能够将换流器解锁，各个换流站恢复原始的运行状态。

主从控制器的外环控制器的设计如图 4-25 所示。图 4-25 中 P_{dc} 为各个换流站注入直流系统的功率，P_{dcset} 为注入直流功率的设定值，P_{dcref} 为注入直流功率的指令值，Enblock 为各个换流站的闭锁信号，EnPIP 为各个换流站功率 PI 控制器的使能信号，EnPIU 为各个换流站直流电压 PI 控制器的使能信号。

换流站 1 的外环控制器由直流电压控制环及直流功率控制环构成，其输出由这两个控制环经过两路选择开关 MUX1 获得，其控制的流程图如图 4-26 所示。

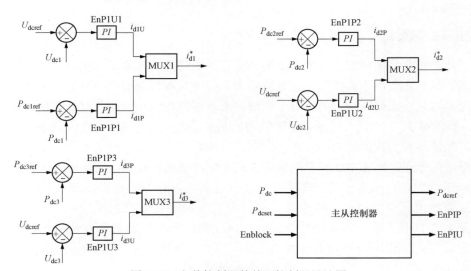

图 4-25 主从控制器的外环控制器设计图

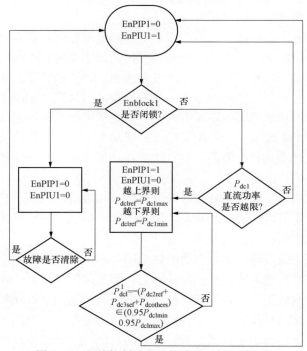

图 4-26 主从控制器主站换流站 1 控制流程图

换流站 2 的外环控制器由直流电压控制环与直流功率控制环构成，其输出由这两个控制环经过两路复用开关 MUX2 获得，其控制流程图如图 4-27 所示。

换流站 3 的外环控制器同样由电压控制环以及直流功率控制环构成，其输出由这两个控制环经过两路复用开关 MUX3 获得，其控制流程图如图 4-28 所示。

由以上外环控制器的逻辑可得，在正常的运行情况下，换流站 1 负责控制直流系统的直流电压，换流站 2 及换流站 3 的外环控制器输出的电流参考信号由功率控制器决定。四

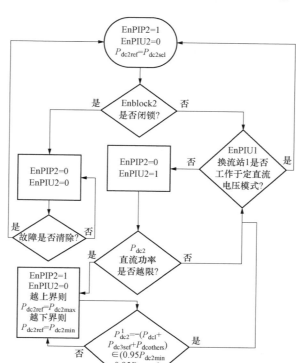

图 4-27　主从控制器主站换流站 2 控制流程图

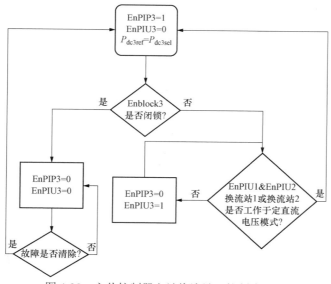

图 4-28　主从控制器主站换流站 3 控制流程图

端柔性直流系统各端的运行模式如图 4-29（a）所示，图中虚线方框为各个换流站直流电压与功率的运行范围，实心点为各个换流站的运行点。

当换流站 1 由于故障或者功率越线的原因而失去控制直流系统电压的能力时，柔性直流输电系统失去维持功率平衡的换流站，导致此时直流系统的直流电压无法实现稳定，因

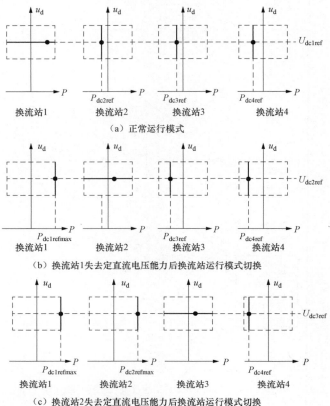

（a）正常运行模式

（b）换流站1失去定直流电压能力后换流站运行模式切换

（c）换流站2失去定直流电压能力后换流站运行模式切换

图 4-29 主从控制器运行模式

此直流系统难以维持继续稳定地运行。换流站 1 的控制系统会向邻近的换流站 2 发出控制模式切换的指令，即图 4-27 中的 EnPIU1，而自身则运行于功率输送的边界；换流站 2 接收到控制模式切换的指令后迅速将其控制模式调整为定直流电压控制模式。换流站 2 接替换流站 1 完成功率平衡的任务，能够使得直流电压恢复稳定，从而实现直流系统的稳定运行。而另外的换流站 3 以及 4 在换流站 2 模式切换过程中不改变控制模式，依旧保持原有的控制模式继续地运行。此时四端柔性直流输电系统各端运行模式如图 4-29（b）所示。

更加严重的情况为，当换流站 1 与换流站 2 都失去控制直流系统电压的能力时，由于系统中不存在直流电压控制节点，因此直流系统的功率平衡将再次被打破。此时换流站 3 的外环控制系统将接收到换流站 1 的控制系统以及换流站 2 控制系统的模式转变信号，即图 4-27 中的 EnPIU1 以及 EnPIU2。此时换流站 1 和换流站 2 工作在功率输送边界上，换流站 3 迅速地将工作模式切换到定直流电压的工作模式，从而接替换流站 1 以及换流站 2 完成控制系统直流电压的任务。此时四端柔性直流输电系统各端运行模式如图 4-29（c）所示。

为了提高直流系统的稳定运行能力，主从控制器可以采用多点直流电压控制策略，即设计时可以指定多个从换流站具备直流电压调节功能，这种方式可以保证直流电压更加稳定。主从控制器的优点在于其原理简洁明了，在实现上操作性强；缺点在于对换流站间通信的要求较高，换流站之间通信的准确性直接影响到了系统控制的效果。

4.2.3　电压下降控制方式

直流电压下降控制策略的控制思路来源于交流系统中的调频控制器。直流电压在直流系统中的重要性等同于交流电压频率在交流系统中的重要性。在交流系统中，交流频率是发电机调频器中非常重要的反馈量，发电机根据系统交流频率时刻调整其功率输出，以实现全网有功功率的稳定。同样，在直流输电系统中，换流站可以根据其所测得的直流电压数值时刻调整其直流功率的设定值，以满足直流输电网络对直流功率的需求。其控制器框图及直流电压与直流功率的关系曲线如图 4-30 所示。

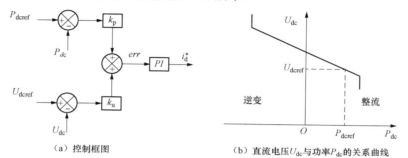

（a）控制框图　　　　　　　（b）直流电压 U_{dc} 与功率 P_{dc} 的关系曲线

图 4-30　直流电压斜率控制器

直流电压斜率控制器结合了功率控制器和直流电压控制器：功率控制器的目的是控制换流站的输入交流功率，从而实现功率的灵活调度；直流电压控制器的目的是稳定直流网络的电压，从而实现直流网络传输功率的平衡。直流电压斜率控制器结合了直流电压控制与功率控制的特点，其目标在于实现对换流站输入交流功率控制的同时，实现直流网络传输功率的平衡。在图 4-30 中，直流电压斜率控制器的输出 err 为

$$err = k_p(P_{dcref} - P) + k_u(U_{dcref} - U) \tag{4-31}$$

其中，k_p、k_u 为直流电压斜率控制器的比例系数，且 $-k_u/k_p$ 为图 4-30（b）中直流电压 U_{dc} 与功率 P_{dc} 的关系曲线的斜率；当 $k_p=0$ 时，功率控制器不起作用，直流电压斜率控制器等效为定直流电压控制器；当 $k_u=0$ 时，直流电压控制器不起作用，直流电压斜率控制器等效为定功率控制器。P_{dcref} 以及 U_{dcref} 分别为外环控制器的直流功率以及直流电压的参考值。一般选取一组系统的稳态潮流作为各个换流站的直流功率以及直流电压的参考值。对于一个四端柔性直流输电系统，假设有换流站 1 以及换流站 2 具备了直流电压斜率控制器，则直流电压斜率控制策略的基本原理如图 4-31 所示。

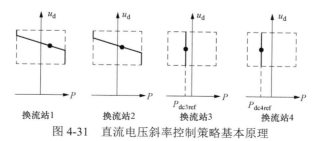

图 4-31　直流电压斜率控制策略基本原理

直流电压斜率控制器对直流网络功率平衡的控制是开环的，因此系统的稳定运行点对各个换流站控制器参数非常敏感。下面将分析控制器参数的变化对系统稳定运行点的影响。在柔性多端直流输电系统稳定运行时，直流电压斜率控制器的输出 $err=0$，即

$$k_{\mathrm{p}}(P_{\mathrm{dcref}} - P) + k_{\mathrm{u}}(U_{\mathrm{dcref}} - U)=0 \quad (4\text{-}32)$$

对式（4-32）进行小信号分析，先进行如下假设

$$\begin{cases} P_{\mathrm{dc}} = P_{\mathrm{idc}} + \Delta P_{\mathrm{dc}} \\ P_{\mathrm{dcref}} = P_{\mathrm{idcref}} + \Delta P_{\mathrm{dcref}} \\ U = U_{\mathrm{i}} + \Delta U \\ U_{\mathrm{ref}} = U_{\mathrm{iref}} + \Delta U_{\mathrm{ref}} \\ k_{\mathrm{p}} = k_{\mathrm{ip}} + \Delta k_{\mathrm{p}} \\ k_{\mathrm{u}} = k_{\mathrm{iu}} + \Delta k_{\mathrm{u}} \end{cases} \quad (4\text{-}33)$$

其中 P_{idcref}、U_{iref}、k_{iu}、k_{ip} 为直流电压斜率控制器的初始值，P_{idc}、U_{i} 为输出直流功率与直流电压的初始值。P_{idcref}、U_{iref}、k_{iu}、k_{ip}、P_{idc}、U_{i} 满足式（4-32），即

$$k_{\mathrm{ip}}(P_{\mathrm{idcref}} - P_{\mathrm{idc}}) + k_{\mathrm{iu}}(U_{\mathrm{iref}} - U_{\mathrm{i}})=0 \quad (4\text{-}34)$$

将式（4-33）代入式（4-32）可得

$$(k_{\mathrm{ip}} + \Delta k_{\mathrm{p}})(P_{\mathrm{idcref}} + \Delta P_{\mathrm{dcref}} - P_{\mathrm{idc}} - \Delta P_{\mathrm{dc}}) + (k_{\mathrm{iu}} + \Delta k_{\mathrm{u}})(U_{\mathrm{iref}} + \Delta U_{\mathrm{ref}} - U_{\mathrm{i}} - \Delta U)=0 \quad (4\text{-}35)$$

将式（4-35）进行分解，并忽略二阶无穷小项，可得

$$\Delta P_{\mathrm{dc}} = \Delta P_{\mathrm{dcref}} + \frac{\Delta k_{\mathrm{p}}}{k_{\mathrm{ip}}}(P_{\mathrm{idcref}} - P_{\mathrm{idc}}) + \frac{\Delta k_{\mathrm{u}}}{k_{\mathrm{ip}}}(U_{\mathrm{iref}} - U_{\mathrm{i}}) + \frac{k_{\mathrm{iu}}}{k_{\mathrm{iu}}}(\Delta U_{\mathrm{ref}} - \Delta U) \quad (4\text{-}36)$$

式（4-36）为单个换流站直流电压斜率控制器的小信号模型，柔性多端直流输电系统的其他换流站也具有同样的小信号模型，定义：

$$\boldsymbol{P}_{\mathrm{dc}} = \begin{bmatrix} P_{\mathrm{dc}1} \\ \vdots \\ P_{\mathrm{dc}i} \\ \vdots \\ P_{\mathrm{dc}n} \end{bmatrix}, \quad \boldsymbol{U}_{\mathrm{dc}} = \begin{bmatrix} U_{\mathrm{dc}1} \\ \vdots \\ U_{\mathrm{dc}i} \\ \vdots \\ U_{\mathrm{dc}n} \end{bmatrix}, \quad \boldsymbol{P}_{\mathrm{dcref}} = \begin{bmatrix} P_{\mathrm{dcref}1} \\ \vdots \\ P_{\mathrm{dcref}i} \\ \vdots \\ P_{\mathrm{dcref}n} \end{bmatrix}, \quad \boldsymbol{U}_{\mathrm{dcref}} = \begin{bmatrix} U_{\mathrm{dcref}1} \\ \vdots \\ U_{\mathrm{dcref}i} \\ \vdots \\ U_{\mathrm{dcref}n} \end{bmatrix}$$

$$\boldsymbol{k}_{\mathrm{p}} = \mathrm{diag}(k_{\mathrm{p}1} \cdots k_{\mathrm{p}i} \cdots k_{\mathrm{p}n}), \quad \boldsymbol{k}_{\mathrm{u}} = \mathrm{diag}(k_{\mathrm{u}1} \cdots k_{\mathrm{u}i} \cdots k_{\mathrm{u}n})$$

$\Delta \boldsymbol{P}_{\mathrm{dc}}$、$\Delta \boldsymbol{U}_{\mathrm{dc}}$、$\Delta \boldsymbol{U}_{\mathrm{dcref}}$、$\Delta \boldsymbol{P}_{\mathrm{dcref}}$、$\Delta \boldsymbol{k}_{\mathrm{p}}$、$\Delta \boldsymbol{k}_{\mathrm{u}}$ 为上述各个变量的扰动量，在上述定义的前提下，式（4-33）可以拓展成多端的矩阵形式

$$\boldsymbol{k}_{\mathrm{p}}\Delta \boldsymbol{P}_{\mathrm{dc}} = \boldsymbol{k}_{\mathrm{p}}\Delta \boldsymbol{P}_{\mathrm{dcref}} + \Delta \boldsymbol{k}_{\mathrm{p}}(\boldsymbol{P}_{\mathrm{dcref}} - \boldsymbol{P}_{\mathrm{dc}}) + \Delta \boldsymbol{k}_{\mathrm{u}}(\boldsymbol{U}_{\mathrm{dcref}} - \boldsymbol{U}_{\mathrm{dc}}) + \boldsymbol{k}_{\mathrm{u}}(\Delta \boldsymbol{U}_{\mathrm{dcref}} - \Delta \boldsymbol{U}_{\mathrm{dc}}) \quad (4\text{-}37)$$

定义 $\boldsymbol{Y}$ 为直流网络的导纳矩阵，则有各个端口节点输出的直流电流 $\boldsymbol{I}$，直流电压 $\boldsymbol{U}_{\mathrm{dc}}$ 和 $\boldsymbol{Y}$ 之间的关系为

$$\boldsymbol{I} = \boldsymbol{Y}\boldsymbol{U}_{\mathrm{dc}} \quad (4\text{-}38)$$

换流站输出的直流功率 P_{dc} 与直流电压 U_{dc}、直流电流 $\boldsymbol{I}$ 的关系为

$$P_{dc} = \text{diag}(U_{dc})I = \text{diag}(U_{dc})YU_{dc} \tag{4-39}$$

运用直流功率 P_{dc} 对各个换流站直流端口的直流电压 U_{dc} 求取偏导数，可以获得直流网络的雅克比矩阵 J_{dc}

$$J_{dc} = \frac{\partial P_{dc}}{\partial U_{dc}} \tag{4-40}$$

当 ΔU_{dc} 较小的时候，ΔU_{dc} 和 ΔP_{dc} 的关系可以近似地表示为

$$\Delta U_{dc} = J_{dc}^{-1}\Delta P_{dc} \tag{4-41}$$

将式（4-39）以及（4-41）代入式（4-37），可得

$$k_p\Delta P_{dc} = k_p\Delta P_{dcref} + \Delta k_p\left[P_{dcref} - \text{diag}(U_{dc})YU_{dc}\right] + \Delta k_u(U_{dcref} - U_{dc}) + k_u(\Delta U_{dcref} - J_{dc}^{-1}\Delta P_{dc}) \tag{4-42}$$

将式（4-42）进行简化，可得

$$\Delta P_{dc} = \left[k_p + k_u J_{dc}^{-1}\right]^{-1}\left\{k_p\Delta P_{dcref} + \Delta k_p P_{dcref} + k_u\Delta U_{dcref} + \Delta k_u U_{dcref} - \left[\Delta k_p\text{diag}(U_{dc})Y + \Delta k_u\right]U_{dc}\right\} \tag{4-43}$$

式（4-43）给出了功率指令值 P_{dcref}，直流电压指令值 U_{dcref}，直流电压斜率控制器的比例系数 k_p、k_u 发生变化的时引起的换流站直流输出功率 P_{dc} 的变化。由于上述考虑的是系统稳态情况下的小扰动，即系统在扰动后从一个稳定运行点过渡到另一个稳定运行点，因此该式只适用于稳态运行分析，不适用于暂态故障情况下分析。

另外，在直流电压 U_{dc} 扰动过大的时候，式（4-41）的假设将不再成立，因此在 U_{dc} 扰动过大的情况下式（4-43）的误差将增大。

与前述两种多端直流输电系统控制器的原理不同，直流电压斜率控制器实现了系统中多个换流站共同作用，同时来决定系统的运行状态。这样能够弥补只采用一个换流站作为主站进行直流电压控制的缺陷，即系统中仅存有一个维持功能平衡的换流站，当由于某些系统故障致使维持功率平衡的换流站失去功率平衡能力时，如果从换流站无法及时调整其控制方式，则整个系统中的功率缺额将由已经失去功率调节能力的换流站承担，整个系统的功率平衡将被打破。直流电压斜率控制器将控制直流电压的任务分配到了多个换流站，根据各个换流站不同的容量特性设定各自斜率不同的调差特性曲线，从而能够将整个网络的功率变化分摊到多个换流站中，其优点在于控制的灵活性强，增强了系统稳定运行的能力，但是其难以实现单个换流站对交流功率的自由控制，而且在具有较为复杂直流网络的系统中各个换流站的调差特性曲线的选取十分困难。因此，直流电压斜率控制器一般应用于直流网络结构较为简单、功率变化较大的柔性直流输电系统，例如海上风电接入直流输电系统。

4.2.4 电压偏差控制方式

与主从控制策略相同，直流电压偏差控制策略同样采用的是多点直流电压控制的策略，但是两个控制策略的主要差别在于使用直流电压偏差控制策略只需要对后备定电压换流站内的外环控制器进行改造，而无需增添换流站间的通信系统即能够实现换流站控制模式的自动切换，以起到稳定直流系统电压的作用。

同样以一个四端柔性直流输电系统为例，定义换流站 1 控制直流电压，定义换流站 2 为后备定直流电压换流站，直流电压偏差控制器的控制原理如图 4-32 所示。

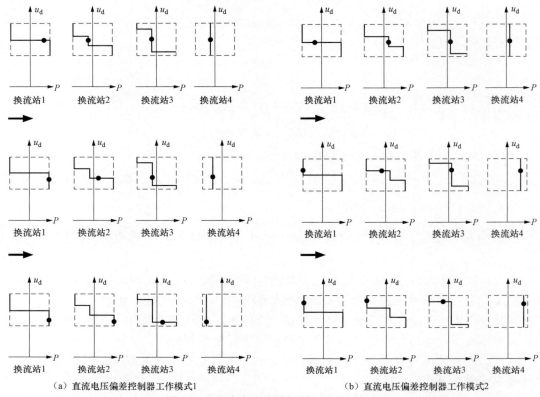

（a）直流电压偏差控制器工作模式1   （b）直流电压偏差控制器工作模式2

图 4-32　直流电压偏差控制器的控制原理

直流电压偏差控制器拥有两种工作模式，如图 4-32（a）所示，在系统正常运行情况下，换流站 1 采用定直流电压控制，直流电压参考值为 U_{dcref}，换流站 2、3、4 都采用的是定直流功率控制。换流站 1 向直流系统注入功率，工作在整流模式下，换流站 2、3、4 都采用的是定直流功率控制。换流站 1 向直流系统注入功率，工作在整流模式下，换流站 2、3、4 则从直流系统吸收功率，工作在逆变模式下。当换流站 1 的直流功率超越送出功率上限时，换流站 1 满发功率也无法满足换流站 2、3、4 对功率的需求，直流电网的功率失衡，换流站注入直流网络的功率小于换流站从直流电网吸收的功率，因此直流电压下降；此时，换流站 2 将能够自动地切换为定直流电压控制，新的直流电压参考值为 $U_{dcrefL2}$，此数值略低于 U_{dcref}。当换流站 2 也超出输送功率上限的时候，换流站 1、2 满发也无法实现功率需求，直流电网功率失衡，直流电压下降；此时，换流站 3 将能够自动地切换为定直流电压控制，新的直流电压参考值为 $U_{dcrefL3}$，此数值低于 $U_{dcrefL2}$。

同理，如图 4-32（b）所示，在系统正常运行情况下，换流站 1 采用定直流电压控制，直流电压参考值为 U_{dcref}，换流站 2、3、4 都采用的是定有功功率控制。换流站 1 从直流系统吸收功率，工作在逆变模式下，换流站 2、3、4 向直流系统注入功率，工作在整流模式下。当换流站 1 吸收的功率超出其吸收功率上限的时候，换流站 2、3、4 所发出的直流功率无法全部被换流站 1 所吸收，直流电网的功率失衡，换流站注入直流网络的功率大于换流站从直流电网吸收的功率，因此直流电压上升；此时换流站 2 将自动地切换为定直流电压控制，直流电压参考值为 $U_{dcrefH2}$，此数值略大于 U_{dcref}。当换流站 2 也超出吸收功率上限的时候，直流电网功率将再次失衡，直流电压上升，此时，换流站 3 将能够自动地切换为定直流电压控制，新的直流电压参考值为 $U_{dcrefH3}$，此数值高于 $U_{dcrefH2}$。

与主从控制策略的外环控制器有差别的是，直流电压偏差控制策略无需换流站之间的通信，主从控制策略后备定电压换流站确定的直流电压无需偏差值。本报告所设计的直流电压偏差控制器只需要修改换流站 2、3 中的有源控制器的外环功率控制器结构。其控制器结构如图 4-33 所示。其中 I_{dref1}、I_{dref2}、I_{dref3} 分别为 PI1、PI2、PI3 的输出。

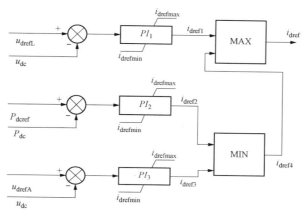

图 4-33 基于直流电压偏差控制的外环控制器

其控制逻辑为

$$i_{dref} = \text{MAX}\big[i_{dref1}, \ \text{MIN}(i_{dref2}, \ i_{dref3})\big] \qquad (4\text{-}44)$$

为了保证直流电压偏差控制器的正常运行，$U_{dcrefL2}$、$U_{dcrefH2}$ 的取值要满足

$$\begin{cases} u_{dcrefL2} < u_{dc2min} \\ u_{dcrefH2} > u_{dc2max} \end{cases} \qquad (4\text{-}45)$$

其中 U_{dc2min} 和 U_{dc2max} 分别为换流站 1 正常运行时，换流站 2 稳态直流电压的最小值和最大值。因此，在换流站 1 正常运行时，换流站 2 的直流电压 U_{dc2} 能够满足以下关系

$$u_{dcrefL2} < u_{dc2} < u_{dcrefH2} \qquad (4\text{-}46)$$

由于 PI 控制环节的积分作用以及根据式（4-44）的选取，在换流站 1 正常运行时，有

$$\begin{cases} i_{dref1} = i_{dref\,min} < i_{dref2} \\ i_{dref3} = i_{dref\,max} > i_{dref2} \end{cases} \qquad (4\text{-}47)$$

由式（4-47）可得，在换流站 1 正常运行时，直流电压偏差控制器的输出 i_{dref} 由 i_{dref2} 决定。即直流电压偏差控制器的输出由定有功功率的控制器决定。

分析工作模式 1，当换流站 1 输出功率越限导致直流电压 U_{dc2} 下降时，如果直流电压偏差控制器的输出仍由定有功功率控制器决定，则直流电压 U_{dc2} 会持续下降；当直流电压 U_{dc2} 开始小于 U_{drefL2} 时，i_{dref1} 的数值将从 $i_{drefmin}$ 开始增大，并在某个时刻，i_{dref1} 大于 i_{dref2}，由式（4-47）可得，此时直流电压偏差控制器的输出 i_{dref} 由 i_{dref1} 决定，即由定功率控制转换为定直流电压控制，直流电压的设定值为 U_{drefL2}。所述过程如图 4-34 所示。图中 t1 为换流站 1 输出功率越限的时刻，t_2 为 U_{dc2} 开始小于 U_{drefL2} 的时刻，t_3 为 I_{dref1} 开始大于 I_{dref2} 的时刻。

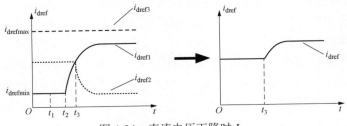

图 4-34 直流电压下降时 I_{dref}

分析工作模式 2，当换流站 1 吸收功率越限导致直流电压 U_{dc2} 上升时，如果直流电压偏差控制器的输出仍由定有功功率控制器决定，则直流电压 U_{dc2} 会持续上升，当直流电压 U_{dc2} 开始大于 U_{drefH2} 时，i_{dref3} 的数值从 $i_{drefmax}$ 开始减小，并在某个时刻，$i_{dref3} < i_{dref2}$，由式(4-47)可得，此时直流电压偏差控制器的输出 i_{dref} 由 i_{dref3} 决定，即由定功率控制转换为定直流电压控制，直流电压的设定值为 U_{drefH2}，所述过程如图 4-35 所示。图中 t_1 为换流站 1 故障退出运行的时刻，t_2 为 U_{dc2} 开始大于 U_{drefH2} 的时刻，t_3 为 i_{dref3} 开始小于 i_{dref2} 的时间。

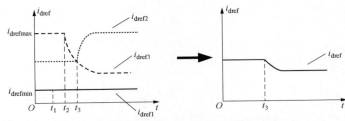

图 4-35 直流电压上升时 i_{dref} 变化过程

直流电压偏差控制器的优点是无需换流站之间的通信，相比于主从控制器，其可靠性更强，但是其缺点是控制器的设计与主从控制器相比略显复杂，控制器参数的选取会对控制的效果造成影响。

同理，若想设置换流站 3 作为换流站 1 与换流站 2 的后备定电压换流站，也可以将换流站 3 的外环控制器设计为如图 4-33 所示的控制器，但是需要注意的是，换流站 3 的直流电压偏差量需要设置得比换流站 2 大，即

$$\begin{cases} u_{dcrefL3} < u_{dcrefL2} \\ u_{dcrefH3} > u_{dcrefL3} \end{cases} \tag{4-48}$$

以便能够保证换流站 2 定直流电压动作期间换流站 3 不会切换其控制方式。

4.3 不控充电过程分析

4.3.1 MMC 交流侧不控充电过程分析

（1）阀侧不接地时的不控充电过程分析。当阀侧不接地时，仅能依靠相间电源为子模

块以及线路充电。本节以 AB 相为例对阀侧不接地时的充电过程进行分析。由于线路电感电阻仅影响充电的过渡过程，不影响充电的稳态结果，为了简化分析充电过程，直流线路仅用电容表示，忽略线路电阻与电感。图 4-36 中 C_L 为线路等效电容，u_i（i=a,b,c）为相电压，u_{pi}（i=1～6）为桥臂子模块电压和，u_{pos} 与 u_{neg} 分别为正负极电压。

在定直流电压站解锁前，图 4-36 所示为子模块充电回路，图 4-37 所示为线路充电回路。当 $u_{ab} > u_{pi}$ 时，u_{ab} 通过 A 相上桥臂子模块下管反并联二极管为 B 相上桥臂子模块充电，同理 u_{ab} 也通过 B 相下桥臂子模块下管反并联二极管为 A 相下桥臂子模块充电。在给子模块充电的同时，u_{ab} 将通过 A 相上桥臂子模块下管反并联二极管以及 B 相下桥臂子模块下管反并联二极管为正负极线路充电。因此桥臂子模块电压和极间直流电压均会被

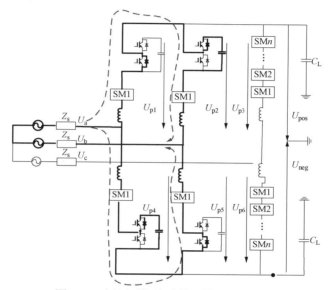

图 4-36　阀侧不接地时的子模块充电回路

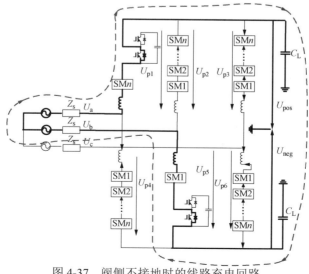

图 4-37　阀侧不接地时的线路充电回路

充至线电压峰值 u_1，由于正负极对地电容可以认为是相等的，因此正负极直流电压分别为 $u_1/2$ 与$-u_1/2$。

当定直流电压站解锁后，极间直流电压将上升至 u_{dc}，由于此时极间直流电压大于线电压峰值，因此图 4-36 的充电回路会由于二极管关断而消失，但是此时直流线路以及相间电源将对子模块构成充电回路，如图 4-38 所示。直流线路以及相间电源将共同为两个桥臂的子模块同时充电，此时桥臂子模块电压和将进一步上升，最终稳态值为

$$u_{pi} = \frac{1}{2}(u_{dc} + u_1) \tag{4-49}$$

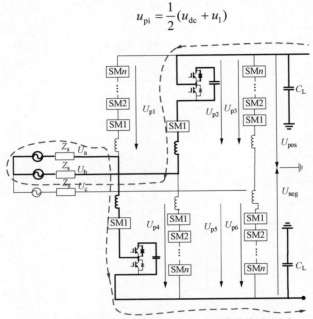

图 4-38　阀侧不接地时直流线路对子模块充电回路

（2）阀侧接地时的充电过程分析。阀侧接地时 MMC 除了存在相间电源充电回路外，还存在着相电源充电回路。图 4-39 所示为线路的相电源充电回路，图 4-40 所示为子模块的相电源充电回路。

为了便于分析，本节以 A 相上桥臂为例进行分析。当 $u_a > u_{pos}$ 时，相电源将通过"子模块下管反并联二极管—直流母线—正极线路电容—大地—电源中性点电阻"形成充电回路，持续为线路充电，如图 4-39 所示；当 $u_a + u_{pi} < u_{pos}$ 时，在线路电容电压的支撑下，直流母线将通过"子模块上管反并联二极管—子模块电容—相电源—大地—电源中性点接地电阻"形成充电回路，持续为子模块充电，如图 4-40 所示。

由图 4-39 可以看出，由于二极管单向导通的作用，相电源将持续为线路充电，在理想条件下，正极直流电压将被充至相电压峰值 u_p，同理负极直流电压将被充至$-u_p$，极间直流电压将被充至 $2u_p$。由图 4-40 可以看出，桥臂子模块电压和在直流线路以及相电源的共同作用下，最终将被充至直流线路电压与相电压之差的最大值，如式（4-50）所示。由式（4-50）可以看出桥臂子模块电压和将被充至 2 倍的相电压峰值

$$u_{pi} = u_p - (-u_p) = 2u_p \tag{4-50}$$

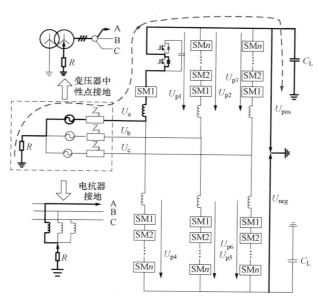

图 4-39　阀侧接地时的线路充电回路

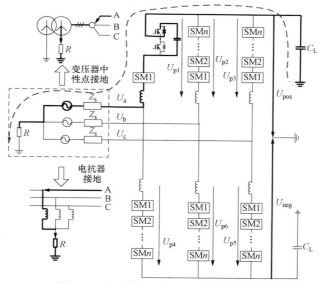

图 4-40　阀侧接地时的子模块充电回路

当定直流电压站解锁后，极间直流电压将上升至 u_{dc}（u_{dc} 为定直流电压站解锁后的极间直流电压），正负极电压分别为 $u_{dc}/2$ 与 $-u_{dc}/2$。在正常情况下调制比 M 都小于 1，根据调制比的定义，可以看出正极电压 $u_{dc}/2$ 将大于阀侧相电压峰值 u_p，图 4-39 中的充电回路由于二极管的关断将不再存在，但是图 4-40 对应的充电电路将继续存在，此时桥臂子模块电压和将进一步上升，最终稳态值如式（4-51）所示

$$u_{pi} = \frac{1}{2}u_{dc} - (-u_p) = \frac{1}{2}u_{dc} + u_p \qquad (4-51)$$

（3）不带直流线路时的不控充电过程分析。当 MMC 不带直流线路时，无论阀侧是否接地都将只存在图 4-36 中的充电回路，因此理想状态下桥臂子模块电压和以及极间直流电压均会被充至线电压峰值。

4.3.2　MMC 直流侧不控充电过程分析

对于直流启动的换流器，直流线路分别与 A、B 和 C 相的上、下桥臂构成充电回路，通过子模块上管反并联二极管对子模块电容器进行充电。图 4-41 所示为 A 相为例的充电回路，B、C 相充电回路与此相同。

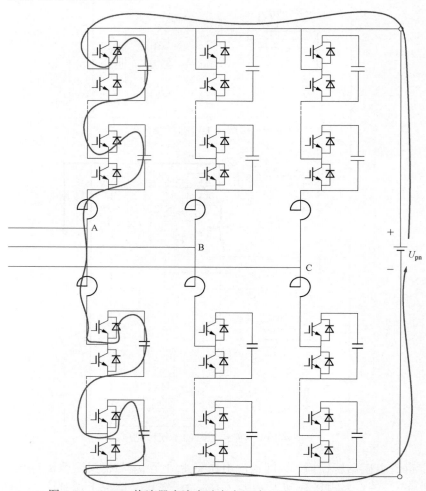

图 4-41　MMC 换流器直流启动充电回路（以 A 相为例）

此时充电回路同样为一 *RLC* 回路，如图 4-42 所示。同一相单元所有子模块电容电压和的稳态值将与直流电压一致。

从充电等效回路可以看出，三个相单元的子模块将同时被充电，因此每个桥臂子模块充电周期为整个工频周期，充电状态示意如图 4-43 所示。同样充电包括两个阶段：第一阶段直流母线电压一直高于相单元子模块电容电压和，子模块在整个工频周期都被充电；第

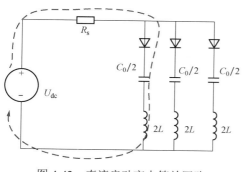

图 4-42 直流启动充电等效回路

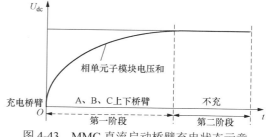

图 4-43 MMC 直流启动桥臂充电状态示意

二阶段处于充电稳态时期，相单元子模块电容电压和与直流母线电压持平，充电结束。在充电稳态阶段可得桥臂子模块电压和 u_{pi} 为

$$u_{pi} = \frac{1}{2}u_{pn} \qquad (4\text{-}52)$$

4.4 MMC 启动控制方式

对 MMC 换流器中各子模块电容器的预充电是 MMC 换流器启动过程的必需步骤。一般来说，换流器电容的预充电方式可分为他励和自励两种。自励是指由与换流器相连的交流或直流系统向电容器充电；他励是由辅助电源提供充电功率。目前在工程中大部分采用自励充电的方式。

本节将首先分析 MMC 换流器不同的启动过程充电回路，并针对各种充电回路，介绍对应的启动控制方法；然后针对不同的拓扑及应用场景，分析不同充电过程的特点；最后针对启动过程中需要关注的几项技术指标进行说明。

4.4.1 MMC 的启动控制方法

4.4.1.1 充电回路

按照换流器所连交流或直流系统的带电状态，MMC 换流器有不同的充电回路，包括交流启动回路、直流启动回路和交直流混合启动回路三种。下面分别对这三种充电回路进行分析。

为分析方便，以下均假设换流器所有子模块闭锁，桥臂内子模块具有相同的状态，桥臂电流的正方向为对子模块电容进行充电的方向。当桥臂电流为正时，整个桥臂子模块电容串入充电回路，桥臂电压为所有子模块电容电压和；当桥臂电流为负时，整个桥臂子模块电容被下管反并联二极管旁路，桥臂电压为 0。

1. 交流启动回路

换流器交流侧有激励源、直流侧无激励源时，仅通过交流激励源向换流器子模块电容器充电的方式称为交流启动。

此时，交流线电压构成的激励源跨接于两个相单元阀出口处，与两相上桥臂构成回路，也同时与两相下桥臂构成回路，如图 4-44 所示。

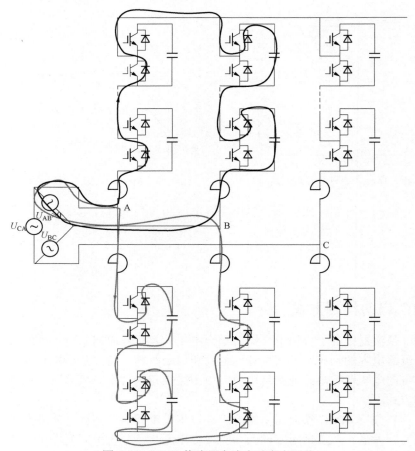

图 4-44　MMC 换流器交流启动充电回路

　　图 4-44 以 A、B 相为例，说明了交流启动时的充电回路。假设相电压 $u_A > u_C > u_B$，且 U_{AB} 大于 B 相上桥臂子模块电容电压和，则充电电流流过 A 上桥臂子模块下管反并联二极管与 B 上桥臂子模块上管反并联二极管、电容器，为 B 相上桥臂子模块电容充电；同时，充电电流也会流经 A 下桥臂子模块上管反并联二极管、电容器以及 B 下桥臂子模块下管反并联二极管，为 A 下桥臂的子模块电容进行充电。其等效的充电回路如图 4-45 所示。对其余桥臂的充电原理与此相同。

　　图 4-45 中 L、L_0、C_0 分别代表线路电抗、桥臂电抗以及单个桥臂所有子模块电容串联所等效的电容容值。由图可见，MMC 的充电回路实际是一个 RLC 回路，由于串联二极管的存在，电容会逐渐累积起一定的电压值。由于三相对称充电，可近似认为任意时刻 6 个桥臂的电容电压相等。当阀侧线电压峰值与桥臂子模块电容电压和相当时，充电停止，子模块电压进入稳态。充电过程包括两个阶段，第一阶段为初始充电阶段，此时桥臂子模块电压和始终小于线电压峰值，因此线电压在整个工频周期都对子模块进行充电，如图 4-46（a）所示；第二个阶段接近充电稳态，此时桥臂子模块电压和接近并在部分时刻高于线电压峰值，只有在线电压峰值高于桥臂子模块电容电压和的时间段才会出现充电现象，如图 4-46（b）所示。

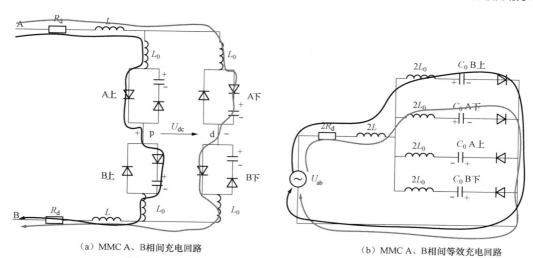

（a）MMC A、B相间充电回路　　　　　　　　　　（b）MMC A、B相间等效充电回路

图 4-45　MMC 交流启动等效充电回路（A、B 相间）

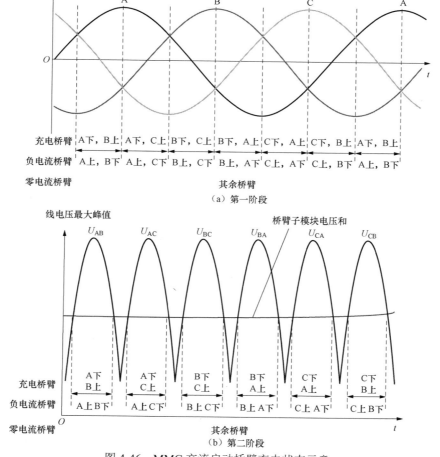

（a）第一阶段

（b）第二阶段

图 4-46　MMC 交流启动桥臂充电状态示意

以上仅为理想情况,实际充电中三相会因电抗器的存在换相重叠过程,例如图 4-46(a)所示前两个充电区间,就可能存在 B 下桥臂与 C 下桥臂负向电流的交叠,以及 B 上桥臂与 C 上桥臂正向充电电流的交叠。但该交叠时间较短,交叠期间电流较小,可以忽略。

由图 4-46 可以看出,任意时刻,换流器中电压最高的相单元下桥臂以及电压最低的相单元上桥臂子模块才可能被充电,因此每个桥臂的充电周期为 1/3 的工频周期,充电桥臂根据线电压的交替进行三相顺序轮换。

图 4-45 中 R_d 为限流电阻。在交流激励源接入换流阀的初期,由于充电回路阻尼较小,且在子模块电容电压为 0 时,激励源相当于短路,此时在回路中将产生很大的冲击电流。为降低冲击电流,需要在换流器出口侧串入限流电阻,其取值原则是令系统电流和桥臂电流均不能过电流。当子模块电压充电至稳定后,可将该限流电阻旁路,使其退出运行。

2. 直流启动回路

换流器交流侧无激励源、直流侧有激励源时,仅通过直流激励源向换流器子模块电容器充电的方式称为直流启动。

对于直流启动的换流器,直流正负母线电压由直流激励源决定。直流激励源分别与 A、B 和 C 相的上、下桥臂构成充电回路,通过同一相单元中子模块上管反并联二极管对子模块电容器进行充电。图 4-47 给出了以 A 相为例的充电回路,B、C 相充电回路与此相同。

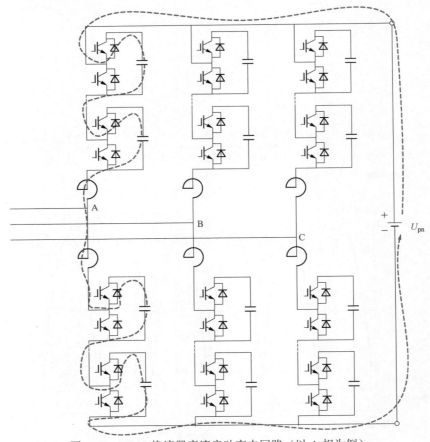

图 4-47　MMC 换流器直流启动充电回路(以 A 相为例)

此时充电回路同样为一 *RLC* 回路，如图 4-48 所示。同一相单元所有子模块电容电压和的稳态值将与直流电压一致。

从充电等效回路可以看出，三个相单元的子模块将同时被充电，因此每个桥臂子模块充电周期为整个工频周期，充电状态示意如图 4-49 所示。同样，充电包括两个阶段，第一阶段直流母线电压一直高于相单元子模块电容电压和，子模块在整个工频周期都被充电；第二阶段处于充电稳态时期，相单元子模块电容电压和与直流母线电压持平，充电结束。

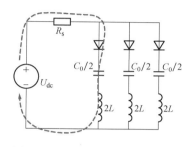

图 4-48　直流启动等效充电回路

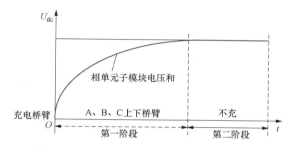

图 4-49　MMC 直流启动桥臂充电状态示意

同样，为了避免直流侧激励源接入瞬间的冲击电流，需增加直流限流电阻，并在子模块电容电压充电至稳态后将其切除。若直流激励源可以从较低值开始逐渐调节，也可对子模块进行斜坡直流电压充电，此时无需直流限流电阻。

3. 交直流混合启动回路

换流器交流侧有激励源、直流侧也有激励源时，同时通过交流和直流激励源向换流器子模块电容器充电的方式称为交直流混合启动。

理想情况下，只有当直流激励源电压大于交流激励源线电压峰值时，才构成交直流同时充电回路。此时，交流线电压与直流电压同向串联，同时为电压最高和电压最低的两个相单元的下桥臂和上桥臂子模块电容充电。单个桥臂的子模块电压和将超过线电压峰值，两个桥臂的子模块电压和将大于直流母线电压，因此其余桥臂既不能形成单独交流充电的充电回路，也不能形成单独直流充电的充电回路，其电流均为 0。以 A、C 相为例的充电回路如图 4-50 所示，等效充电回路如图 4-51 所示。

图 4-50 中，$u_C > u_B > u_A$，也即 C 相电压最高，A 相电压最低，因此电流会流经 C 相下桥臂上管反并联二极管和电容以及 A 相上桥臂上管反并联二极管和电容，为两个桥臂电容充电。其余桥臂无电流。

任意时刻，换流器中电压最高的相单元下桥臂以及电压最低的相单元上桥臂子模块才可能被充电，因此每个桥臂的充电周期为 1/3 的工频周期，此时未充电桥臂电流为零。充电桥臂根据线电压的交替进行三相顺序轮换。充电状态示意如图 4-52 所示。

此种充电回路常见于不同交流电压等级的换流器双端或多端连接，同时交流充电时，若某一站启动且通过交流激励源充电或率先控制直流母线电压，会导致直流母线电压升高，对于其余站，则可能体现为交、直流均有激励源。

理论上，在直流激励源电压小于交流激励源线电压峰值时，直流激励源对于换流器来

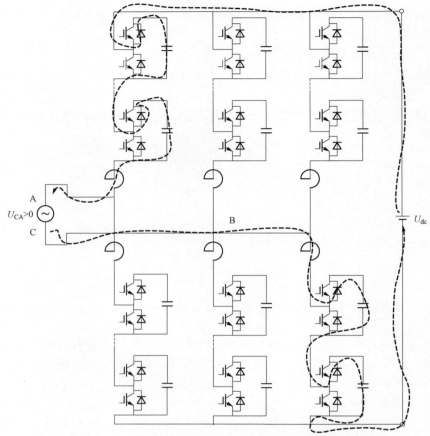

图 4-50　MMC 换流器交直流启动充电回路（以 A、C 相为例）

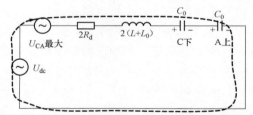

图 4-51　MMC 换流器交直流混合启动等效充电回路

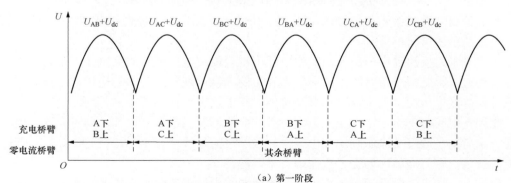

（a）第一阶段

图 4-52　MMC 直流启动桥臂充电状态示意（一）

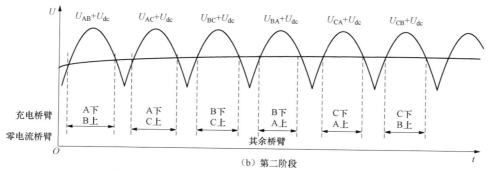

图 4-52 MMC 直流启动桥臂充电状态示意（二）

说相当于一个负载，交流激励源在对电压最高的相单元下桥臂和电压最低的相单元上桥臂子模块充电的同时（如图 4-53 中蓝线所示），也通过电压最高的相单元上桥臂和电压最低的相单元下桥臂下管反并联二极管，与直流激励源构成电流回路（如图 4-53 中红线所示）。

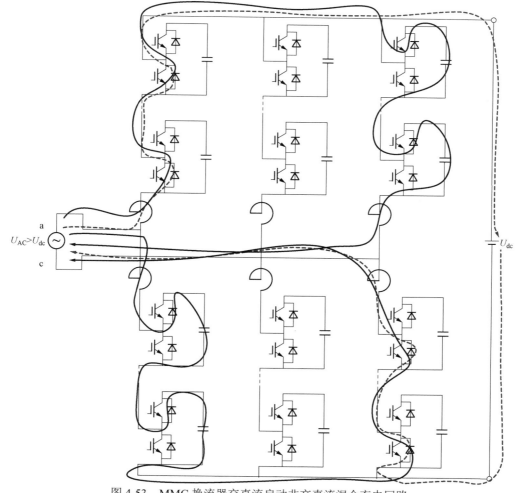

图 4-53 MMC 换流器交直流启动非交直流混合充电回路

这两个桥臂的桥臂电流在负方向时增大，但此电流并不对换流器进行充电，换流器的充电回路与单独交流充电时相似，因此不认为此工况为交直流混合启动回路。

4.4.1.2 控制方法

针对不同的启动过程充电回路，有多种不同的启动控制方法，但所有的启动控制方法均包含两个阶段：子模块充电阶段以及转入正常闭环控制阶段。在子模块充电稳定后，若需转入闭环控制，只需对换流阀全部解锁，并直接进行闭环控制即可。只是为了降低转入闭环控制初期的冲击电流，可以对控制量引入斜率控制。斜率应根据交流电流和桥臂电流的限制选取，斜率越大，交流电流和桥臂电流冲击越大。

因此，本小节从充电回路的差异入手，对各类子模块充电阶段的方法进行说明。

1. 交流启动方法

交流启动方法通常应用于 STATCOM 运行、定直流母线电压运行或定功率运行的换流站中，其通过交流系统对换流器子模块进行充电。根据充电过程子模块开关器件的控制状态，交流启动方法可分为自然软启法和软启均压控制法。

（1）自然软启法。自然软启法是最简单的子模块充电方法。保持所有子模块闭锁，通过子模块开关管的反并联二极管，使换流阀交流侧线电压交替为 6 个桥臂子模块电容进行充电。待子模块充电稳定后，此时充电电流仅提供系统的损耗，切除限流电阻，同时转入闭环控制。

考虑到实际子模块生产工艺的差异，子模块充电特性并不一致。部分子模块会因充电回路损耗小而充电迅速，相较于其余子模块充电电压高。随着充电时间的增长，这些子模块会出现过电压等故障，在实际应用中需要考虑此问题。

同时，结合 4.4.1.1 中关于交流启动充电回路的介绍，采用自然软启法对子模块充电，一个桥臂子模块充电稳态电压为交流阀侧线电压峰值（认为交流限流电阻已切除或忽略其压降，忽略充电回路其他元件压降）。若一个桥臂共有 N 个子模块，则充电稳态时，平均每个子模块电压为

$$U_{sm} = \frac{U_{ac\_pp}}{N} \tag{4-53}$$

其中，U_{ac_pp} 为充电时阀侧线电压峰值。设 U_{dc} 为换流器额定直流电压，M 为空载调制度，则阀交流出口线电压 $U_{ac} = \sqrt{3}/2U_{dc}M$，此电压可近似认为是充电时的阀侧电压。假设桥臂内有 N-n 个子模块为冗余子模块，则正式运行时，子模块额定电压为 U_{dc}/n。因此，采用自然软启法充电时子模块电压小于额定值的 $\sqrt{3}/2Mn/N$ 倍（0.866 倍），且当冗余数增大或额定调制度减小，或充电回路阻抗增大时，子模块充电稳态电压将更低。

此时，因为子模块电压未达到额定，转入闭环控制时，对于定直流电压控制的换流器，以当前直流母线电压和最大调制度 1 得到的等效阀侧交流电压将小于实际阀侧电压，由于线路中缺少足够大的阻尼电阻，必将引起较大的冲击电流。对于桥臂中有冗余子模块的换流站，换流器解锁瞬间，在充电桥臂中投入充电的子模块个数将减少，这些投入的子模块所构成的等效直流电压将小于交流系统线电压，也会增大冲击电流。

对于定功率控制的换流器，虽然直流母线电压可以由其余换流站控制为额定，但因为

子模块电压不能充电至额定，换流站解锁时，同一相单元中投入的子模块构成的等效直流电压将小于实际直流母线电压，也将产生桥臂冲击电流。

综上，充电阶段，所有子模块保持同样的闭锁状态，无需多余控制，因此自然软启法原理简单，操作方便，对换流阀的控制思路清晰，是业界最常使用的充电方法。但考虑到子模块充电的差异性，该方法容易引起子模块充电不均导致启动失败；并且子模块电压充不到额定值，易导致转入闭环控制时出现较大的电流冲击，甚至使换流阀故障停机。

（2）软启均压法。为了解决自然软启充电方法中子模块充电不均以及由于不能充电到额定电压从而在闭环控制初存在冲击电流的问题，有文献提出了另一种交流充电方法——软启均压法。即经过自然软启对子模块充电至稳定值后，在每个控制周期、每个桥臂内，控制电压最高的特定个数的子模块下管 IGBT 导通，使其呈现切除状态。

具体来说，因为自然软启不能将每个子模块充电至额定值，因此可以考虑在一个桥臂的充电回路中，减少充电的子模块个数，从而提升子模块分配的电压，这可以通过对部分子模块解锁切除来实现。同时考虑到同一桥臂内各子模块的均压状况，切除的子模块应是该桥臂中电压最高的几个子模块。因为交流启动充电回路具有上、下桥臂对称性，当上、下桥臂切除子模块个数一致时，上、下桥臂子模块电容电压也会一致。

理想情况下，假定一个桥臂内子模块总数为 N，冗余数为 $N-n$，切除的子模块数为 $N-m$，换流阀稳态调制度为 M，额定直流母线电压为 U_{dc}，则此时每个子模块的稳态电压约为

$$U_{sm} = \frac{U_{ac\_pp}}{m} \approx \frac{\sqrt{3}U_{dc}M}{2m} \tag{4-54}$$

若选取 $m=\sqrt{3}/2nM$，则 U_{sm} 可达到额定值，此后转入闭环控制时，阀侧电压具有足够的控制能力，也就解决了电流冲击的问题。

式（4-54）中并未考虑充电回路中阻抗元件的压降，因此对桥臂电压的计算略大，从而导致 m 略大，工程中可以以此为参考，并根据子模块实际电压进行调整。若桥臂子模块平均电压低于额定值，则可增大切除数；若子模块平均电压高于额定值，则减小切除数。

考虑到工程应用中，子模块控制回路的电源一般直接从其电容电压获取，只有在电容电压到达一定值后，控制回路才会上电，子模块才具有可控性。因此在充电之初依然需要对子模块进行自然软启充电，待其至少具有可控性后再进行软启均压控制。另外，因为具有可控性的子模块已经具备部分电压，此时若同时切除 $N-m$ 个子模块，会使得充电回路电压突降，从而产生较大的电流冲击。因此工程中可以将切除子模块数从 0 开始斜坡控制到需要值，且在确保所有子模块均带电可控的情况下开始均压控制。

此外，按照充电回路，A、B、C 三相桥臂充电电压稳态值分别为 max（$|u_{ab}|$、$|u_{ca}|$）、max（$|u_{ab}|$、$|u_{bc}|$）和 max（$|u_{bc}|$、$|u_{ca}|$），当电网电压不平衡造成三者不同时，就会产生相单元子模块电压差异。利用自然软启法无法消除该差异，会引起闭环控制时刻较大冲击电流，而采用软启均压法，则可以通过自动调节切除个数，使得各相子模块均能达到设定电压值，如图4-54所示给出了阀侧三相线电压幅值分别为 1（标幺值）、0.9（标幺值）和 0.9（标幺值）时使用软启均压法的子模块电压情况。自然软启过程中 A、B 相充电激励源电压最高均达 1（标幺值），因此两相子模块电压一致，C 相桥臂激励源电压最高达 0.85（标幺值），因此其子模块

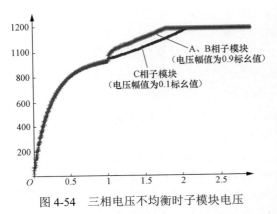

图 4-54　三相电压不均衡时子模块电压

电压较 A、B 相低，为其 0.9 倍，通过均压控制，最终达到与 A、B 相一致。

综上，软启均压法虽然需要在子模块充电阶段进行桥臂内子模块电压排序并选择适当的子模块进行切除，增加了系统控制复杂度，但相较于自然软启法，其能保证子模块充电均匀并能充电至设定值，并且不受电网电压平衡度影响，从而减少了转入闭环阶段的电流冲击，也避免了因子模块参数差异导致的软启失败问题，因此是性能较为优越的一种启动方法。

2. 直流启动方法

直流启动方法通常应用于工作在孤岛运行方式，或需要黑启动的换流站。与交流启动方法类似，直流启动方法也可根据子模块充电阶段子模块的控制状态分为自然软启法和软启均压法。

但是考虑到多端系统中黑启动的换流站采用直流启动时，直流母线电压已经建立起来，为避免直接闭合直流断路器将黑启动换流站接入直流母线而产生的电流冲击，需要在直流侧正负母线上各自增加限流电阻，此后的启动便可应用下述两类方法。限流电阻接线如图 4-55 所示。

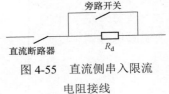

图 4-55　直流侧串入限流电阻接线

（1）自然软启法。直流启动的自然软启法仍是将所有子模块闭锁，通过直流母线电压对子模块电容进行自然充电。

根据 4.4.1.1 的分析，此时充电回路是由直流母线和相单元的上下桥臂组成。子模块闭锁时充电电流流经各子模块上管反并联二极管。因此，充电稳态后，子模块最大电压为

$$U_{\text{sm\_max}} = \frac{1}{2N}u_{\text{dc}} \tag{4-55}$$

此电压为子模块额定电压的 1/2。

自然软启完成后首先需要对子模块进行解锁使其电压充至额定。在较高直流电压下解锁直流启动的 MMC 时，因为相单元内投入充电回路的子模块数与闭锁时不同，会使相单元总电压突变，形成与直流母线电压的差额，便会产生冲击电流，造成子模块电容电压波动。为此可在整流侧直流电压建立初期即解锁无源侧 MMC，利用整流站的交流限流电阻来抑制无源侧的解锁冲击。整流站解锁并进行直流电压控制后，无源侧 MMC 的电容电压也会同步上升，直至达到额定值附近，完成充电。

直流启动方法虽然简单易操作，但在实际工程中，考虑子模块参数差异导致的充电特性不一致，有可能会出现 MMC 解锁前部分子模块过电压使得系统退出启动问题，因此这种充电方式仍具有一定的不可靠性。

（2）软启均压法。因为子模块工艺不同，会使得子模块自然充电速度不同。若采用自然充电方法，则有可能导致充电速度快的子模块电压过高，或者同一相单元上下桥臂子模块电压不均。软启均压法通过对桥臂内，或相内上、下桥臂间子模块进行适当个数的切除，

可以在满足均压度的同时，使得子模块充电电压达到额定值。

　　某文献中介绍了一种对相单元子模块均压的软启均压法。其通过监测各相上下桥臂子模块电容电压值，并对每相 $2N$ 个子模块电容电压在每个控制周期进行排序，选择电容电压最小的 N 个子模块闭锁，其余子模块触发下管 IGBT 导通，即使该子模块切除。若子模块控制硬件的电源采用自取能方式，则可全站闭锁充电至子模块控制硬件上电后再进行排序触发。在充电完成后转入闭环控制之前可对换流站进行短暂闭锁，以避免控制模式直接切换时造成的暂态冲击。

　　上述方法虽然能保证相单元内的子模块均压，但是需要对 $2N$ 个子模块进行实时排序。而一般工程中的阀控系统是以一个桥臂 N 个子模块为单元进行控制，无法对 $2N$ 个子模块进行处理。因此该方法工程实现性不高，且对控制硬件的快速性提出了更高的要求，还使启动阶段和正常运行阶段的控制系统架构改变，不利于控制系统的统一性。为此可以采用另一种改进的软启均压法。

　　改进的软启均压法对同一相单元内上、下桥臂 N 个子模块单独排序，并计算出上、下桥臂子模块电压的最高值。在确保整个相单元总体切除数不超过 m（m 的取值是根据稳态的直流充电电压能对 $2N-m$ 个子模块充电至额定值确定的）的前提下，通过比较两个最高值，对二者中较大的一个所在桥臂的子模块切除数加 1；若此时该相单元总切除数超过 m，则对另一桥臂的子模块切除数做减一处理。因为每个控制时刻都会根据上、下桥臂子模块电压情况进行切除数调整，这样既实现了桥臂间子模块电压值的动态平衡，又不增加排序数目，减轻了控制硬件的压力。

　　直流启动的软启均压法能保证相单元中桥臂内及桥臂间子模块的均压度，并使得子模块最终稳态电压达到额定值，虽然控制上相较于自然软启法略微复杂些，但能降低换流站转闭环控制时的暂态冲击。

　　但是，因为充电过程中同一相单元上、下桥臂投入子模块数根据均压策略实时调整，阀侧交流出口电压会杂乱无章，若阀侧连接变压器、负载等设备，很可能对这些设备造成损坏，且阀侧设备的接入也会改变上、下桥臂的充电回路，因此需要在充电时断开换流器阀侧连接。

　　3. 交直流启动方法

　　若多个换流站同时启动，某一站在进行交流启动的同时，由其余换流站建立的直流电压也有可能成为该站的启动激励源，从而产生 4.4.1.1 所述的交直流混合启动充电回路。

　　按照 4.4.1.1 所述，已有的直流母线电压与最大的交流线电压串联，为电压最高与最低的两相单元下桥臂与上桥臂子模块电容充电。

　　若换流器采用自然软启法，即保持子模块闭锁，忽略子模块的差异性，认为子模块电压一致，则子模块充电电压为

$$\frac{U_{dc}}{N} > U_{sm} = \frac{U_{ac\_pp} + U_{pn}}{2N} > \frac{U_{ac\_pp}}{N} \tag{4-56}$$

　　可见，交直流同时启动的换流站，采用自然软启充电时，子模块的稳态充电电压要比单独交流充电时电压高，但仍不能达到额定值（即便无冗余子模块时）。

　　借鉴单独交流启动的软启均压法，交直流启动的换流站也可对桥臂内部分电压最高的子模块进行切除，使得单个子模块充电达到额定值。此时的切除数需要依照直流激励源和交流激励源的具体情况进行计算，并结合实际的子模块电压进行调整。

交直流启动时的充电回路以及启动控制方法与单独交流启动时的方法大同小异，即便是采用软启均压法，也仅是切除数的不同，因此可参考交流自然软启法和交流软启均压法实现交直流启动的控制，无须赘述。

4.4.1.3　启动控制要求

软启过程包含限流电阻的投切、启动完成转闭环等阶段。在这些阶段中若处理不当，容易产生桥臂过电流、直流母线电压过电压或子模块过电压等问题。因此启动过程需要对一些关键项目进行考核，以实现可靠启动。

1. 桥臂电流冲击

启动过程中，可能引起桥臂电流冲击的情况如下：

（1）限流电阻投、切过程中，充电回路电压突变，从而引起桥臂电流冲击。

（2）充电完成转入闭环控制时刻，因为换流阀解锁造成充电桥臂中投入子模块数目变化，或自然软启未将子模块充电至额定值，均会引起桥臂电流冲击。

（3）其余站运行模式的转变，例如对直流电压的控制，也会引起桥臂电流冲击。

（4）采用黑启动的换流器直流母线并入已有直流网络时，两个直流电压的差也会在桥臂中引起极大的电流冲击。

通过分析，桥臂电流冲击与交、直流侧限流电阻的取值有关。在限流电阻投入时刻，阻值越大，冲击电流越小；在限流电阻切除时刻，阻值越大，由电阻产生的电压突变越大，因此冲击电流越大。当子模块电压充电至额定值后再进行模式转换，且对指令进行斜坡处理，则会降低电流冲击。

所以，限流电阻不能任意设计，需要折中考虑投切时刻冲击电流的要求，并结合系统损耗、设备成本等综合因素，也应采取合适的启动策略尽可能降低冲击电流。

实际工程中，桥臂电流冲击不可避免，只需将其抑制在一定水平下，能保证启动阶段的可靠性即可，无需过分强调很小的冲击电流。

2. 直流电压冲击

与桥臂电流冲击类似，在限流电阻投、切过程，模式转换过程以及直流母线并入直流网络过程中都可能因为电压的突变而产生直流电压冲击。过大的直流电压冲击会引起系统过压保护，导致启动失败，因此需要规定直流电压冲击不能超过一定限值。

直流电压冲击的大小与限流电阻的阻值、启动策略有关，而启动策略对直流电压的冲击影响更为明显。工程中，使直流电压指令斜坡变化，在子模块充电至额定后再进行闭环控制等都会降低直流电压冲击。工程中需综合考虑启动指标与设计成本，在保证直流电压冲击不造成设备故障等前提下选择合适的限流电阻和启动策略。

3. 子模块电压稳态精度

启动的目的在于建立子模块电容电压。自然软启方法建立的子模块电容电压稳态值与控制无关，而软启均压法可以通过不同的策略，使子模块充电至设定值。为了检验各种启动充电方法的有效性，需要对充电后期子模块电压的稳态精度进行考核。

通过前面分析，充电回路等效为 RLC 回路，在 R 与 L 固定的条件下，选择不同的切除数可以改变等效的 C，这不仅影响到子模块的充电速度，也改变了单个子模块电容的稳态电压。只有选择了合适的切除数，才能保证充电达到稳态时，子模块电容电压能达到设定值。

4. 子模块电压不平衡度

因为子模块电容工艺、控制硬件损耗等不完全相同,子模块电容充放电速度也会不同,容易造成子模块电压不平衡。若子模块电容电压相差较大,则在相同的投入数下,选择不同的子模块时,相当于充电回路电压不同,也易引起电流和电压冲击,同时降低输出电能质量。另外,在采用自然软启充电时,若启动时间过长,很可能出现子模块过电压或欠电压故障,使得启动失败。因此需要通过适当的控制对子模块电压进行有效的调节,使其保持在合理的范围内,不影响系统启动性能。

具有三相平衡的交流激励源的换流站,由于桥臂电压受交流电压约束,以及三相之间的对称性,各桥臂之间不会出现子模块电压不均,仅存在桥臂内子模块电压的不平衡。但对于交流激励源不平衡的换流站,相单元子模块电压会存在差异。对于只有直流激励源的换流站,因为通过直流激励源对整个相单元子模块进行充电,容易出现桥臂间子模块电压不均。

通常采用软启均压控制的换流器,因为在每个控制周期都会进行均压处理,所以子模块电压会较为平衡。只有当控制周期过大,才会使得一个控制周期里对子模块的充、放电时间过长从而引起子模块之间电压相差较大。目前高速的阀控设备已能完全满足高速控制的周期要求。

4.4.2 不同应用场景下 MMC 的启动控制

MMC 的启动过程主要包含自然充电,主动均压充电,闭环控制。MMC 工程应用接线方式主要包括对称单极系统接线和对称双极系统接线,不同接线方式下,根据直流侧线路是否接电缆,其自然充电过程有所差异,使得主动均压控制过程中所切除的子模块数有所不同。因此不同启动工况下的本质差异在于自然充电过程。下面将分别对不同拓扑的MMC 在不同应用场景及不同充电方式下的充电过程中的启动控制进行分析,并总结不同应用中 MMC 的稳态模块电压计算依据,为工程应用提供指导。

4.4.2.1 对称单极系统接线的模块充电

1. 单站有源软启动

(1)直流侧无电缆。直流侧无电缆时,阀侧交流线电压对单个桥臂进行充电,充电回路如图 4-56 所示。

充电达到稳态后,模块电压为

$$U_{sm} = \frac{\hat{U}_{ac\_peak}}{N} \tag{4-57}$$

(2)直流侧带电缆。直流侧带电缆时,由于电缆与大地之间存在杂散寄生电容,该电容影响了充电回路。为简化分析,此处忽略电缆的电阻和电感分量,将电缆等效为一个对地电容器,等效电路如图 4-57 所示。

有源软启充电时,在图 4-58 中电缆充电回路的作用下,正极电缆对地电压、地对负极电缆的电压最终将维持在阀侧相电压峰值。

对桥臂充电的回路也有所变化,充电电流由正极电缆流过桥臂,再由阀侧变压器接地点流出。对下桥臂,充电电流由交流端流过桥臂,经负极电缆对地电容后由阀侧变压器接地点返回,如图 4-59 所示。

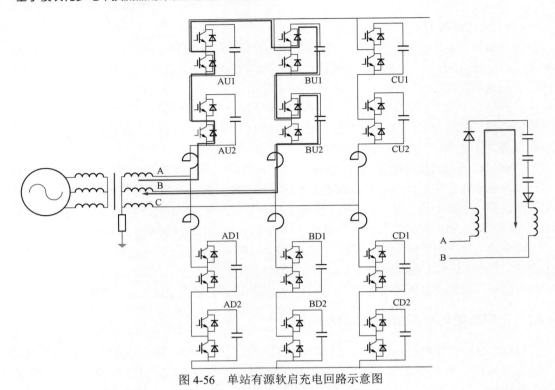

图 4-56 单站有源软启充电回路示意图

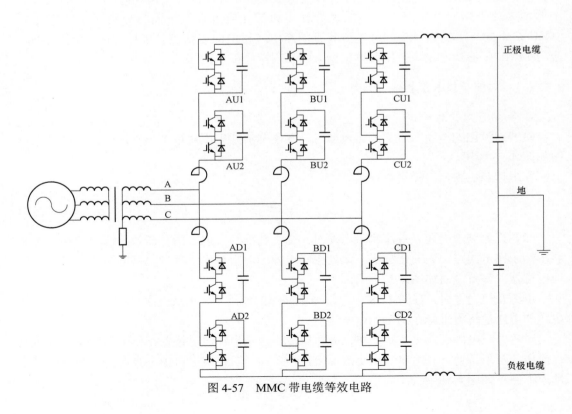

图 4-57 MMC 带电缆等效电路

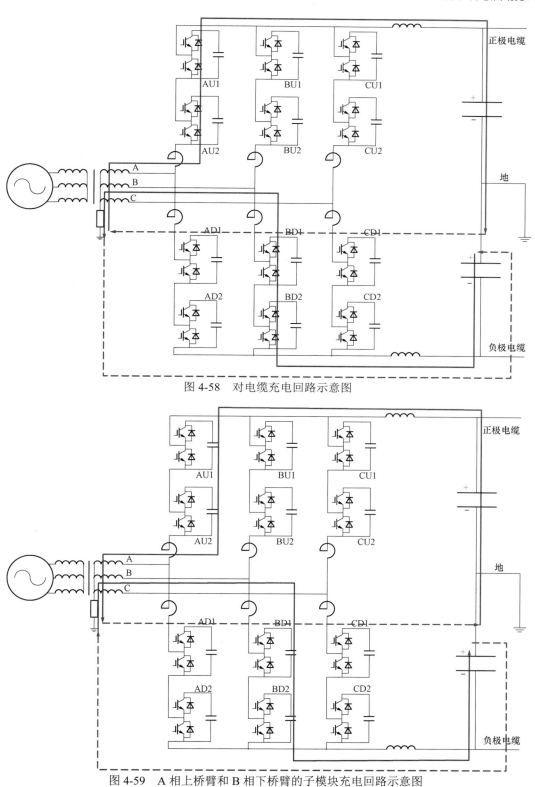

图 4-58　对电缆充电回路示意图

图 4-59　A 相上桥臂和 B 相下桥臂的子模块充电回路示意图

在该充电回路下，若不考虑接地电阻分压的影响，即假设充电达到稳态时充电电流接近零、流过接地点电流接近零。A 相上桥臂为例，稳态子模块电压为

$$U_{sm} = \frac{U_{dc+} - \hat{U}_{a\_phase}}{N} = \frac{2\hat{U}_{a\_phase}}{N} \qquad (4\text{-}58)$$

但实际对电缆充电的电流和对桥臂充电的电流都会流经接地电阻，那么接地电阻两端必然有一定的电压。接地电阻的分压会有两方面的影响：一方面是会降低对电缆充电的电压，使电缆对地电压小于阀侧相电压峰值；另一方面是会降低桥臂充电电压，使子模块电压小于上述计算结果。

接地电阻越大，对于上述充电回路的影响也就越大。当电阻为无穷大时，那么相当于阀侧变压器中性点和大地之间为断路状态，也就相当于阀侧无接地点。下面会对阀侧无接地点的情况进行分析，其结论是阀侧无接地点时，有源软启的模块电压会略低于有接地点的情况。

对于对称单级系统接线的柔性直流输电系统，一般直流侧并无接地点，接地点通过阀侧变压器中性点接地或阀侧星形电抗器中性点接地，这种拓扑结构下，带电缆充电的模块电压就会高于不带电缆充电的模块电压。对于对称双极系统接线，往往是阀侧无接地点，接地点位于直流侧以直流接地极或直流金属回线接地的方式实现。

阀侧无接地点时，对于单站系统，正负电缆对地电压为阀侧线电压的 1/2，单个桥臂的充电电压为阀侧线电压峰值，与不带电缆的一致。

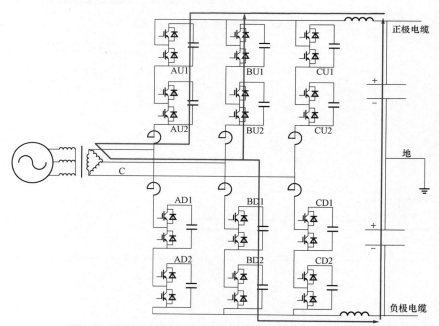

图 4-60　阀侧无接地点的带电缆有源软启充电回路示意图

那么此时理论上稳态模块电压为

$$U_{sm} = \frac{\hat{U}_{ac\_line}}{N} \qquad (4\text{-}59)$$

该值低于阀侧存在接地点时的电压。

2. 单站无源软启动

（1）直流侧无电缆。设站 1 为无源端，站 2 为有源端。直流侧无电缆时，软启过程可以分为两个阶段：第一阶段是站 2 闭合交流开关不控整流充电；第二阶段是站 2 解锁建立直流电压。对于第二阶段，带电缆和不带电缆两种情况下，站 1 直流正负极的电压差完全一致，因此充电效果也相同。本节主要分析在第一阶段下的无源软启充电特性。

阀侧有接地点时，在第一阶段站 2 不控整流闭锁充电期间，站 2 的相电压峰值通过两个站的接地回路对站 1 的桥臂进行充电，充电回路如图 4-61 所示。

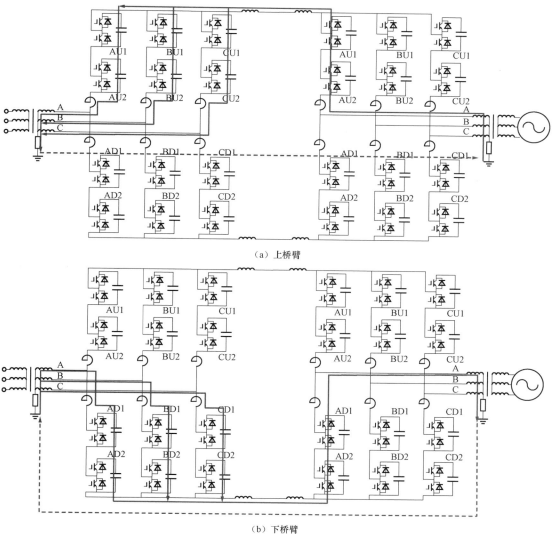

（a）上桥臂

（b）下桥臂

图 4-61　无源软启充电回路示意图

达到稳态后每个模块的电压为

$$U_{\text{sm}} = \frac{\hat{U}_{\text{a\_phase}}}{N}$$

（4-60）

其中，$\hat{U}_{a\_phase}$ 是站 2 的交流相电压峰值。

阀侧无接地点时，不存在上述的接地充电回路。无源软启时，站 2 的交流线电压对站 1 的相单元充电，充电回路如图 4-62 所示。

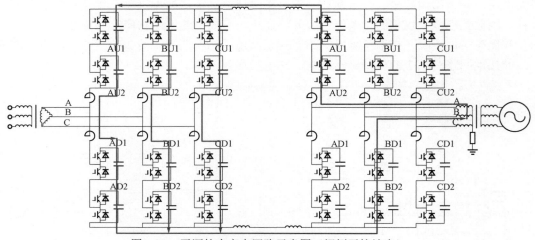

图 4-62　无源软启充电回路示意图（阀侧无接地点）

达到稳态后每个模块的电压为

$$U_{sm} = \frac{\hat{U}_{ac\_line}}{2N} \tag{4-61}$$

其中，$\hat{U}_{ac\_line}$ 是站 2 的交流线电压峰值。

（2）直流侧带电缆。直流带电缆时，正负极电缆对地电压为站 2 的相电压峰值。

此时，不论阀侧是否有接地点，对模块的充电回路都是直流正负极之间的电压差对三个相单元进行充电，如图 4-63 所示。

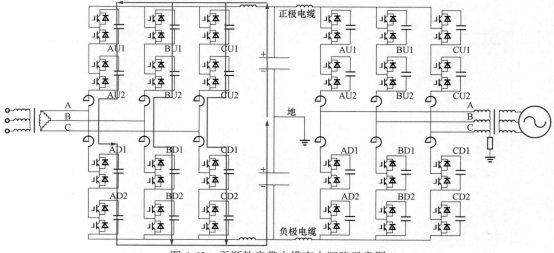

图 4-63　无源软启带电缆充电回路示意图

达到稳态后每个模块的电压为

$$U_{sm} = \frac{\hat{U}_{a\_phase}}{N} \qquad (4-62)$$

其中，$\hat{U}_{a\_phase}$ 是站 2 的交流相电压峰值。

3. 多端混合软启动

多端混合启动时，各个站闭合交流开关的时间有先后，解锁的时间也有先后。多端启动总体可分为以下两个过程：

合闸过程：每个站依次闭合交流侧开关。

解锁过程：由定直流电压站开始，每个站依次解锁。

第一个合闸、解锁的换流站，其子模块的充电特性与单站有源软启的过程完全一致。因此本节重点分析其他后合闸、后解锁的换流站的多端充电情况。

对于这些后合闸、后解锁的换流站，模块充电的状态可以分为以下 4 个阶段：

阶段一：其他站已合闸，本站尚未合闸。

阶段二：本站合闸，定直流电压站尚未解锁。

阶段三：定直流电压站解锁。

阶段四：本站解锁。

下面主要根据是否有电缆以及不同的接地方式，分析不同工程应用中前三个阶段中的模块充电情况。

（1）直流侧无电缆。在阶段一，其他站已合闸而本站尚未合闸，此时本站的模块充电情况与无源软启动完全相同，模块电压也与无源软启动的分析结果一致。阀侧有接地点时模块电压为

$$U_{sm} = \frac{\hat{U}_{a\_phase}}{N} \qquad (4-63)$$

阀侧无接地点时模块电压为

$$U_{sm} = \frac{\hat{U}_{ac\_line}}{2N} \qquad (4-64)$$

进入阶段二后，本站交流开关闭合，站 1 与站 2 分别对各自的桥臂进行充电（如图 4-64 所示），模块的充电情况与单站不带电缆有源软启一致，模块电压会被抬升。此阶段结束，模块电压值为

$$U_{sm} = \frac{\hat{U}_{ac\_peak}}{N} \qquad (4-65)$$

进入阶段三后，直流电压已建立。根据阀侧是否接地，充电回路也有所不同。

阀侧有接地点时，如图 4-65 所示，正直流母线、上桥臂、两个换流站的接地点构成对上桥臂充电的充电回路，阀侧相电压达到负峰值时充电电压最大；负直流电压、下桥臂、两个换流站的接地点构成对下桥臂充电的充电回路，阀侧相电压达到正峰值时充电电压达到最大。

稳态时，模块电压为

$$U_{sm} = \frac{U_{dc+} + \hat{U}_{a\_phase}}{N} \qquad (4-66)$$

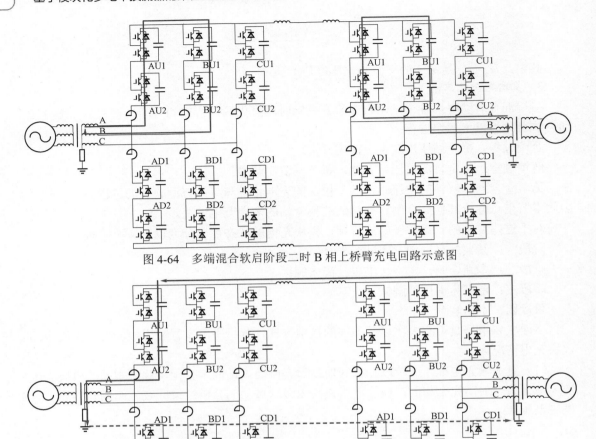

图 4-64　多端混合软启阶段二时 B 相上桥臂充电回路示意图

图 4-65　多端混合软启阶段三时 A 相上桥臂充电回路示意图

　　阀侧无接地点时，在闭锁状态下，对桥臂的充电电压由正负极直流电压与阀侧线电压组成，该电压对两个桥臂进行充电如图 4-66 所示。

　　稳态时，模块电压为

$$U_{\mathrm{sm}} = \frac{U_{\mathrm{dc}} + \hat{U}_{\mathrm{ac\_line}}}{2N} \tag{4-67}$$

　　（2）直流侧有电缆。在阶段一，其他站已合闸而本站尚未合闸，此时本站的模块充电情况与无源软启动完全相同，模块电压也与无源软启动的分析结果一致，模块电压为

$$U_{\mathrm{sm}} = \frac{\hat{U}_{\mathrm{a\_phase}}}{N} \tag{4-68}$$

　　进入阶段二后，本站交流开关闭合，此时不论本站是否接地，电缆对地电压在其他站的充电效果下达到了相电压峰值（与单站有源软启阀侧不接地存在区别）。

　　本站阀侧接地时，对上桥臂的最大充电电压是正直流电压与阀侧相电压的负峰值之间

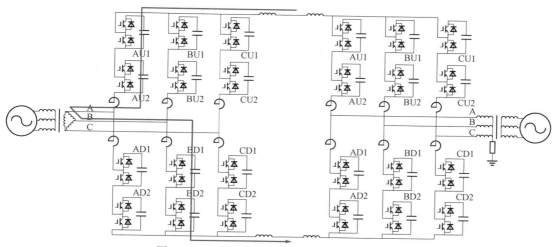

图 4-66 多端混合软启阶段三充电回路示意图

的电压差,对下桥臂的最大充电电压是阀侧相电压的正峰值电压与负直流电压之间的电压差。充电回路如图 4-67 所示。

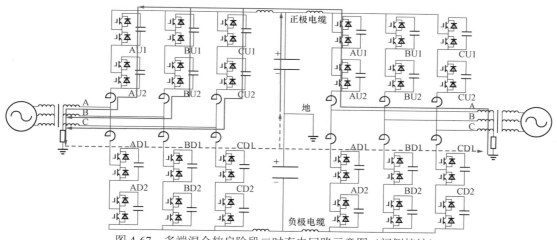

图 4-67 多端混合软启阶段二时充电回路示意图(阀侧接地)

稳态时模块电压为

$$U_{\mathrm{sm}} = \frac{U_{\mathrm{dc+}} + \hat{U}_{\mathrm{a\_phase}}}{N} = \frac{2\hat{U}_{\mathrm{a\_phase}}}{N} \tag{4-69}$$

本站阀侧不接地时,桥臂的充电回路由正极电缆、阀侧线电压、负极电缆组成,如图 4-68 所示。

稳态时模块电压为

$$U_{\mathrm{sm}} = \frac{U_{\mathrm{dc}} + \hat{U}_{\mathrm{ac\_line}}}{2N} = \frac{2\hat{U}_{\mathrm{a\_phase}} + \hat{U}_{\mathrm{ac\_line}}}{2N} \tag{4-70}$$

进入阶段三后,直流电压已建立,此时对站 1 的充电情况与不带电缆时的充电情况完全一致,即阀侧有接地点时模块电压为

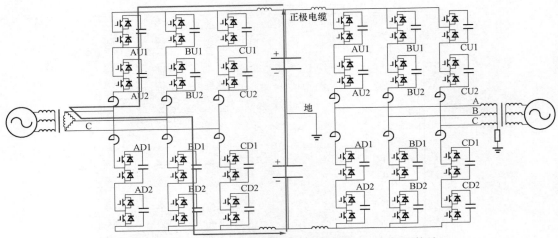

图 4-68　多端混合软启阶段二时充电回路示意图（阀侧不接地）

$$U_{\text{sm}} = \frac{U_{\text{dc+}} + \hat{U}_{\text{a\_phase}}}{N} \tag{4-71}$$

阀侧无接地点时模块电压为

$$U_{\text{sm}} = \frac{U_{\text{dc}} + \hat{U}_{\text{ac\_line}}}{2N} \tag{4-72}$$

后者略低于前者。

4.4.2.2　对称双极系统接线的模块电压

1. 单站有源软启动

不带电缆时，对称双极系统由阀侧线电压对单个桥臂进行充电，充电回路如图 4-69 所示。

充电达到稳态后，模块电压为

$$U_{\text{sm}} = \frac{\hat{U}_{\text{ac\_peak}}}{N} \tag{4-73}$$

带电缆有源软启动时，阀侧线电压对电缆进行充电，电缆对地电压最终稳态值为阀侧线电压峰值 $\hat{U}_{\text{ac\_peak}}$，最高电压的充电回路仍然是阀侧线电压对单个桥臂进行充电，与不带电缆的效果相同。充电达到稳态后，模块电压为

$$U_{\text{sm}} = \frac{\hat{U}_{\text{ac\_line}}}{N} \tag{4-74}$$

2. 单站无源软启动

对于无源软启动，同样不论直流侧是否有电缆，模块都是由对站的交流线电压对整个相单元进行充电，充电回路如图 4-70 所示。

充电达到稳态后，模块电压仅为有源软启动的 1/2，即

$$U_{\text{sm}} = \frac{\hat{U}_{\text{ac\_line}}}{2N} \tag{4-75}$$

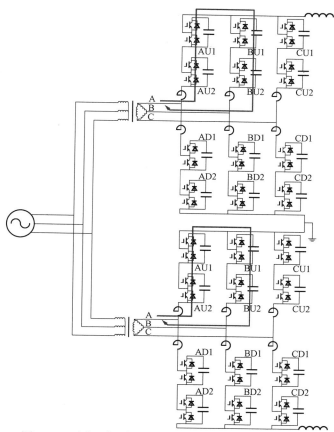

图 4-69 对称双极系统无电缆有源软启充电回路示意图

3. 多端混合软启动

对于对称双极系统的多端混合充电，同样存在 4 个阶段：

阶段一：其他站已合闸，本站尚未合闸。

阶段二：本站合闸，定直流电压站尚未解锁。

阶段三：定直流电压站解锁。

阶段四：本站解锁。

下面重点分析后合闸、后解锁的换流站在前三个阶段的充电特性。

在阶段一，其他站已合闸而本站尚未合闸，此时的充电效果与无源软启动完全相同，稳态时模块电压为

$$U_{sm} = \frac{\hat{U}_{ac\_line}}{2N} \tag{4-76}$$

进入阶段二后，本站交流合闸。不论直流侧是否有电缆，对桥臂的最大充电电压都是阀侧线电压对单个桥臂进行充电，充电回路如图 4-71 所示。稳态时模块电压为

$$U_{sm} = \frac{\hat{U}_{ac\_peak}}{N} \tag{4-77}$$

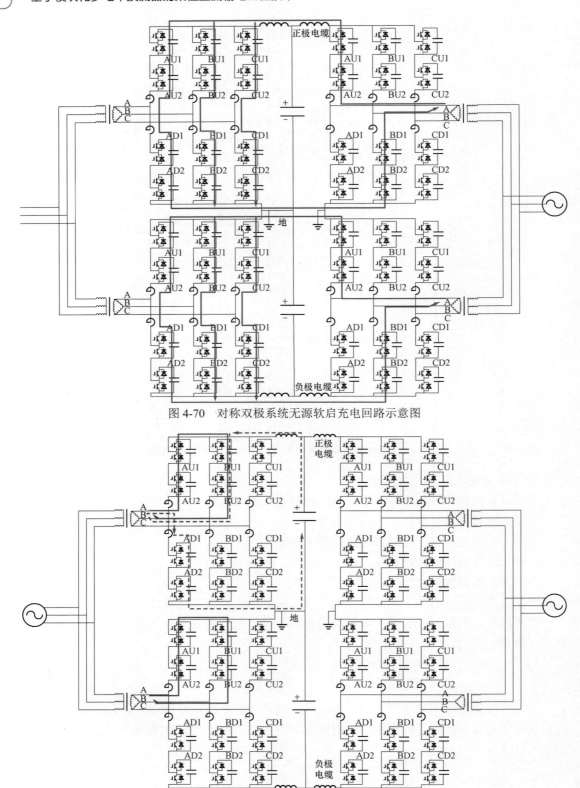

图 4-70　对称双极系统无源软启充电回路示意图

图 4-71　对称双极系统多端混合启动阶段二时充电回路示意图

进入阶段三后，定直流电压站解锁。不论直流侧是否有电缆，对桥臂的最大充电回路由正负直流电压差、阀侧线电压组成，充电回路如图 4-72 所示。

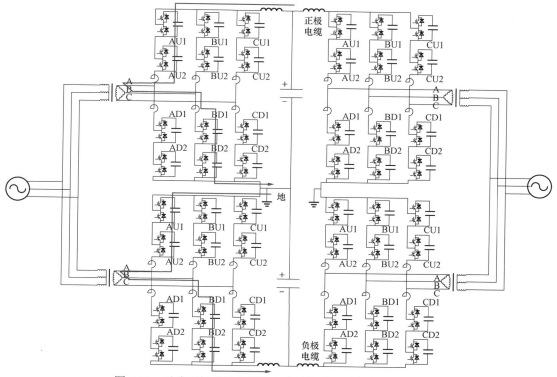

图 4-72 对称双极系统多端混合启动阶段三时充电回路示意图

稳态时模块电压为

$$U_{sm} = \frac{U_{dc+} + \hat{U}_{ac\_peak}}{2N} \qquad (4-78)$$

综上，系统接线情况、直流侧是否有电缆对于桥臂模块的充电情况有着较大的影响，不同应用场景下的模块化多电平换流器充电情况汇总见表 4-1。

表 4-1 模块化多电平换流器充电情况汇总

拓扑	直流侧是否带电缆	阀侧是否接地	稳态模块电压
对称单级接线-单站有源软启动	带电缆	接地	$U_{sm} = \dfrac{2\hat{U}_{a\_phase}}{N}$
		不接地	$U_{sm} = \dfrac{\hat{U}_{ac\_line}}{N}$
	不带电缆	接地	$U_{sm} = \dfrac{\hat{U}_{ac\_peak}}{N}$
		不接地	
对称单级接线-无源软启动	带电缆	接地	$U_{sm} = \dfrac{\hat{U}_{a\_phase}}{N}$
		不接地	

续表

拓扑	直流侧是否带电缆	阀侧是否接地	稳态模块电压
对称单级接线-无源软启动	不带电缆	接地	$U_{sm} = \dfrac{\hat{U}_{a\_phase}}{N}$
		不接地	$U_{sm} = \dfrac{\hat{U}_{a\_line}}{2N}$
对称单级接线-多端混合软启动 阶段一	带电缆	接地	$U_{sm} = \dfrac{\hat{U}_{a\_phase}}{N}$
		不接地	
	不带电缆	接地	$U_{sm} = \dfrac{\hat{U}_{a\_phase}}{N}$
		不接地	$U_{sm} = \dfrac{\hat{U}_{a\_line}}{2N}$
对称单级接线-多端混合软启动 阶段二	带电缆	接地	$U_{sm} = \dfrac{2\hat{U}_{a\_phase}}{N}$
		不接地	$U_{sm} = \dfrac{2\hat{U}_{a\_phase} + \hat{U}_{ac\_line}}{2N}$
	不带电缆	接地	$U_{sm} = \dfrac{\hat{U}_{ac\_peak}}{N}$
		不接地	
对称单级接线-多端混合软启动 阶段三	带电缆	接地	$U_{sm} = \dfrac{U_{dc+} + \hat{U}_{a\_phase}}{N}$
		不接地	$U_{sm} = \dfrac{U_{dc} + \hat{U}_{ac\_line}}{2N}$
	不带电缆	接地	$U_{sm} = \dfrac{U_{dc+} + \hat{U}_{a\_phase}}{N}$
		不接地	$U_{sm} = \dfrac{U_{dc} + \hat{U}_{ac\_line}}{2N}$
对称双级接线-单站有源软启动	—	—	$U_{sm} = \dfrac{\hat{U}_{ac\_peak}}{N}$
对称双级接线-无源软启动	—	—	$U_{sm} = \dfrac{\hat{U}_{ac\_line}}{2N}$
对称双级接线-多端混合软启动 阶段一	—	—	$U_{sm} = \dfrac{\hat{U}_{ac\_line}}{2N}$
对称双级接线-多端混合软启动 阶段二	—	—	$U_{sm} = \dfrac{\hat{U}_{ac\_peak}}{N}$
对称双级接线-多端混合软启动 阶段三	—	—	$U_{sm} = \dfrac{U_{dc+} + \hat{U}_{ac\_peak}}{2N}$

4.5 柔性直流输电控制系统功能

4.5.1 变压器分接头控制

连接变压器分接头控制用于维持换流器的调制度在最小调制度限值和最大调制度限值之间。连接变压器分接头控制调节换流变压器分接头位置的方式分为手动模式和自动模式。如果选择了手动控制模式，应有报警信号送至 SCADA 系统。

（1）手动模式。当运行在手动控制模式时，可单独调节单个连接变压器的分接头，也可同时调节所有连接变压器的分接头。如果选择了单独调节分接头，那么在切换回自动控制前，必须对所有连接变压器的分接头进行手动同步。手动控制应被视为一种保留的控制模式，在自动控制模式失效的情况下才被启用。无论是在手动控制模式还是在自动控制模式，当分接头被升/降至最高/最低点时，极控系统应发出信号至 SCADA 系统，并禁止分接头继续升高/降低。

（2）自动模式。如果换流变失电（交流断路器断开），换流变抽头升至最大挡位。

当换流器的调制度小于最小调制度限值时，自动调节连接变压器分接头的挡位，增加阀侧电压。

当换流器的调制度大于最大调制度限值时，自动调节换流变分接头的挡位，减小阀侧电压。

4.5.2 系统功率调制功能

（1）功率回降。涉及送端交流系统损失发电功率或受端交流系统甩负荷等事故，可能要求自动降低直流输送功率。功率回降功能可作用于功率/电流指令，也可以通过限制电流幅值方式实现功率回降。

（2）功率提升。涉及受端损失发电功率或送端甩负荷故障时，有可能要求迅速增大直流系统的功率，以便改善交流系统性能。功率提升功能可以通过接收外部信号或判断电气量信号实现增大输送功率。

（3）快速功率翻转。为了满足交流系统稳定的需要，提供快速功率翻转功能。该功能应由直流极控系统本身启动，而不需要由运行人员启动。

该项控制功能的特性与运行人员启动的功率翻转功能有以下不同：

（1）直流功率的上升和下降速率由系统研究决定，不能由运行人员调整。

（2）运行人员不能终止已经被启动的快速反转顺序。

4.5.3 顺序控制

顺序控制主要包括多端柔性直流输电系统各种放行方式下的启停操作。图 4-73 给出了国内某换流站的顺序控制流程图。图中"检修""RFE""RFO"三种状态框只能进行状态显示；"极隔离""极连接""线连接""线隔离""断电""充电""停运""运行"8 个状态框不仅能进行状态显示，而且能进行命令操作。顺序控制状态的含义见表 4-2。

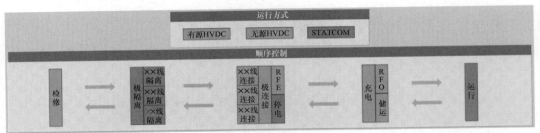

图 4-73　某换流站顺序控制流程图

表 4-2　　　　　　　　　　　　**顺 序 控 制 状 态 含 义**

状态	含义
检修	全站接地开关均已合上
RFE	系统已近准备就绪可以充电
RFO	系统已经准备就绪可以运行
极隔离	换流站正负极隔离开关均处于分位
极连接	换流站正负极隔离开关均处于合位
××线隔离	××线路的正负极隔离开关均处于分位
××线连接	××线路的正负极隔离开关均处于合位
断电	换流站交流进线开关处于分位（有源模式）/极隔离（无源模式）
充电	换流站交流进线开关处于合位（有源模式）/极连接（无源模式）
停运	换流器处于闭锁状态
运行	换流器处于解锁状态

（1）多端柔性直流输电系统的单站启动顺序控制如下：

1）分开所有接地开关，退出检修状态。

2）在运行方式框内选择"有源 HVDC"（对应带线路 OLT 的运行方式）或者"STATCOM"运行方式。

3）如果选择有源 HVDC 或无源 HVDC 方式运行，则首先选择至少一条"××线连接"（若该站有多回直流出线），然后再选择"极连接"命令；如果选择 STATCOM 运行，则选择"极隔离命令"。

4）当"RFE"有效后，单击"充电"按钮，系统对阀进行充电。

5）当"RFO"有效后，单击"运行"按钮，系统解锁。

6）在参数框内输入指令值。

（2）多端柔性直流输电系统的多站联合启动顺序控制如下：

1）直流电压控制站和功率控制站按照单站运行流程中步骤 1）～4）完成极连接、各自进行换流阀的充电，各站的操作步骤不分先后。

2）直流电压控制站进入 RFO 后，先解锁运行。

3）各功率控制站进入 RFO 后，依次解锁运行，不分先后。

4）各功率控制站在参数框内输入功率指令值，不分先后。

（3）多端柔性直流输电系统的单站停运顺序控制如下：

1）单击"停运"按钮，系统将功率降到 0 之后自动闭锁。

2）单击"断电"按钮，系统分开交流进线开关。

3）单击"极隔离"按钮，系统将直流连接断开。

4）在主接线界面手动合所有接地开关，进入"检修"状态。

（4）多端柔性直流输电系统的多站停运顺序控制如下：

1）各功率控制站按单站停运流程中步骤 1）～2）进行操作。

2）直流电压控制站（定海站）按单站停运流程中步骤 1）～2）进行操作。

3）各站按照单站停运流程中步骤 3）～4）各自进行操作，不分先后。

4.5.4　运行人员控制

运行人员控制是整个柔直系统提供的人机接口，实现运行人员对柔性直流系统运行方式的调整、柔性直流系统实时状态返回的交互功能。

4.5.4.1　控制位置分层

换流站按现场少人值守的原则进行设计，运行人员控制根据控制位置的不同，按如下层次进行划分和配置：

（1）远方调度中心/集控中心。换流站接收来自调度中心的控制指令，调度中心可对换流站进行直接的控制操作，或下达相应的调度命令。

（2）换流站主控制室。换流站主控室是实现整个柔性直流系统运行控制的主要位置。运行人员的控制操作将通过换流站监控系统的人机界面——运行人员工作站（OWS）来实现。

（3）设备层就地控制。包括设置在阀厅、控制楼设备间和各辅助系统就地处的控制盘柜，以及设备所设计的其他就地控制系统。同时，该项可作为前述（1）、（2）两项失去时的后备控制。为此，在直流控制主机屏柜和其他主要辅助系统的就地控制位置处安排适当的人机接口，完成对换流站运行的基本控制。

（4）设备就地控制。对于主设备本体的二次系统和某些独立的装置和设备，能进行设备的就地控制，包括设备的电动开关控制和手动机械操作。

4.5.4.2　柔性直流系统的正常启动/停运控制

（1）控制位置的选择。进行远方控制中心或换流站控制室控制位置的选择，两者之间的控制位置转移由远方控制中心确认后操作完成。

从主控室转移到就地控制系统或就地设备的操作。在试验、验收以及紧急状况下，允许运行人员在就地控制系统或设备就地进行安全可靠的操作。

（2）运行方式的选择。选择 STATCOM 或 HVDC 功率传输模式。

（3）换流站控制方式的选择。对换流站控制方式的选择由运行人员根据电网调度需求，切换有功类控制、无功类控制，并根据手动输入界面输入相应指令。其中：有功类控制包括有功功率控制、频率控制；无功类控制包括无功功率控制、交流电压控制。对应柔性直流输电系统，可以选择任意一站控制直流电压，保证直流电压的恒定，根据系统的需要可以实现定电压站的切换。

（4）直流系统的正常启动和停运。直流系统的正常启动命令通常由位于主控室或集控中心的运行人员发出，但在系统未达到直流系统解锁条件或系统处于异常状态时，系统将禁止执行启动命令。系统的正常停运命令通常由位于主控室或集控中心的运行人员发出，但不排除保护系统也可启动正常停运的顺序控制。

4.5.4.3 柔性直流输电系统的状态控制

柔性直流输电系统的状态控制包含了检修状态、冷备用状态、热备用状态、运行状态。检修状态下相关隔离开关断开，接地开关闭合，保证相关设备可进行人为检修作业。冷备用状态即系统隔离状态下，隔离开关、接地开关处于断开状态。热备用状态相关隔离开关处于闭合状态，为运行状态做准备。

4.5.4.4 运行过程中的运行人员控制

在运行过程中，运行人员可以实现以下的在线操作，且这些操作不会对柔性直流系统引起任何扰动：

（1）直流系统控制模式的在线转换，如交流控制模式切换，有功控制模式切换等。

（2）运行方式的在线转换，如潮流反向传输。

（3）运行整定值的在线整定，包括有功/无功功率指令、变化率、交流电压指令。

（4）运行中，可对直流控制系统/站控系统的备用通道的各种参数进行检查和改变。

（5）直流控制系统和站控系统以及远动主、备通道的在线手动切换。

（6）交、直流暂态录波装置的手动启动。

4.5.4.5 故障时的运行人员控制

当柔性直流系统和交流系统发生故障时，控制保护系统应保证设备免受过负荷和过应力，同时，运行人员还应能进行如下操作：

（1）报警或保护动作后的手动复归，在 OWS 上对保护动作的复归设置投退功能。

（2）紧急停运。

（3）控制保护多重通道的手动切换。

（4）远方集控站对主、备通道的手动切换。

4.5.4.6 换流站内主设备及其辅助系统的操作控制

柔性直流系统中的设备主要由运行人员启动的直流控制系统以及设备所设计的其他集中控制系统进行自动控制，其中还包括设备联锁和检修联锁。但是在某些工况下，对换流站中的主设备或辅助系统还设有运行人员的就地（包括就地控制和设备就地）手动/自动操作控制，如下：

（1）交流场内断路器、隔离开关和接地开关的分合。

（2）直流场和阀厅内开关、隔离开关和接地开关的分合。

（3）换流阀的主/备冷却系统的投切。

（4）消防系统和空调系统的控制操作。

（5）站用电源系统主备通道的切换。

4.5.4.7　直流系统的试验操作控制

运行人员控制不仅满足直流系统正常或故障运行中的控制要求，还满足系统投运前的调试、检修后或更新改造后系统和设备的调试控制要求。系统提供所有试验要求的软、硬件设备以及保护和联锁，以保证试验过程中系统和设备的安全。

（1）运行人员控制系统提供一切所需的运行人员控制功能，以满足柔性直流系统所必需的各种试验要求，并保证系统的安全。

（2）直流控制系统/保护/站控系统的自检试验。特别是在故障或检修后，运行人员能对其系统和装置的功能和参数进行检查和自诊断试验。

（3）各屏柜和所有试验仪表均有自检试验和复归功能。

4.5.4.8　相应的打印输出和备份存储功能

运行人员可以通过网络或就地打印机，打印输出所有的运行工况、事件记录、报警信息及故障分析结果等。

系统提供直流系统运行参数定时自动打印输出和存储功能，需要定时打印的参数在建设设计阶段确定。

系统数据库以及单独存储的交、直流故障录波等数据定期备份存储到外部存储器（CD-ROM 或 DVD-ROM），时间间隔可由运行人员按需要手动整定。

4.6　柔性直流输电控制保护系统

柔性直流输电控制保护系统是柔性直流输电的"大脑"，直接关系着系统运行的性能、安全和效益。柔性直流输电控制保护系统按面向物理或逻辑对象的原则进行功能配置，不同对象的功能之间尽可能少地交换信息，某一对象异常不影响其他对象的正常运行。

考虑电力系统安全的重要性，控制保护系统应采用商业化程度较高的硬件设备、软件平台和应用程序，所有应用软件可视化程度高、界面友好，便于运行人员理解和维护；采用开放的网络结构，通信规约采用标准的国际通用协议，能方便地与其他系统连接和数据传输。

柔性直流输电控制保护系统基本设计原则如下：

（1）控制保护装置采用完全双重化设计，其中：I/O 单元、直流控制保护系统柜、站控柜、辅助系统、站用电、现场总线网、站 LAN 网、系统服务器和所有相关的直流控制保护装置均应为双重化设计。控制保护系统的冗余设计可确保直流系统不会因为任一控制系统的单重故障而发生停运，也不会因为单重故障而失去对换流站的监视。

（2）中压柔性直流输电保护系统建议采用双重化或单重化配置，高压柔性直流输电保护系统建议采用双重化或三重化配置。

（3）柔性直流输电考虑换流站控制对象负载、硬件资源及可靠性需求，根据实际情况采用控制保护分离设计技术或控制保护一体化技术。

（4）控制保护系统采用商业化程度较高的硬件设备、软件平台和应用程序，所有应用软件可视化程度高、界面友好，便于运行人员理解和维护；系统采用开放的网络结构，通信规约采用标准的国际通用协议，能方便地与其他系统/设备连接和进行数据传输。

系统设计还应满足以下要求：

（1）换流站具备上层控制/站间控制。上层控制/站间控制能够实现与调度、安稳的接口，充分利用柔性直流能够快速连续调节有功功率和无功功率的特性。

（2）换流站均按无人值守设计，控制系统具有适应远方集中控制/上层控制功能的扩展接口；每站交、直流系统设统一的控制值班室（运行人员控制室）；换流站的远动信息直送集控中心。

（3）控制系统满足新能源并网及接入需求。

（4）站控层设备按全站最终规模配置。

（5）系统采用模块化、分层分布式、开放式结构。对软硬件结构和分层进行优化设计，保证功能和系统各部分的负载分布合理，运行可靠，各子系统间独立，尽量减少各层次之间的耦合关系，避免某一部分的故障影响整个系统的运行。

（6）系统采用按对象设计的原则，即关闭某一对象 I/O 的电源不影响系统的运行。当该间隔一次设备检修时，其控制系统能退出运行并断电，该单元设备的断电不会对换流站的运行设备和其他二次系统产生任何影响。

（7）为了提高系统的安全性和保护的可靠性，直流保护采用完全双重化模式或三重化，并且可允许任意一套保护退出运行而不影响直流系统功率输送。每重保护采用不同测量器件、通道、电源、出口的配置原则。

（8）系统设计满足换流站 RAM 指标对二次系统的要求，即高度的可靠性、可用率和可维护性，具有足够的冗余度和 100% 的系统自检能力，以保证整个直流系统的正常和安全运行。

（9）控制保护设备具有较强的电磁防干扰能力和良好的散热能力，保证设备在各种环境下长期可靠稳定地运行。

（10）直流控制设备装置电源、控制电源、信号电源应相互独立，保证在直流电源系统中实现信号电源不丢失的电源切换功能。运行人员控制设备由 UPS 单独供电。

（11）控制保护系统具有有效的防病毒侵入和扩散的措施。采用安全的操作系统。硬件上配置防火墙等有效的网络隔离装置；软件上采用完善的防/查/杀病毒程序，严格防止病毒在控制保护系统网络上的传播和扩散。网络体系结构满足二次系统安全防护的要求。

（12）控制保护系统从硬件、系统设计、系统软件、应用软件等各个方面应采取完善的措施来防止控制保护系统死机。

（13）各子系统及装置均支持 IRIG-B（DC）码对时方式。

（14）换流站站用电源控制和保护独立；站用电控制按双重化冗余结构独立配置主机。

（15）在直流控制系统中设置典型的直流调制附加控制软件，并预留软硬件接口，以供将来的安全自动装置接入使用。

4.6.1 控制保护系统的基本架构

对于交流系统而言，对象规模较小，例如一条线路、一台主变压器、一条母线、一台电抗器、一个开关等，各设备间不存在交互信息，因此保护装置也是与这个对象相适应的。而基于模块化多电平的柔性直流控制保护系统，其各个设备和层次间存在较多的信息交互，参照常规直流输电系统，一般采用三层架构，其中将系统级、换流站级（包括站间协调）和换流器级控制保护按照统一平台进行整体设计，在同一主机内实现系统级、站间协调级、换流站级和换流器级控制保护间的协调配合，其数据交互十分便利，控制保护主机对外与阀控系统（VBC）的接口也简明清晰。从功能设计到接口划分都简洁明了、安全可靠。具体来讲，柔性直流控制保护系统总体架构分为三个层级，如图 4-74 所示。

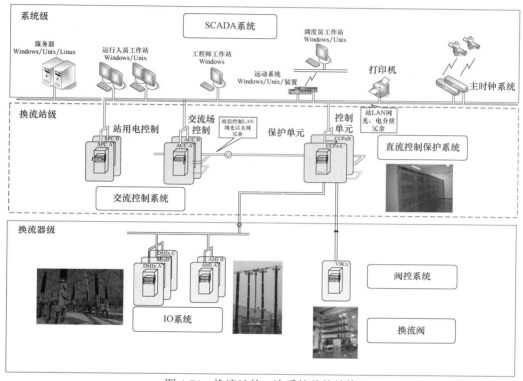

图 4-74　换流站的二次系统总体结构

1. 运行人员控制层

运行人员控制层是运行人员进行操作和系统监视的 SCADA 系统，或称运行人员控制系统，按照操作地点的远近分为：

（1）远方调度中心通信层。将换流站交直流系统的运行参数和换流站控制保护系统的相关信息通过通信通道上送远方调度中心，同时将监控中心的控制保护参数和操作指令传送到换流站控制保护系统。

（2）集控中心层。通过远动通信或站 LAN 网延伸模式实现对站内设备的完整监视和控制。

（3）站内运行人员控制系统。包括系统服务器、运行人员工作站、工程师工作站、站局域网设备、网络打印机等。其功能是为换流站运行人员提供运行监视和控制操作的界面。通过运行人员控制系统和控制保护层设备，运行人员完成包括运行监视、控制操作、故障或异常工况处理、控制保护参数调整等在内的全部运行人员控制任务。

2. 控制系统层

换流站控制保护层设备实现交直流系统的控制和保护功能。包括直流控制保护系统、站控系统（包括站用电控制和辅助系统接口）、联接变压器保护设备等。其中，直流控制保护系统负责完成直流系统的运行自动控制和保护功能。控制保护层主要功能如图 4-75 所示。

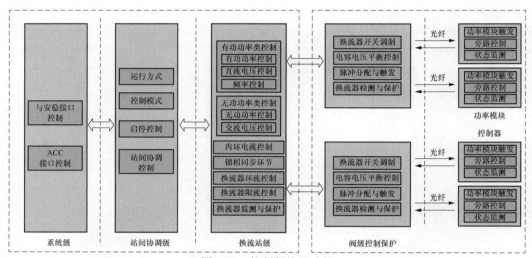

图 4-75　控制保护层功能

3. 现场 I/O 层

现场 I/O 层主要由分布式 I/O 单元以及有关测控装置构成。作为控制保护层设备与交/直流一次系统、换流站辅助系统、站用电设备、阀冷控制保护的接口，现场 I/O 层负责和一次阀单元设备通信，以及通过现场 I/O 层设备完成对一次开关设备状态和系统运行信息的采集处理、顺序事件记录、信息上传、控制命令的输出以及就地联锁控制等功能。

<h2 style="text-align:center">参 考 文 献</h2>

[1]　裴鹏，杨美娟，张姝俊，等. MMC-MTDC 系统协调启动控制策略[J]. 电网技术，2015，39（7）.

[2]　华文，赵晓明，黄晓明，等. 模块化多电平柔性直流输电系统的启动策略[J]. 电力系统自动化，2015，39（11）.

[3]　裴鹏，黄晓明，唐庚，等. 一种新的柔性直流输电系统远端启动策略[J]. 电力系统自动化，2015，39（2）.

[4]　赵岩，胡学浩，汤广福，等. 基于 MMC 的 VSC-HVDC 控制策略研究[J]. 中国电机工程学报，2010，31（25）：35-42.

[5]　陈谦，唐国庆，潘诗锋. 采用多点直流电压控制方式的 VSC 多端直流输电系统[J]. 电力自动化设备，2004，24（5）：10-14.

[6]　孔明，邱宇峰，贺之渊，等. 模块化多电平式柔性直流输电换流器预充电控制策略[J]. 电网技术，2011，35（11）：67-73.

[7]　周月宾，江道灼，郭捷，等. 模块化多电平换流器直流输电系统的启停控制[J]. 电网技术，2012，36（3）：204-209.

［8］　许烽，宣晓华，黄晓明，等．LCC-FMMC 型混合直流输电系统的潮流反转控制策略［J］．江苏电机工程，2015，34（6）．

［9］　刘炜，王朝亮，赵成勇，等．基于自抗扰控制原理的 MMC-HVDC 控制策略［J］．电力自动化设备，2015，35（9）．

［10］　董云龙，田杰，黄晓明，等．模块化多电平换流器的直流侧主动充电策略［J］．电力系统自动化，2014，38（24）．

［11］　陆翌，王朝亮，彭茂兰，等．一种模块化多电平换流器的子模块优化均压方法［J］．电力系统自动化，2014，38（3）．

［12］　顾益磊，唐庚，黄晓明，等，华文．含多端柔性直流输电系统的交直流电网动态特性分析［J］．电力系统自动化，2013，37（15）．

第 5 章

柔性直流输电系统的故障分析与保护

目前国内外相关文献主要研究柔性直流输电系统的协调控制和拓扑结构，对故障特性及保护配置方案相对研究较少。要建设柔性直流工程并确保其能稳定运行，保护配置必须完备，因此前期的故障特性研究也显得尤为重要。本章主要开展柔性直流输电系统交直流侧故障特性的分析，总结故障电流的特点，为后续保护配置方案的研究奠定基础。

5.1 柔性直流输电系统的故障分析

VSC-HVDC 可能发生故障的部位以及故障的类型众多，按设备相对的空间位置大致可以分为换流站交流侧故障、直流侧故障以及换流站内部故障，下面简要分析各类故障的主要产生机理、故障类型和保护系统的动作后果。

5.1.1 换流站交流侧故障类型

5.1.1.1 交流暂时过电压

1. 甩负荷过电压

当换流站的无功负荷发生较大改变时，根据网络的强弱，将产生程度不同的电压变化。传统直流换流装置消耗无功功率大，需要加装较大的并联无功补偿电容，当无功负荷突然消失时，由于反应延迟，补偿装置继续补偿大量的无功功率，导致无功功率过剩，电压将突然上升，即为甩负荷过电压。引起甩负荷过电压的一个典型的原因是换流器停运。

在 VSC-HVDC 情况下，由于使用全控器件，换流站消耗的无功功率小，并不需要大量的无功补偿装置，因此甩负荷过电压与传统直流相比情况有所不同，实际的情况有待进一步研究。

2. 清除故障引起的饱和过电压

在换流站交流母线附近发生单相或三相短路故障期间，换流变压器磁通将保持在故障前水平不变。当故障清除时，交流母线电压恢复，电压相位与剩磁通的相位不匹配，将使得该相变压器发生偏磁性饱和，引起过电压。

3. 电压控制丢失引起的过电压

换流站的电压控制丢失，电压的幅度不能得到适当的控制，必然导致过电压。

5.1.1.2 交流雷电过电压

换流站交流母线产生雷电过电压的原因有交流线路侵入波和换流站直击雷两类。

5.1.1.3 交流操作过电压

交流母线操作过电压是由于交流侧操作和故障引起的，具有较大幅值的操作过电压一般只维持半个周波。除影响交流母线设备绝缘水平和交流侧避雷器能量外，还可以通过换流变压器传导至换流阀侧，而成为阀内故障的初始条件。引起操作过电压的操作和故障有①线路合闸和重合闸、②对地故障、③清除故障三类。

5.1.1.4 交流电压突降

这里的电压突降指因雷击、污秽、树枝以及外部机械应力等环境影响所引起的非永久性故障，该故障情况可能为单相故障或多相故障。如果交流电压降落不大，由于电压不同所引起的过电流可以通过变换器控制减轻。如果控制失败，会出现过电流并且过电流保护会停运换流器。故障后，控制系统必须在交流电压回到可以接受的值同时将换流器投到运行中。

5.1.1.5 交流电压相移

交流电网的有功功率变化和电压相位的变化是紧密相连的，交流电压相移故障主要由发电机投切或者总负荷损失不可忽略的一部分（尤其在小电网或者弱电网），或者交流网络拓扑的改变所引起。

网络电压相位的突然变化会导致网络电压和变换器的电压相角突然变化。这个相位变化会导致有功台阶，它由需要快速动作的 PLL 变换器控制环节控制和补偿。

5.1.1.6 交流电压相位不平衡

由不平衡的负载或者故障、设备失效等原因引起的交流电压的相位不平衡会在换流器直流电容上产生二次谐波，影响传输性能。换流器应该能够处理特定的最大相不平衡。交流电压相位不平衡保护视需要而定，因为严重不平衡的交流电压长时间运行会降低传输性能甚至引起故障。

5.1.1.7 断线及短路故障

在电力系统可能发生的各种故障中，对电力系统运行和电力设备安全危害最大，而且发生概率较大的首推短路故障。短路故障的类型主要有单相接地短路、两相接地短路、两相相间短路、三相接地短路等，其中：单相接地短路所占的比例最高，约为65%，两相接地短路约占20%，两相相间短路约占10%，剩下的为三相接地短路等。电力系统短路故障大多发生在架空线路部分（约占70%以上）；在额定电压为110kV以上的架空线路上发生的短路故障，单相短路占绝大多数，达到90%以上。除了短路故障外，有时会发生单相或两相断开的故障，造成这种故障的主要原因是装有分相操作断路器的架空线路，其断路器单相跳闸时即形成断线故障，例如在装有单相自动重合闸的线路上，当发生单相短路的单相断路器跳闸后，即形成单相断开、两相运行的非全相运行状态。由于 VSC-HVDC 的控制策略是在其所连的交流系统无故障的条件下制定的，因此当交流系统发生短路或断路故障时，会对 VSC-HVDC 的正常运行产生影响，有些故障甚至会导致 VSC 中的全控器件的过电流或过电压。短路故障除了引起过电流以及交流电压的突降以外，通过变压器也会对换流站有所影响，尤其是不对称的短路故障，会在直流电容上产生二次谐波电压。

5.1.2 换流站直流侧故障类型

5.1.2.1 直流电缆故障

直流电缆故障指电缆失效或者连接失效，多为外部机械应力所引起的永久性故障。一般为对地短路或者断路情况。一般情况下，直流电缆发生故障必须断开直流线路以便进行检测。

5.1.2.2 直流架空输电线路故障

直流架空输电线路故障一般是以遭受雷击、污秽或树枝等环境因素造成线路绝缘水平降低而产生的对地闪络为主。

（1）雷击。直流架空输电线路两个极线的电压极性是相反的。根据异性相吸、同性相斥的原则，带电云容易向不同极性的直流极线放电。因此对于双极直流输电线路，两个极在同一地点同时遭受雷击的概率几乎等于零。一般直流架空输电线路遭受雷击时间很短，雷击使直流电压瞬时升高后下降，放电电流使直流电流瞬时上升。

（2）对地闪络。除了上述雷电原因外，当直流架空输电线路杆塔的绝缘受污秽、树木、雾雪等环境影响变坏时，也会发生对地闪络。直流架空输电线路发生对地闪络，如果不采取措施切除直流电流源，则熄弧是非常困难的。发生对地闪络后，直流电压和电流的变化将从闪络点向两端换流站传播。

（3）高阻接地。当直流架空输电线路发生树木碰线等高阻接地短路故障时，直流电压、电流的变化不能被行波保护等检测到；但由于部分直流电流被短路，两端的直流电流将出现差值。

（4）直流架空输电线路与交流线路碰线。长距离架空直流输电线路会与许多不同电压等级的交流输电线路相交，在长期的运行中，可能发生交直流输电线路碰线故障。交直流输电线路碰线后，在直流输电线路电流中会出现工频交流分量。

（5）直流架空输电线路断线。当发生直流架空输电线路倒塔等严重故障时，可能会伴随着直流架空输电线路的断线。直流架空输电线路断线将造成直流系统开路，直流电流下降到零。

5.1.3 换流站内部故障类型

5.1.3.1 交流节点故障

交流节点故障是变压器二次绕组和换流器之间某处的绝缘失效或者连接交流节点的设备失效而导致的故障。换流器内部故障非常严重，在这种情况下系统必须跳闸，并且进行故障调查。

变压器二次绕组和换流器之间可能存在以下的故障情况：

（1）换流器交流侧单相接地。

（2）换流器交流侧相间短路。

（3）换流器交流侧相间对地短路。

（4）换流器交流侧三相短路。

（5）单相断线故障。

5.1.3.2 直流节点故障

直流节点故障是由于直流线缆和 VSC 换流阀之间的绝缘失效所导致的永久性故障。该故障要通过过电流保护永久性地使 VSC 站阻断，变换器内部故障非常严重，因此在这种情况下变换器必须跳闸，并且进行故障调查。

该故障主要包括以下两种：

（1）换流器直流侧出口短路。指换流器直流端子之间发生的短路故障，包括高压端和换流器中点短路、高压端和中性端的短路。

（2）换流器直流侧对地短路。直流侧对地短路包括换流器中点、直流高压端、直流中性端对地形成的短路故障，故障机理与直流短路类似，仅短路的路径不同。

5.1.3.3 换流站内部过电压

（1）暂时过电压。在换流站直流侧产生暂时过电压的原因主要有以下两类：

1）交流侧暂时过电压。当换流器运行时，因各种原因在换流站交流母线上产生的暂时过电压能够传导至直流侧，将主要引起阀避雷器通过较大的能量。

2）换流器故障。换流器部分丢失脉冲、完全丢失脉冲等故障，均能够引起交流基波电压侵入直流侧。如果直流侧主参数配置不当，存在工频附近的谐振频率，则由于谐振的放大作用，将在直流侧引起较长期的过电压。

（2）操作过电压。在换流器内部产生操作过电压的原因主要有以下两类：

1）交流侧操作过电压。交流侧操作过电压可以通过换流变压器传导到换流器。

2）短路故障。在换流器内部发生短路故障，由于直流滤波电容器的放电和交流电流的涌入，通常会在换流器本身和直流中性点等设备上产生操作过电压。

（3）雷电过电压。由于换流器及平波电抗器具有屏蔽作用，因此在一般设计中可不考虑雷击引起的过电压。

（4）陡波过电压。以下两种原因会在换流器中产生陡波过电压：

1）对地短路。当处于高电位的换流变压器阀侧出口到换流阀之间对地短路时，换流器杂散电容上的极电压将直接作用在闭锁的一个阀上，对阀产生陡波过电压。

2）部分换流器中换流阀全部导通。当两个或多个换流器串联时，如果某一换流器全部阀都导通，则剩下未导通的换流器将耐受全部极电压，造成陡波过电压。

5.1.3.4 阀区故障

阀区故障主要包括桥臂接地故障、阀臂闪络（阀或阀段）故障。

（1）桥臂接地故障。桥臂接地故障造成桥臂电位突变，其特点与故障位置相关。交流端接地类似于交流单相接地故障，直流端接地即直流单极接地故障。若阀中间任意一点故障，闭锁前，其故障特点如下：

1）由于存在接地点，其直流侧电压由故障点和直流母线之间投入的电容数量决定，一般为交流量与直流量的叠加。

2）交流故障相电压由故障点和交流端之间投入的电容电压决定，一般为交流量与直流量的叠加。

3）直流电压既存在共模基频分量，也存在直流电压的不对称。

各组件主要应力介于交流接地和直流接地两者之间，可参考相应的应力分析。

换流站闭锁后，故障特征如下：

1）交流系统通过二极管连接故障点。当电压为正时，二极管导通，该相接地，其他两相电压上升至额定电压的 1.732 倍；当电压为负时，三相电压恢复正常。

2）直流侧存在不平衡的交流和直流电压。

（2）桥臂闪络故障。阀臂闪络故障时主要引起电压应力，故障期间的主要现象如下：

1）故障段的电容通过故障点迅速放电，造成子模块迅速闭锁。当闭锁数量超过一定值时，换流阀快速闭锁跳闸。

2）换流阀的电压、电流变化情况与故障段子模块的多少相关。当故障子模块少时，故障电压电流应力不明显；当故障子模块数较多时，故障桥臂可能出现较大的电流应力。

VSC-HVDC 作为一种新型的电能传输方式，固然有很多传输上的优点，但不可避免的也有其一定的缺点。在 VSC-HVDC 传输方式特有的电路结构和控制方法下，其故障类型与传统直流传输的故障类型必然不尽相同，因此需要建立一系列新的保护理论来对电路中的各种器件尤其是换流阀进行相应的可靠保护。

5.2 柔性直流输电系统的保护配置

5.2.1 柔性直流保护系统冗余配置

保护装置冗余配置原则分析研究的是配置几重保护，采取什么样的防误逻辑来提高可靠性。根据实际的运行经验，目前采用较为广泛的保护配置有完全双重化保护和三取二保护配置。

5.2.1.1 完全双重化保护

保护的完全双重化是指配置两套独立、完整的保护装置。保护双重化配置是防止因保护装置拒动而导致系统事故的有效措施，同时又可大大减少由于保护装置异常、检修等原因造成的一次设备停运现象。这种配置方式在我国交流系统保护中得到了广泛的应用，获得了很好的运行效果。

完全双重化的保护配置原理为：在双重化的基础上，每一套保护采用"启动+保护"的出口逻辑，启动和保护从采样、保护逻辑到出口的硬件完全独立，只有启动通道开放，同时保护通道达到动作定值才会出口，每套保护自身保证单一元件损坏本套保护不误动，保证可靠性；完全双重化配置，在一次测量 TA、TV 允许的情况下从测量环节开始独立配置，实现四通道采集数据，两套保护同时运行，任意一套动作可出口，保证安全性。其特点为：每套保护的防误不依赖于其他套保护，使设备之间关系简单，易维护。完全双重化保护配置示意图如图 5-1 所示。

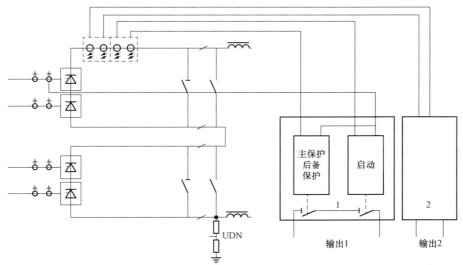

图 5-1　完全双重化保护配置示意图

完全双重化配置已在交流和常规直流系统中得到广泛的应用，实际的运行经验也证明完全双重化配置维护简单，既可靠，又安全。

5.2.1.2　三取二保护

直流保护采用三重化配置，出口采用三取二逻辑判别。三取二逻辑同时实现于独立的三取二主机和控制主机中。

直流保护三取二功能如图 5-2 所示。

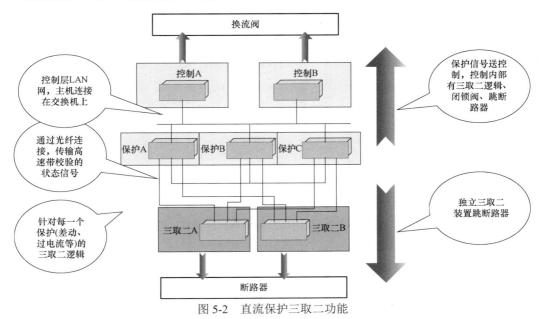

图 5-2　直流保护三取二功能

图 5-2 所示的三取二方案具有如下特点：

（1）在独立的三取二主机和控制主机中分别实现三取二功能。

（2）三取二装置出口实现跳换流变压器断路器功能，控制主机三取二逻辑实现直流闭锁等其他功能。

（3）在保护动作后，如极端情况下冗余的三取二装置出口未能跳换流变压器断路器，控制主机也将完成跳换流变压器断路器工作。

（4）保护主机与三取二主机、控制主机通过光纤连接，提高了信号传输的可靠性和抗干扰能力。

（5）由于各保护装置送出至三取二主机和控制主机的均为数字量信号，三取二逻辑可以做到按保护类型实现，正常时只有两套以上保护有同一类型的保护动作时，三取二逻辑才会出口。由于根据具体的保护动作类型判别，而不是简单地取跳闸接点相"或"，大大提高了三取二逻辑的精确性和可靠性。

（6）三取二配置独立主机，可以在 OWS 上对其工作状态进行监视。

5.2.2 柔性直流输电保护层次设计

对于交流系统而言，对象规模较小，例如一条线路、一台主变压器、一条母线、一台电抗器、一个开关等，各设备间不存在交互信息，因此保护装置也是与这个对象相适应的。而对于模块化多电平的柔性直流系统保护，各个设备和层次间存在较多的信息交互，采用三层结构，将系统级、换流站级和换流器级控制保护按照统一平台进行整体设计，在同一主机内实现系统级、换流站级和换流器级控制保护间的协调配合；数据交互十分便利，控制保护主机对外与阀控系统（VBC）的接口也简明清晰；从功能设计到接口划分都简洁明了，安全可靠。具体来讲，其优点如下：

（1）柔性直流输电系统的每个保护对象故障时，其导致的后果均针对整个系统，不存在交流保护对象单独切除的可能性。因此将系统级、换流站级和换流器级保护配置在同一主机内实现，方便各层保护之间的数据交互，提高保护系统的可靠性。

（2）整体设计不存在多级装置切换跟随问题，在出现异常的情况下健全系统能迅速投入，不会形成复杂的多级切换，能大大降低装置异常切换及造成系统停运的概率。例如控制系统切换后故障可以消失，保持继续输送功率，因此有些保护动作后第一动作是请求控制系统切换，这些保护可能包括过电流保护、直流过电压保护。当采用系统级、换流站级和换流器级保护配置在同一主机内实现时，请求控制系统切换命令可简单实现。一旦换流器层独立配置，部分请求切换的保护配置在换流站级，而请求控制系统切换命令需针对多层控制主机。

（3）整体设计大大减少了系统分层，降低了接口风险，提升了系统的可用率，降低故障及停运概率。而拆分设计将控制保护系统内部大量的数据交互变成了两个不同厂家设备的外部接口，其信息量大，既没有成熟的外部标准接口协议，也没有工程应用经验，将大大增加工程实施和调试难度，同时也会增加故障及停运风险。

（4）整体设计所需的模拟量和数字量测量接口只有拆分时的 1/2，接口简洁可靠，避免无谓重复，并能有效节约投资。

5.2.3　柔性直流输电保护分布式设计

柔性直流输电保护系统采用了分级、分层的分布式结构，分成阀、子模块保护和直流保护，主要是基于下述原因：

（1）考虑 IGBT 的器件特性，大倍率的过电流和过电压的能力都在几微秒到几十微秒，常规的直流保护装置计算能力有限，无法满足保护对时间的要求。

（2）模块化多电平结构下的柔性直流系统里，子模块的数量相当庞大，单相单阀臂的数量多达数百个，整站子模块的数目可能上千，若都集中到一个装置，通信、计算上的时延无法满足快速保护的要求，基本不可能实现。

最终优化的分级、分层的分布式保护的实现结构如图 5-3 所示。

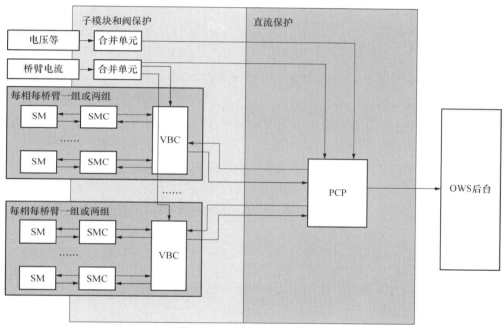

图 5-3　分布式保护实现结构

图中 5-3 中 SM 为子模块，SMC 为子模块的控制保护，在子模块中集成；VBC 为阀控制保护，其中包括阀级和部分换流器级的控制保护；PCP 为直流控制保护，其中包括主要的换流器级、站级、多端级控制保护。

5.2.4　保护的分区与测量点的配置

以舟山柔性直流输电工程某一换流站的拓扑结构为例来进行说明。根据被保护的对象特点、运行维护以及确认故障范围的需要将保护区域划分如图 5-4 所示。

柔性直流输电系统的保护根据一次设备和柔性直流的特点划分的区域为：

（1）连接变压器保护区①。

（2）站内交流连接母线区②。

（3）换流器区③，包括阀和子模块保护④。

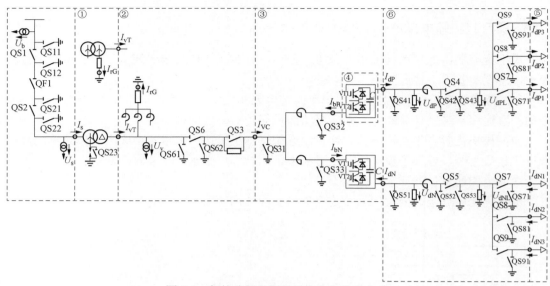

图 5-4 保护分区及测量量名称与位置定义

（4）直流线路区⑤，对于汇总站或串联站包括直流母线区⑥。

以上保护区域的划分确保了对所有相关的直流设备进行保护，相邻保护区域之间重叠，不存在死区。

（1）连接变压器保护区主要对连接变压器进行保护。

（2）站内交流连接母线区主要对连接变压器与换流器之间的交流母线进行保护。

（3）换流器区主要对换流器、换流器与交流母线的部分连接线路以及桥臂电抗器进行保护。

（4）直流场保护区主要对直流输电线路以及直流线路上串联的直流电抗器和共模抑制电抗器等设备进行保护。

其中①区由连接变压器保护实现，②～⑥区在直流保护中实现，④区在换流阀控制保护中实现。

5.2.5 保护清除故障的操作

保护动作后可能产生下述动作后果，保护通过如下措施来清除和隔离故障：

（1）永久性闭锁 PERM_BLOCK。发送闭锁脉冲到全部的器件，使所有换流阀立即关断。

（2）晶闸管开通 SCR_ON。为防止与 IGBT 并联的二极管损坏，给 VBC 的晶闸管送开通信号。这是 MMC 结构所特有的，主要用在阀差动保护动作或者检测到双极短路故障。

（3）交流断路器跳闸 TRIP。跳开连接变压器的交流断路器，中断交流网络和换流站的连接，防止交流系统向位于变压器换流站侧的故障注入电流。另外，交流电源的移除，也防止了换流阀遭受不必要的电压应力，尤其是在遭受电流应力的同时。

（4）交流断路器锁定 LOCK。在发送断路器跳闸命令的同时，也要发送锁定信号来闭锁断路器，这是为了防止运行人员找到故障起因前断路器误闭合。锁定命令和解除锁定命令也可以由运行人员手动发出。

（5）控制系统切换 SS。有一些故障情况是由于控制系统的问题造成的，控制系统切换后故障可以消失，保持继续输送功率，因此有些保护动作后第一动作是请求控制系统切换。这些保护可能包括过电流保护、直流过电压保护。

（6）极隔离 ISO。极隔离指断开直流侧母线和直流侧电缆的连接，通过在正常停电的情况下手动执行或者故障情况下发送保护动作命令来完成。

（7）报警 ALARM。对于不影响正常运行的故障，首要反应措施是通过报警来告知运行人员出现问题，但系统仍然保持在正常运行状态。

（8）合旁路开关（阀保护）。子模块自身故障后合旁路开关，从主回路隔离。严重故障时合旁路开关，防止子模块损坏。

（9）暂时性闭锁 TEMP_BLOCK（阀保护）。出现过电流等情况时发送闭锁脉冲进行短时间的暂时性闭锁，电流恢复正常后尝试恢复脉冲。

（10）永久性闭锁 VBC_TR（阀保护）。过电流、过电压或者故障时需要永久性闭锁，并且跳交流进线开关。

5.2.6　详细保护配置

5.2.6.1　阀保护

阀保护为集成在阀控制保护中的快速保护，阀控制保护必须要和直流保护密切通信，完成相关功能。可能包括如下保护：
（1）阀臂过电流暂时性闭锁保护。
（2）阀臂过电流永久性闭锁保护。
（3）子模块过电压保护。
（4）子模块欠电压保护。

5.2.6.2　交流保护

（1）交流连接线差动保护。交流连接线差动保护是换流器阀侧至变压器侧所设立的保护，针对交流连接母线出现接地故障时起到保护作用，交流连接母线过电流保护作为其后备保护。其原理为变压器阀侧电流 I_{VT} 与换流器阀侧电流 I_{VC} 差值（$|I_{VT}-I_{VC}|$）超过整定值时，延迟时间定值后动作出口，动作结果为换流阀闭锁、跳开交流断路器、锁定交流断路器并启动失灵。

（2）交流连接线过电流保护。交流连接线过电流保护是主要为换流器系统、交流连接母线过电流所设立的保护，针对交流连接母线以及系统直流侧出现接地故障时，起到保护作用。其原理为变压器阀侧电流 I_{VT} 超过整定值时，延迟时间定值后动作出口，动作结果为换流阀闭锁、跳开交流断路器、锁定交流断路器并启动失灵。

（3）交流过电压保护。交流过电压保护是为整个换流器系统防止过电压故障对直流设备造成损害所设立的保护，针对交流系统故障时，交流出现过电压起到保护作用。其原理为网侧电压 U_s 或者阀侧电压 U_v 超过整定定值时，延迟时间定值后动作出口，动作结果为换流阀闭锁、请求控制系统切换、跳开交流断路器、锁定交流断路器并启动失灵。

（4）交流低电压保护。交流低电压保护是整个换流器系统防止低电压故障对直流设备造成影响所设立的保护，针对交流网侧出现低电压时起到保护作用，本身即为后备保护。其原理为网侧电压 U_s 低于整定定值时，延迟时间定值后动作出口，动作结果为换流阀闭锁、跳开交流断路器、锁定交流断路器并启动失灵。

（5）交流频率异常保护。交流频率异常保护是整个换流器系统防止频率异常对直流设备造成影响所设立的保护，针对系统交流频率出现异常时起到保护作用，其本身即为后备保护。其原理为交流侧频率与正常频率差值超过正常整定定值时，延迟时间定值后动作出口，动作结果为请求控制系统切换。

（6）站内接地过电流保护。站内接地过电流保护是为连接变压器阀侧所设立的保护，针对换流阀、直流场接地故障及接地电抗器故障时起到保护作用，直流低电压保护、零序过电流保护作为其后备保护。具体原理为接地电抗器接地点电流 I_{rG} 超过整定定值时，延迟时间定值后动作出口，动作结果为换流阀闭锁、请求系统切换、跳开交流断路器、锁定交流断路器并启动失灵。

（7）零序过电流保护。零序过电流保护是为连接变压器阀侧所设立的保护，针对换流阀、直流场接地故障及接地电抗器故障时起到保护作用，本身作为后备保护。其原理为连接变压器阀侧零序电流 I_{vT0} 与换流器阀侧零序电流 I_{vC0} 差值（$|I_{vT0}-I_{vC0}|$）超过整定定值时，延迟时间定值后动作出口，动作结果为换流阀闭锁、请求系统切换、跳开交流断路器、锁定交流断路器并启动失灵。

（8）零序差动保护。零序差动保护是为阀侧连接母线所设立的保护，针对换流阀、直流场接地故障及接地电抗器故障时起到保护作用，阀侧零序分量保护、直流电压不平衡保护作为其后备保护。具体原理为连接变压器阀侧电流 I_{vT0}，换流器阀侧电流 I_{vC}，接地电抗器接地点电流 I_{rG} 三者差值（$|I_{vT}-I_{vC}-I_{rG}|$）超过整定定值，并且接地电抗器接地点电流大于整定定值时，延迟时间定值后动作出口，动作结果为换流阀闭锁、请求系统切换、跳开交流断路器、锁定交流断路器并启动失灵。

5.2.6.3 换流器保护

（1）换流器过电流保护。换流器过电流保护是为换流阀所设立的保护，针对换流阀及直流接地短路故障时起到保护作用，本身作为后备保护，冗余系统的交流过电流保护。具体原理为换流器阀侧电流 I_{vC} 超过整定定值时，延迟时间定值后动作出口，动作结果为换流阀闭锁、请求系统切换、跳开交流断路器、锁定交流断路器并启动失灵。

（2）桥臂过电流保护。桥臂过电流保护是为换流阀所设立的保护，针对换流阀及直流接地短路故障时，桥臂出现过电流起到保护作用，交流过电流保护作为其后备保护。具体原理为换流器桥臂电流（上桥臂电流 I_{bP} 或下桥臂电流 I_{bN}）超过整定定值时，延迟时间定值后动作出口，动作结果为换流阀闭锁、请求系统切换、跳开交流断路器、锁定交流断路器并启动失灵。

（3）桥臂电抗差动保护。桥臂电抗差动保护是为换流阀桥臂电抗器所设立的保护，针对换流阀桥臂电抗器及相连母线接地故障时起到保护作用，交流过电流保护、桥臂过电流保护作为其后备保护。具体原理为换流器阀侧电流与换流器桥臂电流差值（$|I_{vC}+I_{bP}-I_{bN}|$）超过整定定值时，延迟时间定值后动作出口，动作结果为换流阀闭锁、跳开交流断路器、

锁定交流断路器并启动失灵。

（4）阀侧零序分量保护。阀侧零序分量保护是为换流阀及直流场所设立的保护，针对换流阀区接地故障时起到保护作用。具体原理为换流器阀侧零序电压 U_{v0} 超过整定定值时，延迟时间定值后动作出口，动作结果为换流阀闭锁、跳开交流断路器、锁定交流断路器并启动失灵。

（5）阀差动保护。阀差动保护是为换流阀所设立的保护，针对换流阀接地时起到保护作用，交流过电流保护、桥臂过电流保护作为其后备保护。具体原理为换流器阀上桥臂三相电流之和 $\sum I_{bP}$ 与正极直流电流 I_{dP} 差值或下桥臂三相电流之和 $\sum I_{bN}$ 与负极直流电流 I_{dN} 差值超过整定定值时，延迟时间定值后动作出口，动作结果为换流阀闭锁、跳开交流断路器、锁定交流断路器并启动失灵。

（6）桥臂环流保护。桥臂环流保护是为换流阀所设立的保护，针对换流阀控制或故障时对环流起到保护作用。具体原理为换流器各相环流（$I_{bPk}+I_{bNk}$）/2 与三相环流平均值（$I_{b1}+I_{b2}+I_{b3}$）/3 差值超过整定定值时，延迟时间定值后动作出口，动作结果为换流阀闭锁、触发子模块旁路晶闸管、跳开交流断路器、锁定交流断路器并启动失灵。

5.2.6.4　直流场保护

（1）直流电压不平衡保护。直流电压不平衡保护是为换流站直流场所设立的保护，针对直流线路或母线单极接地故障、交流接地故障时起到保护作用，后备保护为直流低电压保护。具体原理为换流器正负极电压差值 $|U_{dP}+U_{dN}|$ 超过整定定值，阀侧接地电抗器接地点电流 I_{rG} 超过定值时，延迟时间定值后动作出口，动作结果为换流阀闭锁、跳开交流断路器、锁定交流断路器并启动失灵。

（2）直流欠电压过电流保护。直流欠电压过电流保护是为换流站直流场所设立的保护，针对直流线路双极短路故障时起到保护作用，后备保护有直流电压不平衡保护、直流低电压保护、交流过电流保护、直流母线差动保护、直流线路纵差保护。具体原理为换流器正负极间直流电压 U_d 小于整定定值，并且直流电流 I_d 大于整定定值时，延迟时间定值后动作出口，动作结果为换流阀闭锁、触发子模块旁路晶闸管导通、跳开交流断路器、锁定交流断路器并启动失灵。

（3）直流低电压保护。直流低电压保护是为换流站直流场所设立的保护，针对直流线路异常电压故障时起到保护作用，后备保护有直流电压不平衡保护、交流低电压保护。具体原理为换流器正负极间直流电压 U_d 小于整定定值时，延迟时间定值后动作出口，动作结果为换流阀闭锁、跳开交流断路器、锁定交流断路器并启动失灵。

（4）直流过电压保护。直流过电压保护是为换流站直流场所设立的保护，针对直流线路异常电压故障时起到保护作用，后备保护有直流电压不平衡保护、交流低电压保护。具体原理为换流器正负极间直流电压 U_d 大于整定定值时，延迟时间定值后动作出口，动作结果为换流阀闭锁、跳开交流断路器、锁定交流断路器并启动失灵。

（5）直流母线差动保护。直流母线差动保护是为换流站直流场所设立的保护，针对直流线路故障时起到保护作用，后备保护为直流低电压保护。具体原理为换流器正负极电流与对应正负极直流线路电流差值即 $|I_{dP}-I_{dP1}-\cdots|$ 或者 $|I_{dN}-I_{dN1}-\cdots|$ 大于整定定值时，延迟时间定值后动作出口，动作结果为换流阀闭锁、跳开交流断路器、锁定交流断路器并

启动失灵。

（6）直流线路纵差保护。直流线路纵差保护是为换流站直流场所设立的保护，针对直流线路故障时起到保护作用，后备保护为直流低电压保护。具体原理为换流器正负极线路电流与对侧对应正负极直流线路电流差值即 $|I_{dP}-I_{dPos}|$ 或者 $|I_{dN}-I_{dNos}|$ 大于整定定值时，延迟时间定值后动作出口，动作结果为换流阀闭锁、跳开交流断路器、锁定交流断路器并启动失灵。

5.3 柔性直流输电系统的故障隔离和重启动技术

柔性直流输电工程中应用的两电平、三电平以及模块化多电平（MMC）结构换流器存在一个固有问题，即由于 IGBT 中反并联二极管的存在，系统发生直流故障后，换流器自身无法切除直流侧的短路故障。由于直流系统的阻尼相对较低，直流系统的故障发展更快，控制保护难度更大。

对于采用架空线路输电的柔性直流系统，因雷击等原因发生直流线路瞬时性短路故障的概率大大增加，如果不能解决直流线路故障下的柔性直流重启动问题，柔性直流在高电压、大容量输电方面的应用就会受限。对于柔性直流输电技术，若不具备直流线路故障快速恢复能力，不但影响其在直流更高电压等级的应用（需采用架空线路），还限制了其在多端柔性直流上的适用范围（线路故障影响范围较大）。

5.3.1 故障隔离方案

目前处理柔性直流输电系统直流故障的解决方案主要有以下几种：

（1）交流断路器方案：利用交流侧开关跳闸来切断直流网络与交流系统的连接。

（2）直流断路器方案：利用直流断路器来切断故障电流，隔离故障。

（3）子模块拓扑方案：采用具有直流侧故障清除能力的换流器拓扑，借助换流器自身控制实现直流侧短路故障的自清除。

（4）桥臂阻尼方案：利用交流侧开关跳闸加桥臂阻尼的方法，隔离故障。

其中，交流断路器方案为传统的切断直流网络与交流系统联系的方案，这里不再赘述。

5.3.1.1 直流断路器方案

该方案目标是研制出高分断速度、高分断电流能力的直流断路器，以解决直流输电中故障电流的分断问题。

直流断路器拓扑如图 5-5 所示，框内部分为混合型高压直流断路器，它由主断路器半导体组件和旁路断路器分支组成。其中，主断路器半导体组件（main DC breaker）具有关断较大电流和承受高压的能力，由若干个半导体开关子单元（main DC breaker cell）串联而成，而每个半导体开关子单元分别独立并联配备金属氧化物非线性电阻避雷器（MOV）。旁路断路器分支由辅助断路器半导体组件（auxiliary DC breaker）和超高速机械开关（fast disconnector）串联而成。辅助断路器半导体组件电压电流等级低，主要为了两条支路电流快速换流，从而实现超高速机械开关的零电流关断。

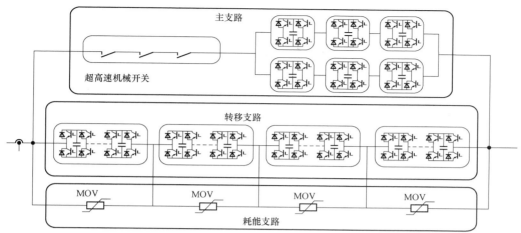

图 5-5　直流断路器拓扑

正常直流输电模式下，系统电流只在超高速机械开关和辅助断路器半导体组件支路中流动，主断路器半导体组件支路电流为零。当直流输电线路发生故障时，辅助断路器半导体组件迅速关断，电流换流至主断路器半导体组件支路中后关断超高速机械开关，接着主断路器半导体组件关断。

在电流关断期间，机械开关将辅助断路器半导体组件两端的电压同主断路器半导体两端的电压隔离开，因此辅助断路器半导体组件额定电压并不高；在整个关断过程中，辅助断路器半导体组件的电压应力较低、机械式直流断路器零点流关断，主断路器半导体组件为核心关断构件。

2014 年国际大电网(CIGRE)工作组向 ABB、Siemens 和 ALSTOM 等公司调研直流断路器研发情况，结论是研制 500kV 级别的直流断路器需要 10～15 年。

目前国内有很多厂家在进行直流断路器的研究，其中，200kV 能分断 15kA 电流的直流断路器已于 2016 年 12 月底在舟山柔直工程中得到应用，500kV 级别直流断路器预计 2019 年在张北直流电网工程中得到应用。

5.3.1.2　子模块解决方案

（1）全桥模块解决方案。使 MMC 具有切除直流故障能力的最直接的方法就是用图 5-6 所示的全桥子模块代替半桥子模块。该方案在直流发生故障后，VT1～VT4 的驱动信号闭

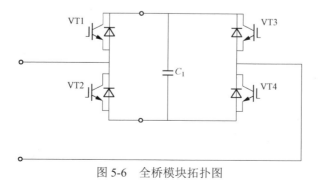

图 5-6　全桥模块拓扑图

锁，故障电流为电容 C_1 充电，级联的模块总电压迅速升高到直流母线电压，短路电流迅速被清除，由于 C_1 串联于回路中，因此不会形成类似半桥子模块 MMC 的整流效应。

全桥子模块增加了一个桥臂，使所需要开关器件数目增加了 1 倍。但此方案电平的产生效率较低，一个电平的产生需要两只 IGBT，造成系统效率偏低。

（2）双箝位模块解决方案。由于采用全桥子模块的 MMC 成本较高，因此目前也有较多研究在子模块中采用箝位的方式阻断故障电流，使所需的开关器件更少，降低装置成本。

图 5-7 所示为 R. Marquardt 所提出的一种双箝位模块示意图。在这种结构中，每个子模块等效于两个常规的半桥子模块。在子模块单元中增加了一个 IGBT 器件和两个二极管器件。在故障期间所有的子模块均处于闭锁状态，通过附加的器件使直流短路故障电流被阻断。

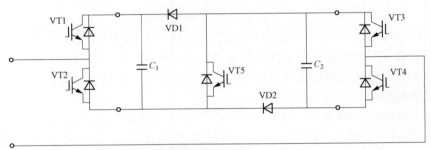

图 5-7　双嵌位模块示意图

具有双箝位模块的 MMC 拓扑在一定程度上减少了附加功率器件的数目。但是附加的 IGBT 和二极管在故障期间要承受子模块的电容电压，因此要选择耐压值较高的功率器件，成本仍然很高。

（3）改进型双模块解决方案。国内有学者也提出了一种改进型双模块的 MMC 拓扑，其结构如图 5-8 所示，附加了一个 IGBT 和一个二极管来辅助清除故障。这种拓扑通过将子模块电容引入桥臂，利用电容电压来关断续流二极管，从而能够在极短时间内切除故障电流，无需断开交流断路器；瞬时性故障时还可以快速恢复供电。与双箝位模块方案相比，这种拓扑减少了附加功率器件，降低了总体成本。

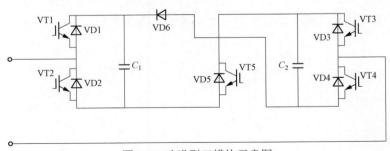

图 5-8　改进型双模块示意图

5.3.1.3　桥臂阻尼方案

桥臂阻尼方案是在换流器桥臂中串入了限制短路电流的阻尼模块，每个阻尼模块均由阻尼电阻、IGBT 并联组成。正常运行情况下，阻尼模块中的 IGBT 保持开通状态，阻尼电阻被旁路；而直流故障情况下，阻尼模块 IGBT 闭锁，阻尼电阻流过故障电流，可加速故障后桥臂电抗器内残余能量的释放，减少短路电流衰减时间。

该方案的工程实施仅需要在桥臂现有的空槽内安装阻尼模块，不仅整个改造量非常小，而且不需要改变现有的换流阀结构以及阀厅、直流场布置，非常适用于已投运的柔性直流工程。

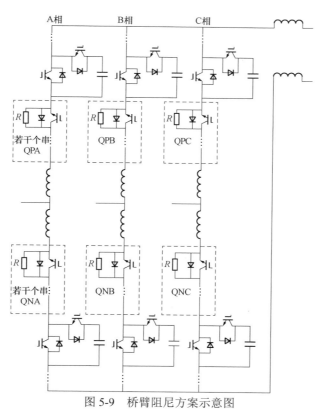

图 5-9　桥臂阻尼方案示意图

5.3.2　快速恢复技术

5.3.2.1　基于桥臂阻尼的快速恢复技术

快速恢复系统是一套综合利用交流断路器、阻尼模块和谐振型直流开关实现故障清除和恢复过程的系统，控制保护策略直接影响到故障隔离的成功以及快速恢复过程的平稳，需要解决的关键问题包括直流故障隔离策略、架空线瞬时故障判断策略、故障选线策略以及重启动策略。

（1）直流故障隔离策略。在直流线路发生故障时，保护动作后立刻发出闭锁换流阀指令，此时换流阀中的半桥子模块和阻尼模块均闭锁并开始阻尼故障电流，在发出闭锁换流阀指令的同时还发出跳开交流断路器指令。交流断路器跳开后，交流电源向故障点注流回路被切断，此时只存在包含阻尼模块电阻的桥臂电抗器、平波电抗器等续流回路，由于阻

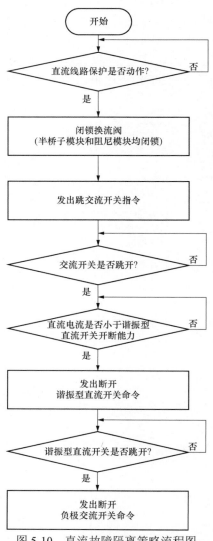

图 5-10 直流故障隔离策略流程图

尼模块电阻的作用,续流回路中的电流将迅速衰减。当续流回路中的电流衰减至谐振型直流开关的开断能力时,发出断开谐振型直流开关命令,最终实现直流故障的隔离。

直流故障隔离策略流程图如图 5-10 所示。

(2)架空线瞬时故障判断策略。为了减少直流线路发生故障的概率,现有的柔性直流输电工程的传输线路一般采用海缆或陆缆实现换流站的互联,在解决柔性直流的快速恢复问题后有望将柔性直流扩展至架空线应用领域。遇到雷击等时,架空线可能出现线路杆塔等的过电压击穿,发生瞬时性短路故障。在成功隔离故障并等待息弧完成后,直流线路的绝缘将重新恢复并可继续运行,因此为了提高柔性直流系统运行的可靠性,有必要首先对架空线是否为瞬时性故障进行判断。

可以通过直接合交流断路器来判断架空线是否为瞬时性故障。在故障检测成功并等待设定的息弧时间后,合上正负极开关后直接重合交流断路器,如直流保护动作则为永久性故障,取消后续的快速恢复过程;如直流保护未动作,则为瞬时性故障,继续后续的快速恢复过程。该策略简单且速度快,但重合于故障时可能对换流阀带来二次冲击。

(3)故障选线策略。对于多端柔性直流应用场合,当直流线路发生永久故障时,需要正确选择发生故障的线路,并将故障线路切除后才能恢复健全系统的运行。

伪双极或真双极拓扑结构发生单极接地或双极短路故障时,故障发生的初期,非故障线路两端的故障电流为穿越性的,故障线路两端的电流为非穿越性的,根据故障发生初期故障电流的方向能够有效判断出故障的区域。

图 5-11 所示为基于舟山多端柔直仿真模型在换流站 1 与换流站 2 间的线路发生故障时 4 条线路两端的电流波形,换流站 1 I_{dp1} 和换流站 2 I_{dp1} 故障线路电流变化趋势一致,均指向故障点,因此是非穿越性的;其他线路两端的电流变化趋势相反,具有穿越性。

伪双极拓扑结构在发生单极接地和双极短路故障时,故障检测、故障区分见表 5-1。真双极拓扑结构在发生单极接地和双极短路故障时,故障策略与伪双极的双极短路故障策略相同。

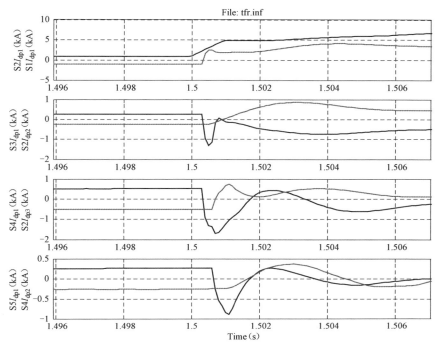

图 5-11 直流故障时电流特征

表 5-1 伪双极拓扑故障选线策略

故障类型	单极接地故障	双极短地故障
故障检测	直流电压不平衡保护	直流欠电压过电流保护
故障区分	采用故障电流方向判断,非故障线路两端的故障电流为穿越性的,故障线路的电流为非穿越性的,利用故障初期两端电流变化方向判断	

当直流线路电流的变化率大于变化率设定值时 [如 1.0(标幺值)/ms],判断故障发生在正方向;如直流线路电流的变化率小于设定值时(如-1.0(标幺值)/ms),则闭锁正方向判断。通过站间交互线路两端的故障方向判断结果,当线路两侧均检测为正方向且系统保护中直流不平衡保护或直流欠电压、过电流保护动作时,则判断线路发生故障,否则线路未发生故障。

(4)重启动策略。在直流线路故障成功隔离后,健全系统将进入重启动阶段。由于柔性直流输电系统的特点是需要直流电压控制站来平衡直流网络的功率,因此优先解锁定直流电压控制站维持直流电压稳定,经过适当的延时后分别解锁功率控制站并恢复功率传输。各功率控制站的解锁时间可根据系统研究的结果决定。重启动策略流程图如图 5-12 所示。

重启动策略宜采用主从控制方式,由选定的换流站作为主站控制所有健全换流站的重启动过程,其余换流站作为从站接收主站的命令,主站与各从站间通过站间通信并对各从站进行协调控制。直流线路故障成功隔离后,主站首先向系统中的定直流电压控制站发出解锁命令,定直流电压控制站以额定电压作为指令值解锁并迅速建立直流电压。定直流电

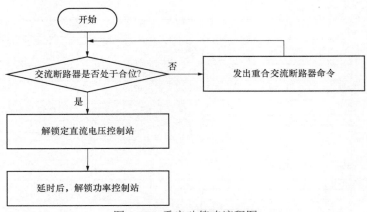

图 5-12　重启动策略流程图

压控制站解锁完成后立即向定功率控制站发出解锁命令，各功率控制站接收到解锁命令后以 0 功率指令解锁换流器，并以最快的速率将指令值升降至直流故障前的功率指令值，恢复故障前的功率。

（5）架空线柔直系统快速恢复时序控制。对于架空线应用，由于雷击等原因出现瞬时性故障的概率较高，快速恢复过程需要对架空线的故障类型进行判断以确定时序进行重启。

当架空线瞬时故障判断策略采用直接合交流断路器策略时，快速恢复时序如图 5-13 所示，包括如下步骤：

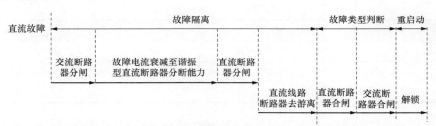

图 5-13　故障判断策略采用直接合交流断路器策略的快速恢复时序图

1）故障隔离。采用上述直流故障隔离策略，直流故障发生后闭锁换流器并跳开交流断路器，等待直流电流衰减至谐振型直流断路器分断能力时，跳开谐振型直流断路器，并在谐振型直流断路器跳开后等待去游离时间后进行故障类型判断。

2）故障类型判断：直接重合交流断路器。

3）重启动：优先解锁定直流电压控制站，经过适当的延时后解锁功率控制站。

上述步骤 2）和 3）中，如果任何保护动作则立即停止快速恢复过程并永久停运系统。

（6）多端柔直系统快速恢复时序控制。对于多端柔直系统，在将发生故障的直流线路切除后健全系统可恢复运行，大大提高多端系统的可靠性，快速恢复时序如图 5-14 所示，包括如下步骤：

1）故障选线、隔离。直流线路故障后，采用上述直流故障隔离策略，直流故障发生后闭锁换流器并跳开交流断路器，此时根据上述故障选线策略可选择发生故障的线路，等待直流电流衰减至谐振型直流开关分断能力时，跳开故障线路两侧的谐振型直流开关，并在谐振型直流开关跳开后立刻进行重启动。

图 5-14 多端柔直系统的快速恢复时序图

2）重启动。重合交流断路器后，优先解锁定直流电压控制站，经过适当的延时后解锁功率控制站。

5.3.2.2 基于直流断路器的直流故障恢复

在半桥双极方案时，由于换流器本身不具备故障清除能力，可以依靠直流断路器和交流断路器清除故障。

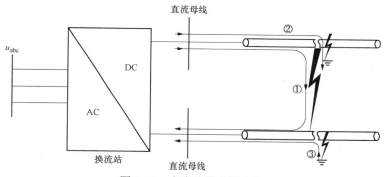

图 5-15 直流故障电流方向

①—两极短路故障电流方向；②—正极接地故障电流方向；③—负极接地故障电流方向

柔直系统发生直流故障以后，任意一端换流站直流侧线路上故障电流方向如图 5-15 所示，即无论是两极短路故障还是单极接地故障，故障极电流方向都有如下特点：若正极线路是故障极，则故障电流从母线流向线路；若负极线路是故障极，则故障电流从线路流向母线。因此，设置正极线路的方向性过电流保护正方向为从母线流向线路；负极线路的方向性过电流保护正方向为从线路流向母线。单极故障时故障极方向性过电流保护动作，两极故障时两极方向性过电流均动作，从而实现故障极的自动判别。

如图 5-16（a）所示，四端直流电网正常运行；如图 5-16（b）所示，k 处发生短路故障；如图 5-16（c）所示直流保护动作，DCB11、DCB12 立即跳闸；图 5-16（d）所示为对应直流断路器跳闸后直流电网恢复运行的网络结构，此时故障线路已经被切除。

根据图 5-16 可知，除了故障线路被切除，剩余网络所有线路至少有一端仍与电源端相连。而且由于交流断路器无须跳闸，换流站亦无须闭锁，使得剩余直流网络中所带的直流负荷不停电，提高了直流网络的供电可靠性。直流电网快速恢复步骤如下：

（1）在直流线路故障发生时，保护动作后立刻发出跳开直流断路器指令。直流断路器跳开后，最终实现直流故障的隔离。

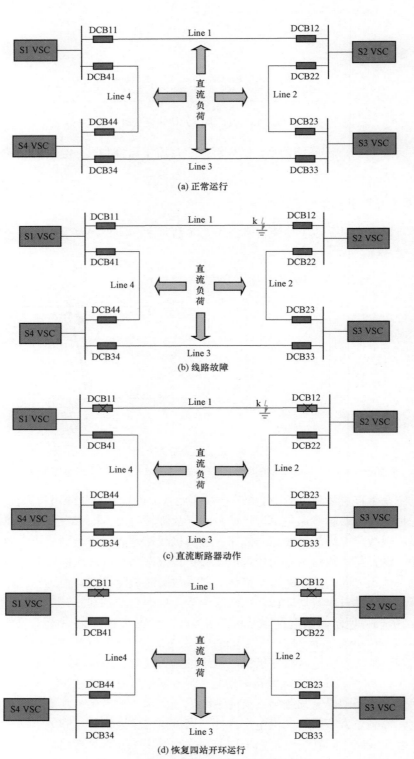

(a) 正常运行

(b) 线路故障

(c) 直流断路器动作

(d) 恢复四站开环运行

图 5-16 基于直流断路器的直流保护方案

（2）等待设定的熄弧时间后，合上直流断路器。

（3）重启不成功或保护识别为永久故障，则再次跳开直流断路器并锁定断路器，隔离故障线路，根据系统主接线确定是否跳开交流断路器。

以上步骤时序如图 5-17 所示。

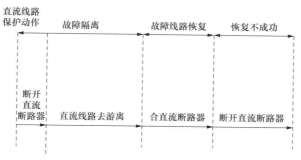

图 5-17　半桥型直流电网快速恢复时序图

从该时序可以看出，故障的清除和恢复过程并不影响系统其他部件的稳定持续运行，系统的电压和功率扰动最小，这种特性对于高比例可再生能源的接入尤其重要。该方案需要在 3ms 内完成保护选择性动作，再通过直流断路器隔离故障，超高速继电保护技术是该方案需要突破的关键技术。基于目前技术现状，可在不影响直流系统稳定性的前提下，极端情况下允许一个换流站闭锁，由剩余换流站实现功率平衡，并保证直流网络的持续运行。一旦故障清除，闭锁换流站重新解锁，系统可在短时间内重新稳定于新的运行点。

5.3.2.3　基于换流器自清除的直流故障恢复

采用全桥方案时，由于换流器本身具备故障清除能力，可根据直流线路保护快速识别瞬时故障、永久性故障两种故障，灵活通过换流器本身和机械开关配合清除故障。

具有直流故障自清除能力的全桥子模块故障清除原理为：故障发生后，闭锁故障极的全部换流器，从而将电容电压反极性地投入到故障电流流通路径中，以实现故障电流的清除。

如图 5-18 所示为一个具备直流故障自清除能力的多端柔性直流系统拓扑。当直流故障发生后，需要闭锁全部换流站的故障极换流器，即可实现直流场内故障电流的快速清除；然后利用直流断路器实现故障线路的物理切除，随后重新解锁换流器恢复功率传输。

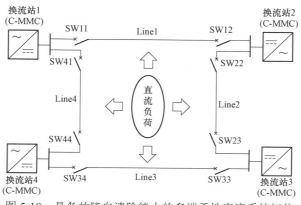

图 5-18　具备故障自清除能力的多端柔性直流系统拓扑

该保护方案的基本步骤如下：

（1）首先可利用传统直流线路保护检测直流故障的发生，同时利用方向元件选择需跳闸的直流开关。一旦直流故障发生，整个直流系统内出现过电流、欠电压现象，各端保护的过电流、欠电压判据动作，闭锁系统内所有故障极的换流器；而如果方向性元件动作，则将相应直流开关选为预跳闸开关。

（2）利用闭锁换流器的方式清除直流故障电流以后，需跳开被选中的机械开关，实现故障线路的物理切除。

（3）由于已经切除了故障线路，因此可以重新投入换流站；考虑到直流故障线路的重合需通过机械开关，等待游离时间结束并重合机械开关后恢复直流线路。

以上步骤时序如图 5-19 所示。

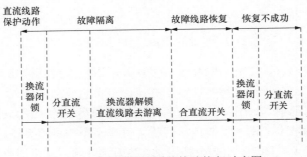

图 5-19 全桥型柔直系统快速恢复时序图

全桥情况下，在线路故障时需要闭锁换流器，此时故障换流站交流侧功率不平衡，在正常换流器容量允许的情况下，可以将该不平衡功率由故障换流站内正常的换流器补偿，降低对交流系统的影响。如果故障线路重合闸成功，则逐渐恢复至原始运行状态；若故障线路被永久切除，则快速调整直流电网内部功率，改变交直流电网的潮流分布，降低直流限流切除对系统稳定性和安全性的影响。

参 考 文 献

[1] 董云龙，包海龙，田杰，等．柔性直流输电控制及保护系统[J]．电力系统自动化，2011，35（19）：89-92.

[2] 田杰．高压直流控制保护系统的设计与实现[J]．电力自动化设备，2005，25（9）：10-14.

[3] 王俊生，吴林平，王振曦，等．高压直流控制保护系统ＩＥＣ６１８５０建模[J]．电力系统自动化，2009，33（1）：41-44.

[4] 胡兆庆，田杰，董云龙，等．模块化多电平柔性直流输电系统网侧故障控制策略及验证[J]．电力系统自动化，2013，37（15）：71-75.

[5] 胡兆庆，毛承雄，陆继明．适用于电压源型高压直流输电的控制策略[J]．电力系统自动化，2005，29（1）：39-44.

[6] 梁少华，田杰，曹冬明，等．柔性直流输电系统控制保护方案[J]．电力系统自动化，2013，15（1）：59-64.

[7] 裴鹏，张姝俊，黄晓明，等．MMC-HVDC系统中阀侧交流母线故障保护策略研究[J]．电力系统保

护与控制，2014，42（19）.

[8]　张建坡，赵成勇，黄晓明，等．基于模块化多电平高电压直流输电系统接地故障特性仿真分析[J]．电网技术，2014，38（10）.

[9]　高一波，徐习东，金阳忻，等．交流侧接地故障对直流配电网电压平衡影响[J]．电网技术，2014，38（10）.

[10]　胡晶晶，徐习东，裘鹏，等．直流配电系统保护技术研究综述[J]．电网技术，2014，38（4）.

第6章

柔性直流输电系统的过电压与绝缘配合

柔性直流输电是国内外近几年刚兴起的新型输电技术，而过电压和绝缘配合是柔性直流输电工程系统设计、设备制造及试验的基础，因此，有必要对其过电压和绝缘配合进行深入细致的研究。

6.1 换流站过电压来源及限制方法

6.1.1 过电压的来源

柔性直流输电系统中出现的过电压主要是由于进行系统操作、发生故障以及遭受雷击等原因造成的。对于柔性直流换流站，一般认为换流变压器网侧绕组到交流系统是换流站的交流侧，正常运行时没有直流电流流通；而换流变压器阀侧绕组到直流线路是换流站的直流侧，正常运行时存在流通的直流电流。

6.1.1.1 交流侧暂时和缓波前过电压

从绝缘配合的角度来看，柔性直流输电系统中换流站发生在交流侧的暂时和缓波前过电压是极为重要的，它同交流最高运行电压一起确定了柔性直流换流站交流侧的过电压保护和绝缘水平，同时也会对换流阀的绝缘配合产生影响。

柔性直流换流站的交流母线上一般并不需要并联滤波器组或电容器组，同时也不会连接无功补偿设备，因此柔性直流换流站并不存在操作上述设备而产生的暂时和缓波前过电压。

对于柔性直流输电系统，在靠近换流站的接地故障清除及随后的交流侧甩负荷期间同样可能产生较大的暂时过电压，但由于换流器闭锁机理及特性的不同，同时交流母线一般不会连接大量的滤波器和电容器，闭锁后柔性直流输电系统交流侧过电压不会特别严重，一般可以满足绝缘配合要求。

6.1.1.2 直流侧暂时和缓波前过电压

柔性直流换流站直流侧出现的暂时和缓波前过电压除了通过连接变压器从交流侧传递到直流侧的过电压外，主要由直流侧的故障和操作产生。

当发生换流器交流侧不对称接地故障时，对于柔性直流输电系统，由于换流器闭锁前的传导特性，故障后换流站直流侧将出现交流暂时过电压。

当发生换流器直流侧接地故障时，对换流器（等效）中性点不直接接地系统，故障后接地故障极通过换流器桥臂电抗器和子模块向非故障相充电。由于充电回路电阻较小，在健全极母线上形成高达 3（标幺值）的缓波前过电压，同时使换流器交流各相上同时出现最多 1（标幺值）的直流偏置电压。

当柔性直流输电系统接入的交流子系统发生故障时，为了保证整个系统的潮流受到的影响最小，特别是确保向敏感负载（sensitive load）供电换流站的交换功率尽可能不变，需要将交流侧故障的换流站进行闭锁切除。在站控系统重新建立起直流网络的潮流平衡和电压平衡之前，故障闭锁切除的换流站有功功率将在直流电网中产生扰动，并可能形成对直流线路构成危害的操作冲击。由于直流电缆单位长度储存的能量较架空线路大一个数量级，因此对于直流电缆构成的直流网络，情况可能不是十分严重。

6.1.1.3　快波前过电压

对于采用户内布置的柔性直流输电系统中的换流站，影响较大的是由交流侧传入的换流站近区直击雷。另外，由于换流站在主电气回路中串联了连接变压器、桥臂电抗器和平波电抗器，这些设备的漏电感或主电感对交流侧和直流侧由操作、故障和雷击产生的过电压波起到衰减作用。因此，换流站的不同区域需使用不同方法评估快波前过电压。

6.1.2　过电压的限制方法

6.1.2.1　利用避雷器限制过电压

经过数十年的发展和应用，避雷器经历了有间隙碳化硅（SiC）避雷器到无间隙金属氧化物（MOA）避雷器的变化。如果选择特性很匹配的金属氧化物避雷器并联，就能吸收期望的能量。金属氧化物阀片可以在一个避雷器单元中几路并联，也可以用几个避雷器单元并联来达到设计的能量要求。由于无间隙金属氧化物避雷器具有低的动态阻抗和高的能量吸收能力，使其与有间隙碳化硅避雷器相比成为更理想的过电压保护设备。目前新建的 HVAC 变电站和 LCC-HVDC 换流站均广泛使用无间隙金属氧化物避雷器作为保护设备。

避雷器的保护特性是用避雷器在运行中通过最大陡波、雷电和操作电流时的残压来确定的[5]。由于避雷器阀片的非线性系数极高，不同的代表性电流将导致避雷器上出现不同的电压波形。根据避雷器安装位置、电流波形和保护水平规定的电流幅值（称为配合电流）有不同的选择，并需要在最终的设计阶段详细研究。

6.1.2.2　利用保护间隙限制过电压

保护间隙是最早出现的过电压限制装置。为了实现对被保护设备的可靠保护，保护间隙伏秒特性的上包络线应低于被保护设备伏秒特性的下包络线，并具有一定安全裕度。一般为防止保护间隙被外物短路引起误动作，常采用在主保护间隙放电回路中串联辅助保护间隙的措施。

当保护间隙在外部过电压的作用下发生击穿后，根据正常运行电压和过电压发展特性的差异，保护间隙中可能有工频电弧电流或直流电弧电流流过。柔性直流换流站保护间隙的设计需要特别关注电弧电流的熄灭问题，避免保护间隙动作后电弧续流长时间流通而无法熄灭。

保护间隙的主要缺点如下：

（1）保护间隙的电场一般属极不均匀场，其伏秒特性较陡且分散性较大，而一般变压器和其他设备绝缘的冲击放电伏秒特性较平，二者不能很好地配合。

（2）应用于变压器中性点或工作母线的过电压防护时，保护间隙动作后将形成截波，对设备绝缘（特别是纵绝缘）非常不利。

（3）保护间隙的放电特性受大气条件影响较大，放电电压波动较大。

6.1.2.3　利用合闸电阻抑制变压器操作过电压

在正常运行操作中，因断路器频繁操作，一般不希望直接由保护设备的避雷器吸收过多的操作过电压能量。因此，更经济的办法是在断路器上安装合闸电阻、同步合闸器、选相合闸装置，或在断路器端口上并联避雷器。

VSC-HVDC 换流站同样需要为连接变压器配置高阻值合闸电阻及选相合闸装置限制合闸涌流，降低合闸操作对换流器产生的操作过电压应力。由于 VSC-HVDC 换流站一般不专门配置交流及直流滤波器和母线电容器组，因此不存在投切滤波器组及电容器组的涌流抑制问题，否则需配置合闸电阻及选相合闸装置并进行专门研究。

6.2　避雷器的配置方案

6.2.1　避雷器的布置原则

柔性直流输电系统的换流站采用了模块化多电平换流器，每个交流相的上、下桥臂换流阀需要协同工作，共同使换流器的交流端输出交流电压，并使直流端输出直流电压。由于换流器输出交流电压为多电平正弦电压，即使不使用滤波装置，波形质量亦可满足电能质量要求，电压幅值保持恒定而不随功率水平的变化而波动。特别地，由于不需要安装滤波设备，当接入交流系统发生故障切除和甩负荷情况时，换流站操作大幅简化，同时设备承受的操作和工频过电压水平极大地降低。

柔性直流输电系统换流站的避雷器布置所遵循的基本布置原则为：每个电压等级和连接于该等级的设备应得到恰当的保护，并且其所期望的可靠性和设备耐受能力应与成本相匹配。具体如下：

（1）交流侧产生的过电压主要由交流侧避雷器抑制，其中，交流母线避雷器提供主要的保护。

（2）直流侧产生的过电压（包含接地极线路）主要由直流侧避雷器抑制，包括直流电缆避雷器、换流器母线避雷器。

（3）针对高压直流换流站内的过电压，主要元件应由与该元件紧密连接的避雷器直接保护。

（4）柔性直流换流站中的连接变压器对地绝缘一般由避雷器直接保护，阀侧相间绝缘通过串联避雷器进行保护。对于柔性直流换流站存在的交流侧桥臂电抗器和直流侧平波电抗器，一般无需专门设置端间避雷器，通过其他避雷器的串联实现端间绝缘的保护。

6.2.2 避雷器的布置方案

在借鉴已有直流输电工程经验的基础上，结合过电压仿真分析和柔性直流输电系统的特点，给出柔性直流输电工程避雷器保护配置方案如图 6-1 所示。

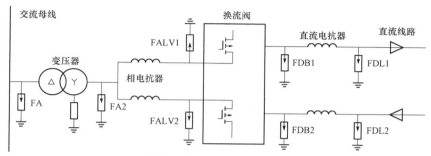

图 6-1　柔性直流输电工程避雷器保护配置方案

FA—联络变压器网侧避雷器；FA2—联络变压器阀侧避雷器；FALV1、FALV2—桥臂底端对地避雷器； FDB1、FDB2—换流阀直流母线避雷器；FDL1、FDL2—直流极线避雷器

联络变电压器网侧避雷器 FA 主要限制网侧各类交流故障以及经交流网络侵入的雷电冲击所引起的过电压；联络变压器阀侧避雷器 FA2 主要限制阀侧各类交流故障以及阀内部的接地故障引起的过电压；桥臂底端对地避雷器 FALV 主要限制各类阀内部故障以及直流侧故障所引起的过电压；直流母线、极线避雷器则主要限制直流侧故障以及雷击直流开关场所引起的过电压。

6.3　过电压与绝缘配合

柔性直流输电系统的过电压与绝缘配合设计是一项复杂的、系统性的工作，需要经过反复仿真计算、校核，从而确定一个合适的参数。其设计流程如图 6-2 所示。

这里以一个三端柔性直流输电系统为例，说明柔性直流输电系统的绝缘配合设计。该系统的拓扑结构如图 6-3 所示，3 个站的额定输送功率分别为 400、300、100MW，直流电压等级为 ±200kV。借助计算机仿真技术，在 PSCAD/EMTDC 4.5 平台下搭建仿真模型，仿真模型的相关参数说明如下：

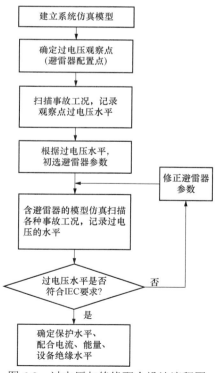

图 6-2　过电压与绝缘配合设计流程图

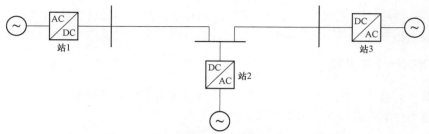

图 6-3　三端柔性直流输电系统拓扑结构图

表 6-1　　　　　　　　　站 1～站 3（400MW）仿真模型主要参数

设备	站 1	站 2	站 3
电网额定电压（kV）	220	220	110
电网短路容量（MVA）	4000	4000	4000
变压器变比	220/210	220/210	110/210
变压器容量（MVA）	450	340	115
接地方式	星形电抗器＋电阻接地	星形电抗器＋电阻接地	联络变压器中性点接地
接地电感＋电阻（H＋kΩ）	2＋1.25	2＋1.67	5
子模块电容/子模块数（μF）	324/12	324/12	108/12
相电抗器（mH）	80	100	300
相电抗器等效电阻（Ω）	0.314	0.3925	1.117
直流电抗器（mH）	20	20	20
直流电抗器等效电阻（Ω）	0.0785	0.0785	0.0785
电缆电阻参数（Ω）	0.5	0.5	0.5
直流电压（kV）	±200	±200	±200
额定功率（MVA）	400	300	100

相关仿真说明如下：

（1）仿真模型中定电压侧的控制采用电流内环、电压外环方式，双端均无负序控制。

（2）仿真步长设置为 10μs。

（3）总仿真时间为 0.6s，故障设置从 0.4s 开始。

（4）故障时刻以换流变压器阀侧 A 相电压在 0.4s 后由负变正的第一个过零点（0.4175s）为起始时间，在 0～90°范围内以 15°为步长进行变化。

6.3.1　绝缘配合的方法

柔性直流输电系统绝缘配合的目标是要在系统预期出现的过电压和主设备绝缘强度之间寻求有效的平衡。目前可用于柔性直流输电系统的绝缘配合方法主要包括统计法、简化统计法和确定性法（惯用法）三种。

6.3.1.1　统计法

统计法基于换流站过电压幅值和绝缘耐电强度都是随机变量的实际情况，根据设备绝缘故障的统计特性，定量计算设备绝缘的故障概率并使其满足指定要求。统计法基于过电压概率密度和绝缘放电概率密度相互独立的假设，计算得到设备的绝缘故障概率分布，并综合考虑设备投资、设备绝缘强度和故障率，确定最合理的绝缘安全水平。统计法的前提是已知各种过电压分布特性和绝缘强度的统计特性（概率密度、分布函数等），一般仅用于自恢复绝缘和换流站设备的外绝缘等。

6.3.1.2　简化统计法

简化统计法在统计法的基础上对绝缘特性和设备绝缘故障的概率曲线做出若干假定，如已知标准偏差的正态分布，从而可用与一个给定概率相对应的点来代表一条概率曲线。在过电压概率曲线中该点称为"统计过电压"，IEC 推荐该出现概率为 2%，在设备耐受电压概率曲线中该点称为"统计冲击耐受电压"，IEC 推荐该耐受概率为 90%。通过对某类过电压在统计冲击耐受电压和统计过电压间选取合适的统计配合系数，从而使设备绝缘故障率从系统运行可靠性和经济性两方面可接受。简化统计法可以实现换流站设备，特别是超高压、特高压换流站设备的绝缘配合安全性和经济性的协调。

6.3.1.3　确定性法（惯用法）

确定性法是基于设备绝缘上出现最大过电压和最小绝缘强度，根据运行经验，通过使用绝缘配合系数保留一定安全裕度，使设备绝缘的最低抗电强度高于设备的预期最大过电压。由于实际过电压分布水平和设备绝缘强度均为随机变量，准确地确定其分布特性是十分困难的，在补偿估计最大过电压和最小绝缘强度的基础上，为安全起见确定性法一般采用较大的安全裕度系数同时覆盖其他影响因素，因而确定性法确定的绝缘水平偏严格。确定性法是目前工程中换流站绝缘配合使用较多的方法。

柔性直流换流站设备主要具有两种类型的绝缘：①自恢复绝缘，主要为空气间隙和瓷外绝缘等；②非自恢复绝缘，主要为变压器和电抗器的油和纤维电介质材料、电力电子器件的内绝缘材料等。绝缘气体（SF_6 气体等）根据设计和应用条件的不同可以作为两种类型的绝缘。

这里推荐采用确定性法完成多端柔性直流输电系统的设备绝缘配合设计。

6.3.2　系统过电压水平

6.3.2.1　故障工况

系统的过电压情况因故障的不同而相异，为了全面研究案例工程的过电压特性，从绝缘配合的观点出发，将整个系柔性直流输电系统分为交流场、换流阀及直流场三个区域，分别对每个区域可能出现的故障进行分析。系统故障工况见表 6-2。

表 6-2　　　　　　　　　　　系 统 故 障 工 况

故障区域划分	故障类型		故障细分	故障编号
交流场故障	网侧	短路	两相短路	1
		断路	单相断路	2

续表

故障区域划分	故障类型		故障细分	故障编号
交流场故障	网侧	断路	两相断路	3
			三相断路	4
		接地	单相接地	5
			两相短路接地	6
			三相短路接地	7
	阀侧	短路	两相短路	8
		断路	单相断路	9
			两相断路	10
			三相断路	11
		接地	单相接地	12
			两相短路接地	13
			三相短路接地	14
换流阀故障	A相内部故障	短路	桥臂电抗器短路	15
			上、下桥臂电抗器短路	16
			正母线与阀交流出线短路	17
		断路	桥臂子模块阀（内部）断路	18
			正、负母线与A相上、下桥臂子模块阀间同时断路	19
			正、负母线与A、B相上、下桥臂子模块阀间同时断路	20
			正、负母线与A相上、下桥臂子模块阀断路，正母线与B相上桥臂子模块阀间同时断路	21
			正母线与A、B上桥臂子模块阀间，负母线与C相下桥臂子模块阀间同时断路	22
		接地	正母线与下桥臂电抗器、阀子模块接口短路接地	23
			桥臂电抗器阀侧接地	24
			上、下桥臂电抗器短路接地	25
			正母线与阀交流出线短路接地	26
	相间故障	接地	A相上桥臂阀段、电抗器连接点与B相交流出线短路接地	27
			A相上桥臂阀段、电抗器连接点与B相上桥臂阀段、电抗器连接点短路接地	28
			A相上桥臂阀段、电抗器连接点与B相下桥臂阀段、电抗器连接点短路接地	29
直流场故障	电缆侧	断路	正母线断路	31
		接地	正母线接地	30
			正、负母线接地	32
	阀侧	接地	正母线接地	33
			正、负母线短路接地	34

6.3.2.2 过电压水平

根据以上设置的故障类型一一进行仿真分析，确定过电压水平。结合柔性直流输电系统的拓扑结构，判断如图 6-4 所示的设备或位置为潜在过电压区域，确定其为重点观测对象。案例中柔性直流工程为对称结构，其两个换流站的主回路拓扑完全相同，仅仅是控制策略不同，所有的故障均设置在控制策略为定电压的换流站（简称定电压侧，另外两个换流站简称定功率侧），并记录该站出现的最大过电压（在这种故障设置下，定电压侧的过电压高于定功率侧相应处的过电压）。

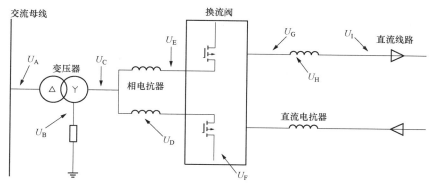

图 6-4 过电压分析的观测位置分布

U_A—联络变压器网侧对地电压；U_B—联络变压器中性点电压；U_C—联络变压器阀侧对地电压；U_D—相电抗器两端电压；U_E—换流阀底端（相电抗器阀侧）对地电压；U_F—换流阀两端电压；U_G—直流母线对地电压（换流阀出线端）；U_H—直流电抗器两端电压；U_I—直流极线（直流电抗器线路侧）对地电压

此处的过电压研究中，只考虑桥臂电流保护，具体的保护策略如下：保护项为桥臂电流，保护阀值设置为 2000A。当检测到发生桥臂电流超过其保护阀值时，延时 400μs 使阀闭锁；阀闭锁后，延时 100ms 交流断路器跳闸。定电压侧与定功率侧的保护策略相同，各自独立。

按照表 6-2 所示的 34 种工况，每一种工况，故障发生的时刻均在 0～90°的范围内以 15°的步长变化，共仿真 7 次，最终记录 7 次中的最大值。下面列出 6 种典型故障工况下的过电压数据，见表 6-3～表 6-5。

表 6-3 站 1（400MW）过电压数据记录 kV

故障编号	U_A	U_B	U_C	U_D	U_E	U_F	U_G	U_H	U_I
1	292.5	71.9	246.5	225.8	285.4	527.4	438.3	72.6	438.5
10	570.6	3210.7	870.8	1333.9	741.7	787.5	761.2	823.4	1584.6
21	289.1	1891.6	2027.5	857.9	2027.6	640.8	640.7	750.2	835.1
29	292	196.7	395.7	472.1	486.4	507.9	459.3	93.7	465.3
33	194.7	224.8	404.2	66.5	457	460.6	423.9	21	419.7
34	185.4	14.9	201.9	264.6	447.4	447.7	0.1	81.7	81.7

表 6-4　　　　　　　　　站 2（300MW）过电压数据记录　　　　　　　　kV

故障编号	U_A	U_B	U_C	U_D	U_E	U_F	U_G	U_H	U_I
1	190.75	41.422	221.2	195.8	308.1	526.2	388.1	25.1	388.1
10	472.2	2585	1210.6	1140.5	1228.1	652.7	1224.9	282.3	1506.9
21	396.6	1476.3	1580.9	788.3	1581.1	583.6	584.3	286.9	760.3
29	994.9	128.2	448.7	448.7	439.7	449.9	440.2	68.6	422.7
33	185	221.7	376.3	50.8	407.9	407.9	418	9.6	416.2
34	177.3	16.8	170.3	237.6	394.6	394.7	0.2	60.6	60.6

表 6-5　　　　　　　　　站 3（100MW）过电压数据记录　　　　　　　　kV

故障编号	U_A	U_B	U_C	U_D	U_E	U_F	U_G	U_H	U_I
1	92.4	15.1	209.1	101.4	301.8	508.7	227.7	3	226
10	90.9	962.9	619.5	594.4	629.8	631.2	641.4	38.9	680.4
21	93.3	828	997.9	624.7	726.5	703.4	619.9	53.6	643
29	934.9	241.5	839.9	839.9	570.7	570.7	570.7	55.3	537.3
33	91	215.8	371.6	110.3	392.8	400.8	409.3	14.1	409.3
34	88.8	16.1	170.5	253.3	402.8	402.8	0.1	29.1	28.8

6.3.3　避雷器参数的确定

6.3.3.1　交流避雷器

根据有关交流避雷器的相关标准和规范，确定避雷器的主要技术参数，具体如下：

1. 额定电压

避雷器额定电压（U_f）是施加到避雷器端子间的最大允许工频电压有效值，按照此电压设计的避雷器，能在所规定的动作负载试验中确定的暂时过电压下正确地动作。它是表明避雷器运行特性的一个重要参数，但它不等于系统标称电压。

避雷器额定电压的选取，额定电压可以等于或大于暂态过电压。总的来说，避雷器额定电压的选择可按式（6-1）确定

$$U_r \geqslant kU_t \tag{6-1}$$

式中　U_t——系统暂态过电压；

　　　k——系统切除单相接地故障时间系数，10s 及以内切除 $k=1.0$，10s 以上切除 $k=1.25\sim1.3$。

110kV 及以上电压等级系统为中性点直接接地系统，单相接地故障在 10s 以内切除，k 值取 1；再根据系统暂态过电压推荐值，确定各交流避雷器的额定电压。DL/T 804—2002 《交流电力系统金属氧化物避雷器使用导则》中给出的系统暂态过电压推荐值：110kV 等级系统，暂态过电压 U_t 为 102kV；220kV 等级系统，暂态过电压 U_t 为 203.6kV。因此，各电压等级避雷器的额定电压按各自暂态过电压取值。

2. 持续运行电压

持续运行电压（U_{ccov}）是允许持久地加在避雷器端子间的工频电压有效值。

对于无间隙避雷器，运行电压直接加在避雷器的电阻片上，会引起电阻片的劣化。因此，为了保证一定的使用寿命，长期加在避雷器端子上的电压应不超过避雷器的持续运行电压。避雷器的持续运行电压一般相当于额定电压的 75%～80%（在实际应用中，一般按 $U_{ccov} \geqslant 0.8U_r$ 考虑）。同时，在中性点直接接地系统中，接在相对地间的无间隙避雷器，其持续运行电压应不低于系统的最高工作相电压。根据上述两条原则确定各交流避雷器的持续运行电压。

110kV 等级避雷器持续运行电压按 $102 \times 0.8 = 81.6$（kV）计算；

220kV 等级避雷器持续运行电压按 $204 \times 0.8 = 163.2$（kV）计算。

3. 参考电压

避雷器参考电压（U_{ref}）又称为起始动作电压或转折电压，大致位于避雷器伏安特性曲线由小电流区上升部分进入大电流区平坦部分的转折处，可认为避雷器此时开始进入动作状态以限制过电压，通常以直流 1mA 电流时的电压作为起始动作电压。

参考电压的确定，首先需要引入一个概念——荷电率（简称 AVR），是容许的最大持续运行电压峰值与参考电压的比值。正常情况下，荷电率小于 1。目前，氧化锌避雷器的荷电率水平一般在 80%左右。

6.3.3.2　直流避雷器

有关交流避雷器的应用和设计都有标准和规范可依据，而有关直流避雷器的标准很少，目前已发布的仅有 GB/T 22389—2008《高压直流换流站无间隙金属氧化避雷器导则》。由于没有关于直流避雷器设计的标准，只能根据相关经验进行设计。

首先确定直流避雷器的持续运行电压，算例中系统直流母线电压为±200kV，考虑纹波后，确定直流避雷器的持续运行电压为220kV（峰值）；确定避雷器的荷电率为0.75，得到直流避雷器的参考电压为295kV。

综上，可以得到各站避雷器主要技术参数见表 6-6～表 6-8。

表 6-6　　　　　　　　　　站 1（400MW）避雷器主要技术参数

避雷器	U_r（kV）	U_{CCOV}（kV 峰值）	AVR	U_{ref}（kV）
FA	204	230.7	0.80	288.5
FA2	204	230.7	0.80	288.5
FALV	204	230.7	0.80	288.5
FDB		220	0.75	295
FDL		220	0.75	295

表 6-7　　　　　　　　　　站 2（300MW）避雷器主要技术参数

避雷器	U_r（kV）	U_{CCOV}（kV 峰值）	AVR	U_{ref}（kV）
FA	204	230.7	0.80	288.5
FA2	204	230.7	0.80	288.5

续表

避雷器	U_r（kV）	U_{CCOV}（kV 峰值）	AVR	U_{ref}（kV）
FALV	204	230.7	0.80	288.5
FDB		220	0.75	295
FDL		220	0.75	295

表 6-8　　　　　　　　　　　　站 3（100MW）避雷器主要技术参数

避雷器	U_r（kV）	U_{CCOV}（kV 峰值）	AVR	U_{ref}（kV）
FA	102	115.3	0.80	145
FA2	204	230.7	0.80	288.5
FALV	204	230.7	0.80	288.5
FDB		220	0.75	295
FDL		220	0.75	295

　　按表 6-6～表 6-8 设计的避雷器参数加设避雷器，并在模型中考虑所有的保护策略，三个站的保护项目与保护值见表 6-9～表 6-11。保护时序为：检测到各项达到保护值时，延时 400μs 阀闭锁；阀闭锁后，延时 100ms 断路器跳闸。

表 6-9　　　　　　　　　　　　站 1（400MW）控制保护策略

保护项目	保护值	
直流电压（kV）	上限 237.5	下限 135
子模块电压（kV）	上限 39.333	下限 15.183
桥臂电流（kA）	2	
直流电流（kA）	1.27	

表 6-10　　　　　　　　　　　　站 2（300MW）控制保护策略

保护项	保护值	
直流电压（kV）	上限 237.5	下限 135
子模块电压（kV）	上限 39.333	下限 15.183
桥臂电流（kA）	1.8	
直流电流（kA）	1	

表 6-11　　　　　　　　　　　　站 3（100MW）控制保护策略

保护项	保护值	
直流电压（kV）	上限 237.5	下限 135
子模块电压（kV）	上限 39.333	下限 15.183
桥臂电流（kA）	0.8	
直流电流（kA）	0.32	

6.3.4 考虑避雷器后系统的过电压

如上设置后，再次进行仿真分析，得到各观测处的电压，案例中三个站配置避雷器后的过电压分别见表 6-12～表 6-14。

表 6-12　　　　　　　　　　站 1（400MW）过电压数据记录　　　　　　　　　　kV

故障编号	U_A	U_B	U_C	U_D	U_E	U_F	U_G	U_H	U_I
1	332.63	42.445	278.7	225.9	296.8	492.9	329.8	35.7	301.8
10	374.68	128.4	420.11	901.1	401.8	469.5	383.5	58.9	353.38
21	375	47.7	333	448.5	407.4	470.3	387.8	132.8	363.8
29	413	81.7	300.1	403.3	405.6	464.8	399.2	114	355.7
33	377	163.1	334.9	269.9	412.2	462.8	384.6	124.7	367.1
34	372.9	12.9	189.2	319.3	405.8	405.9	0.1	67.8	67.8

表 6-13　　　　　　　　　　站 2（300MW）过电压数据记录　　　　　　　　　　kV

故障编号	U_A	U_B	U_C	U_D	U_E	U_F	U_G	U_H	U_I
1	373.22	32.82	294.5	201.14	290.96	486.2	324.4	35.73	299.85
10	375.2	162.18	412.63	742.8	394.2	440.3	378.7	52.5	350.81
21	374.6	64.4	392.3	418.8	399.3	442.3	382.9	114.1	360
29	405	81	294.9	338	398.3	437.4	398.3	90.3	333.7
33	375.7	178.8	336.8	242.4	397	434.9	373.2	42.1	364.4
34	373.2	13.8	174.5	236.3	396.5	396.5	0.1	54.9	54.9

表 6-14　　　　　　　　　　站 3（100MW）过电压数据记录　　　　　　　　　　kV

故障编号	U_A	U_B	U_C	U_D	U_E	U_F	U_G	U_H	U_I
1	145.98	35.77	226.11	188.9	266.76	482.3	305.89	18.55	292.52
10	146.1	275.62	383.4	183.7	371.2	438.5	351.2	25.8	333.17
21	145	157.3	291.6	410.8	373.8	438.6	370	102	338.7
29	196	86.5	275.8	345.7	378.2	428.6	382	61.1	333.9
33	150.2	215.6	314.6	352.3	390	427	343.8	45.2	339.4
34	212.7	19.1	201.7	263.1	390	390	0.1	125.5	125.5

为了对比设置避雷器前后的过电压水平，分别将各个站设置避雷器前和设置避雷器后各观测处的最大过电压水平记录于表 6-15～表 6-17。

表 6-15　　　　　　　站 1（400MW）配置避雷器前后最大过电压水平对比　　　　　　　kV

监测点电压	U_A	U_B	U_C	U_D	U_E	U_F	U_G	U_H	U_I
配置前电压	570.6	3210.7	2027.5	1333.9	2027.6	787.5	761.2	823.4	1584.6
避雷器	避雷器 FA	—	避雷器 FA2	—	避雷器 FALV	—	避雷器 FDB		避雷器 FDL

续表

监测点电压	U_A	U_B	U_C	U_D	U_E	U_F	U_G	U_H	U_I
配置后电压	413	163.1	420.11	901.1	412.2	492.9	399.2	132.8	367.1
避雷器吸收的能量	0.879		0.132		0.224		0.757		0.757

表 6-16　　　　　站 2（300MW）配置避雷器前后最大过电压水平对比　　　　　kV

监测点电压	U_A	U_B	U_C	U_D	U_E	U_F	U_G	U_H	U_I
配置前电压	994.9	2585	1580.9	1140.5	1581.1	652.7	1224.9	286.9	1506.9
避雷器	避雷器 FA	—	避雷器 FA2	—	避雷器 FALV	—	避雷器 FDB	—	避雷器 FDL
配置后电压	405	178.8	412.63	742.8	399.3	486.2	398.3	114.1	364.4
避雷器吸收的能量	0.061		0.09		0.177		0.345		0.345

表 6-17　　　　　站 3（100MW）配置避雷器前后最大过电压水平对比　　　　　kV

监测点电压	U_A	U_B	U_C	U_D	U_E	U_F	U_G	U_H	U_I
配置前电压	934.9	962.9	997.9	839.9	726.5	703.4	641.4	55.3	680.4
避雷器	避雷器 FA	—	避雷器 FA2	—	避雷器 FALV	—	避雷器 FDB	—	避雷器 FDL
配置后电压	212.7	275.62	383.4	410.8	390	482.3	382	125.5	339.4
避雷器吸收的能量	112.9		0.047		0.067		0.134		0.134

可以看出，所设计的避雷器配置方案抑制过电压水平效果显著。

6.3.5　绝缘配合设计

6.3.5.1　绝缘配合基本原则

绝缘配合的基本原则，就是综合考虑电气设备可能出现的各种作用电压（工作电压及过电压）、保护装置的保护特性和电气设备的绝缘特性，合理地确定设备必要的绝缘水平，从而使设备绝缘故障率或停电事故率降低到可以接受的水平。

直流换流站绝缘配合的一般方法与交流系统绝缘配合的方法相同，采用惯用法进行绝缘配合。惯用法采用两级配合的指导思想，即各种绝缘都接受避雷器的保护，仅仅与避雷器进行绝缘配合。避雷器的保护水平用雷电冲击保护水平（LIPL）和操作冲击保护水平（SIPL）来表示，它对应于设备上可能出现的最大过电压；电气设备的绝缘用雷电冲击耐受电压（LIWL）和操作冲击耐受水平（SIWL）表示。绝缘配合要求在设备上可能出现的最大过电压和设备的 LIWL、SIWL 之间留有一定的裕度。

6.3.5.2　绝缘裕度

根据交流系统的运行经验和现有直流输电工程的成功经验，柔性直流输电工程的绝缘配合裕度可按 CIGRE/33.05 工作组提出的《高压直流换流站绝缘配合和避雷器保护导则》和 GB/T 311.1—2012《绝缘配合　第 1 部分：定义、原则和规则《高压输变电设备的绝缘配合》中的原则选取，见表 6-18。

表 6-18　　　　　　　　　　　　　　　　　绝 缘 裕 度 推 荐 值

设备类型	绝缘裕度	
	操作冲击	雷电冲击
交流场母线、户外绝缘子等常规设备	1.2	1.25
换流变压器网侧/阀侧	1.2/1.15	1.25/1.2
换流阀	1.15	1.15
直流阀厅设备	1.15	1.15
直流开关场设备（户外）（包括直流滤波器和直流电抗器）	1.15	1.2

本书中给出的绝缘耐受水平是根据表 6-18 绝缘裕度得到的最小值。

6.3.5.3　保护水平和绝缘水平

根据确定的避雷器保护水平和绝缘裕度，得到案例工程中三个站各设备的绝缘水平，见表 6-19～表 6-21。

表 6-19　　　　　　　　　　　站 1（400MW）设备保护水平和绝缘水平

位置	LIPL（kV）/配合电流（kA）	绝缘裕度	LIWL（kV）	SIPL（kV）/配合电流（A）	绝缘裕度	SIWL（kV）
联络变压器网侧对地	563.9/20	1.25	704.89	461.4/5	1.2	553.6
联络变压器阀侧对地	563.9/20	1.2	676.68	461.4/5	1.15	530.6
阀底端对地	563.9/20	1.15	648.8	461.4/5	1.15	530.6
直流母线对地	442.5/20	1.2	531	402/5	1.15	462.3
直流极线对地	442.5/20	1.2	531	402/5	1.15	462.3

表 6-20　　　　　　　　　　　站 2（300MW）设备保护水平和绝缘水平

位置	LIPL（kV）/配合电流（kA）	绝缘裕度	LIWL（kV）	SIPL（kV）/配合电流（A）	绝缘裕度	SIWL（kV）
联络变压器网侧对地	563.9/20	1.25	704.89	461.4/5	1.2	553.6
联络变压器阀侧对地	563.9/20	1.2	676.68	461.4/5	1.15	530.6

续表

位置	LIPL（kV）/ 配合电流（kA）	绝缘裕度	LIWL（kV）	SIPL（kV）/ 配合电流（A）	绝缘裕度	SIWL（kV）
阀底端对地	563.9/20	1.15	648.8	461.4/5	1.15	530.6
直流母线对地	442.5/20	1.2	531	402/5	1.15	462.3
直流极线对地	442.5/20	1.2	531	402/5	1.15	462.3

表 6-21　　　　　　　　站 3（100MW）设备保护水平和绝缘水平

位置	LIPL（kV）/ 配合电流（kA）	绝缘裕度	LIWL（kV）	SIPL（kV）/ 配合电流（kA）	绝缘裕度	SIWL（kV）
联络变压器网侧 对地	282/20	1.25	352.5	231/5	1.2	277.2
联络变压器阀侧 对地	563.9/20	1.2	676.68	461.4/5	1.15	530.6
阀底端对地	563.9/20	1.15	648.8	461.4/5	1.15	530.6
直流母线对地	442.5/20	1.2	531	402/5	1.15	462.3
直流极线对地	442.5/20	1.2	531	402/5	1.15	462.3

参 考 文 献

[1]　黄俊，赵成勇，高永强. MMC-HVDC 换流站过电压与绝缘配合研究[J]. 华北电力大学学报（自然科学版），2013，（01）：1-6.

[2]　刘大鹏，程晓绚，苟锐锋，等. 异步联网工程柔性直流换流站过电压与绝缘配合[J]. 高压电器，2015，（04）：104-108.

[3]　周浩，沈扬，李敏，等. 舟山多端柔性直流输电工程换流站绝缘配合[J]. 电网技术，2013，（04）：879-890.

[4]　张哲任，徐政，薛英林. MMC-HVDC 系统过电压保护和绝缘配合的研究[J]. 电力系统保护与控制，2013，（21）：58-64.

[5]　邓旭. 特高压直流及柔性直流输电系统换流站绝缘配合研究[D]：浙江大学，2014.

[6]　潘武略，裘愉涛，张哲任，等. 直流侧故障下 MMC-HVDC 输电线路过电压计算[J]. 电力建设，2014，（03）：18-23.

[7]　邓旭，王东举，沈扬，等. 舟山多端柔性直流输电工程换流站内部暂态过电压[J]. 电力系统保护与控制，2013，（18）：111-119.

第 7 章

柔性直流输电系统的主要设备

柔性直流输电系统的一次设备主要包括换流阀、连接变压器、桥臂电抗器、启动电阻器、接地电阻器、平波电抗器、开关设备及进线断路器，而换流阀是整个系统的核心。

图 7-1 所示为柔性直流输电单侧主接线图。

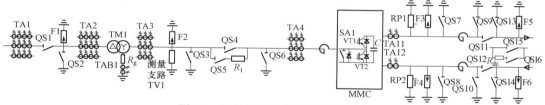

图 7-1 柔性直流输电单侧主接线图

7.1 IGBT 换流阀

7.1.1 IGBT 换流阀设计基本要求

IGBT 换流阀是换流站的核心设备之一，其造价昂贵。换流阀应能在预定的系统条件和环境条件下安全可靠地运行，并满足损耗小、安装及维护方便、投资省的要求，其电气位置见图 7-2 中虚线框。

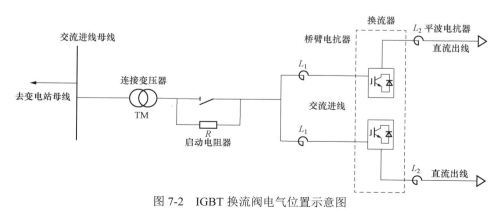

图 7-2 IGBT 换流阀电气位置示意图

7.1.2 IGBT 换流阀电气设计

7.1.2.1 电压耐受能力

IGBT 换流阀应能承受正常运行电压以及各种过电压。可以采用子模块串联的方式使阀获得足够的电压承受能力。

IGBT 换流阀应具备长期启动等待的能力，在此过程中不能影响换流站其他设备正常运行，不应出现阀中部分子模块充电电压发散引起阀无法在充电结束后解锁的问题。

IGBT 换流阀的设计中应充分考虑操作冲击条件下子模块串联的电压不均匀分布及过电压保护水平的分散性以及阀内其他非线性因素对阀的耐压能力的影响。在所有冗余子模块都损坏的条件下，阀内各点的绝缘一般应具有以下安全系数：

（1）对于操作冲击电压，超过避雷器保护水平的 15%。

（2）对于雷电冲击电压，超过避雷器保护水平的 15%。

（3）对于陡波头冲击电压，超过避雷器保护水平的 20%。

7.1.2.2 电流耐受能力

IGBT 换流阀应具有耐受额定电流、过负荷电流及各种暂态冲击电流的能力。可以采用子模块并联的方式使阀获得足够的电流承受能力。

对于由故障引起的暂态过电流，阀应具有如下的承受能力：对于运行中的任何故障所造成的最大短路电流，不应造成换流阀的损坏。

7.1.2.3 交流系统故障下的运行能力

在交流系统故障恢复期间，直流系统应能连续稳定运行，在这种条件下所能运行的最大直流电流由交流电压条件和 IGBT 换流阀的热应力极限决定。

（1）交流系统单相对地故障，故障相电压降至 0，持续时间至少为 0.7s。

（2）交流系统三相对地短路故障，电压降至正常电压的 30%，持续时间至少为 0.7s。

（3）当交流系统三相对地金属短路故障，电压降至 0，持续时间至少为 0.7s，紧接着这类故障的清除，阀应能及时、迅速地恢复运行。

7.1.3 IGBT 换流阀机械设计

阀的机械结构必须合理，应当简单、坚固、便于检修。若干个 IGBT 子模块通过连接导电排串接在一起，形成一个阀组件。在阀组件设计中，为便于子模块的检修，相应的绝缘支撑导轨采用特殊的结构，使检修人员在维修模块时能够轻松地从导轨中将子模块抽出。若干个 IGBT 换流阀组件通过合理的布局构成阀塔，阀塔结构多采用支撑式，也可以采用悬吊式。图 7-3 所示为支撑式阀塔效果图。

IGBT 换流阀应能够承受一定的地震烈度的应力，检修人员到阀体上工作时所产生的应力，以及由于各种故障或控制/保护系统动作或误动作产生的电动力。可以采用有限元分析技术对整个阀塔及其中绝缘子等关键零部件进行应力分析，图 7-4 所示为阀塔有限元模型。

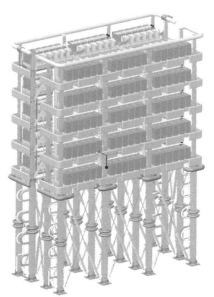

图 7-3　支撑式阀塔效果图

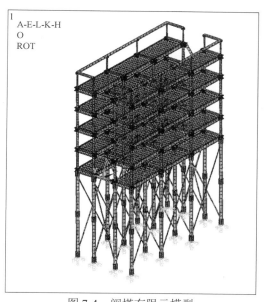

图 7-4　阀塔有限元模型

7.1.4　IGBT 换流阀触发系统设计

触发系统高、低压电路间应采用光隔离。在一次系统正常或故障条件下，触发系统都应能正确触发 IGBT 元件。

触发系统的供电由子模块电容提供，在直流侧电压可以满足取能电路时，触发系统保证正常工作。在此前提下，任何系统故障都不应影响触发系统按照控制指令动作。如果系统故障导致取能电路供电不足，则在触发系统不能正常工作之前，阀应采取相应的保护措施避免阀的损坏或出现不受控的情况。

7.1.5　IGBT 换流阀控制与保护系统设计

阀的控制与保护必须满足直流控制保护系统的要求，必须功能正确、完备，可靠性高。

对 IGBT 阀的控制功能是在阀控设备及子模块上的控制板板内实现的，阀监视系统确认每一个换流阀子模块的状态，并正确指示 IGBT 元件及子模块级的故障。在出现元件及子模块级故障时，监视系统输出报警报文和子模块故障信息，并且具备声音报警功能。如果有超过冗余数量的子模块损坏，从而导致运行中的 IGBT 换流阀面临更严重的损坏时，监视系统向控制系统输出闭锁请求，申请闭锁换流器。

阀的保护功能主要包括以下各项：

（1）桥臂过电流保护。

（2）通信故障保护。

（3）子模块故障保护。

（4）冗余子模块数超限保护。

阀的保护功能是阀控设备通过对桥臂电流等进行采集，判断其是否达到保护整定值，当达到保护整定值后，阀控将闭锁换流阀，并向控制保护系统传送跳闸请求信号等命令来实现换流阀的保护。

换流阀子模块保护功能由控制板实现，其自身可进行的主要保护功能如下：

（1）直流电容过电压保护功能。

（2）直流电容欠电压保护功能。

（3）IGBT 驱动故障保护功能。

（4）取能电源故障保护功能。

（5）IGBT 直通保护功能。

（6）旁路开关拒动保护功能。

（7）旁路开关误动保护功能。

7.1.6 IGBT 换流阀损耗设计

IGBT 换流阀的损耗是直流输电系统性能保证的重要基础，是评价换流阀性能优劣的重要指标。根据 IEC 62751-1《应用于高压直流输电系统的电压源换流器（VSC）功率损耗的确定—第一部分：一般要求》的要求，阀损耗可分为 $P_{V1} \sim P_{V9}$ 几种。

P_{V1}——IGBT 导通损耗；

P_{V2}——二极管导通损耗；

P_{V3}——其他阀导通损耗；

P_{V4}——依赖直流电压的损耗；

P_{V5}——子模块电容损耗；

P_{V6}——IGBT 开关损耗；

P_{V7}——二极管关断损耗；

P_{V8}——阻尼损耗；

P_{V9}——阀电子电路功率损耗。

7.1.7 IGBT 换流阀冷却系统设计

冷却系统的设计是换流阀整体设计中非常重要的一部分，冷却系统设计的目的是要把换流阀在各种运行情况和环境温度下产生的所有的热损耗都散掉。

采用水冷却，能够使 IGBT 的温度保持在较低的水平，因而，增强了可靠性，并提高了功率传输能力。因冷却水的电导率极低，可以使漏电流维持在一个很低的水平。

水管接在阀塔的底部。进水管和出水管沿着阀塔向上。水管分制成段，管内冷却介质的电位通过铂电极进行控制。

在阀塔的设计中，万一出现冷却液泄漏的情况，冷却水路系统的监控设备就会探测到，并发出报警信号。当泄漏比较严重时，冷却水路系统的监控设备将停止换流阀的运行。

7.2 连接变压器

柔性直流输电系统的连接变压器是换流站与交流系统之间能量交换的纽带，是柔性直流输电系统能够正常工作的核心器件，其电气位置如图 7-1 所示。

在柔性直流输电系统中，连接变压器主要实现以下功能：

（1）在交流系统和电压源换流站间提供换流电抗的作用。

（2）将交流系统的电压进行变换，使电压源换流站工作在最佳的电压范围之内，以减少输出电压和电流的谐波量，进而减小交流滤波装置（若有）的容量。

（3）将换流阀和交流电网进行电气隔离，抑制换流器输出的零序电压对电网的影响或者交流电网的零序电压对换流阀的影响。

7.2.1　参数设计原则

连接变压器和普通的变压器相比，主要的差别就在于其电压等级可能为非标准变比。由于两者的运行条件存在一定差异，所以连接变压器的设计、制造和运行中也不尽相同。

接口变压器的参数设计原则需要考虑的因素主要如下：

（1）直流电压传输等级。

（2）原有电网参数条件，主要是电压波动范围、频率范围、短路容量等。

（3）系统接地要求。

（4）考虑系统损耗与无功功率支撑需求。

（5）绝缘水平要求。

（6）对于对称双极系统，还需考虑直流偏置效应。

7.2.2　参数设计

连接变压器阀侧额定电压选择需满足以下原则：

（1）连接变压器额定容量按换流器容量选择，即在满足有功功率传输的要求下，能够提供一定的无功功率支持，计及换流变压器损耗、相电抗器损耗和站用电后，换流变压器额定容量应大于换流器额定容量。

（2）连接变压器阀侧电压与换流变压器出口电压匹配，满足柔性直流输电系统无功功率输出的要求。

（3）连接变压器漏抗与相电抗器电抗共同提供换流电抗，忽略滤波器损耗，换流电抗在工程上一般取 0.1～0.2（标幺值）。

（4）能够阻止零序电流在交直流系统间传递。

在满足以上 4 点的前提下，各参数取值尽量接近标准值。

一端柔性直流输电换流站如图 7-5 所示。连接变压器可以等效为一个理想变压器和漏抗 L_T 的串联。连接变压器和相电抗器总的等效电阻、电感分别为 R、L。U_s 为电网公共节点线电压基波相量；$\dot{U}_v = k\dot{U}_s$ 为虚拟理想变压器阀侧绕组线电压基波相量；$\dot{U}_c$ 为换流器输出线电压基波相量；$\dot{I}$ 为流过换流电抗器 X（$X = \omega L$）的电流相量；稳态时忽略损耗，换流

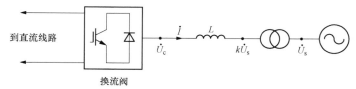

图 7-5　一端柔性直流输电换流站单线图

器的运行特性由式（7-1）决定

$$P^2 + \left(Q - \frac{U_v^2}{X}\right)^2 = \left(\frac{U_v U_c}{X}\right)^2 \tag{7-1}$$

式中 U_c 与直流电压 U_d 的关系为

$$\dot{U}_c = \frac{\mu M}{\sqrt{2}} U_d \angle \delta \tag{7-2}$$

式中　X——等效换流基波电抗，若以换流器额定容量为基准，X 范围通常在 0.1～0.2（标
　　　　　幺值）；

　　　　δ——换流器输出电压和 PCC1 点电压的相位差；

　　　　M——调制比；

　　　　μ——直流电压利用率，定义为换流器输出线电压最大值与直流电压的比值，表征换
　　　　　流器的拓扑结构与调制方式。

选取柔性直流输电系统的基准值为：

$$S_b = S_N, \ U_b = U_{SN}, \ U_{db} = U_{dN} \tag{7-3}$$

式中　S_N——换流变压器额定容量，MVA；

　　　　U_{SN}——换流变压器一次侧额定电压，kV；

　　　　U_{dN}——额定直流电压，kV。

设 $U_c = \lambda U_v$，那么额定运行状态下用归算至变压器阀侧的标幺值表示时，可以写成

$$P^{*2} + \left(Q^* - \frac{1}{X^*}\right)^2 = \left(\frac{\lambda}{X^*}\right)^2 \tag{7-4}$$

由式（7-4）可得出 λ 的计算公式

$$\lambda = \sqrt{X^{*2} - 2Q^* X^* + 1} \tag{7-5}$$

可以得到 $\dot{U}_v$ 与直流电压 U_d 的幅值关系为

$$U_v = \frac{\mu}{\sqrt{2}} \frac{M}{\sqrt{X^{*2} - 2Q^* X^* + 1}} U_d \tag{7-6}$$

换流器额定运行点与交流系统电压的关系如图 7-7 所示。由式（7-6）可知，连接变压器的二次侧电压，也就是额定变比 k 取决于以下几个因素：

（1）换流器设计的运行范围。

（2）换流器采用的调制方法，具体是指直流电压利用率。

（3）调制比 M 的最佳调节范围。

（4）直流电压。

（5）等效换流电抗。

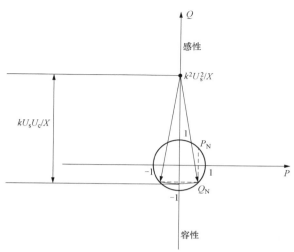

图 7-6　换流器额定运行点与交流系统电压的关系

柔性直流输电系统一般要求工作在线性调制区。为了使换流器正常工作，直流电源必须留有一定的裕量，以保证对交流侧电流的调控能力。工程中通常根据开关器件串并联技术的成熟度和阀电流容量的限制确定直流电压等级，直流电压确定后，考虑到控制裕度、交流电压和直流电压的波动而可能引起的过调，M 并不能取到上限；同时 M 也不能过低，过低交流系统总的谐波畸变率（THD）超过允许值，波形质量变差。稳态运行时 M 应保持在最佳调节范围内。

换流器的拓扑结构、调制方式选定后，μ、M 值就可以确定，根据接入系统分析输出的额定 P、Q 值，由式 1-6 就可以计算出连接变压器阀侧的额定电压 U_{VN}，进而得到连接变压器的额定变比。

下面以 ±320kV/1000MW 大连柔性直流输电项目为例，具体介绍连接变压器的设计。

该项目采用 Sin-NLM 调制策略，设定空载调制度为 0.85（相电压峰值比直流电压的 1/2），则阀侧交流电压为 333kV，此处将阀侧交流空载电压微调为 330kV。

该项目 220kV 交流电压波动范围为 209～242kV，即 -5%～10%，因此可将变压器有载调压范围定为 -10%～5%，将调压级别配置为 1.25%，因此分接头范围为 -8×1.25%～4×1.25% 共为 12 级。

考虑变压器技术经济性，如果短路阻抗太小，体积和成本将增加，同时电网短路故障电流将增大，于是将短路阻抗设计为 20%。

该项目 220kV 电网侧可以考虑不接地，如果需要接地，也可以采用接地变压器形式，放置在低压侧可以降低接地变压器的绝缘要求，因此将接口变压器绕组设计成 Ynd1 形式，即电网侧采用三角形，阀侧采用星形结构。

关于变压器容量，考虑整个系统的传输效率为 0.96，为了使受端能满负荷单位功率因数输出，可以设计变压器容量为 1063MVA。

根据系统主拓扑和接线形式，在发生直流接地故障时，变压器中性点将承受 1/2 的直流电压，因此变压器中性点绝缘水平需要达到 320kV。

7.3 桥臂电抗器

桥臂电抗器是柔性直流换流站的一个关键部分，其电气位置示意图如图 7-8 所示，它是电压源换流器与交流系统之间传输功率的纽带。

桥臂电抗器决定了换流器的功率输送能力、对有功功率与无功功率的控制能力，其具有如下的功能：

（1）连接换流器输出电压源和变压器输出电压源，是实现系统功率交换的衔接设备。

（2）抑制换流器输出的电流和电压中的开关频率谐波量，以获得期望的基波电流和基波电压。

（3）抑制桥臂电抗器内部环流。

（4）抑制直流母线短路故障电流上升率，限制短路电流的峰值。

7.3.1 参数设计原则

借鉴传统两电平电压源型变流器的连接电抗器参数设计原则，桥臂电抗器的参数设计需要考虑以下三个方面的因素：

（1）交流电流纹波限制。

（2）电流跟踪速度限制。

（3）四象限运行限制。

考虑模块多电平换流器拓扑的特殊性，还需要考虑：

（1）桥臂环流电流抑制。

（2）直流短路故障电流上升率限制。

7.3.2 参数设计

一般来讲，电抗器可以使用常用的规格设计，没有特殊的要求。但为了减少传送到系统侧的谐波，电抗器上的杂散电容应该越小越好。同时换流阀在每个开关过程中的 du/dt 较大，由于杂散电容的作用会产生一个电流脉冲，此脉冲会对换流器阀产生很大的应力。因此在柔性直流输电系统中应该尽量使用干式空芯电抗器而不能使用油浸式带铁芯的电抗器。同时，由于换流器的高频谐波会通过桥臂电抗器，从而可能会对周围设备产生电磁干扰，因此还需要进行必要的屏蔽。当电抗器放于室外时，加以屏蔽还可以防止其他的外界因素对相电抗器造成干扰和损坏。

换流器等效换流电抗由连接变压器的漏抗和桥臂电抗两部分组成。影响等效换流电抗参数选择的因素主要有功率传输能力和控制的响应时间，其中起决定性作用的是换流器的功率传输能力。

基于 VSC-HVDC 稳态工作特性的换流电抗设计的主要思想是：通过研究 VSC-HVDC 稳态运行时的输出电压增益、直流侧电压、换流站功率输出性质与换流电抗取值之间的内在联系，以确定换流电抗的取值。

将 $P^*=0$ 代入式（7-1）和式（7-2）可得

$$\lambda = 1 + Q^* X^* \tag{7-7}$$

即，$\lambda = 1 + X^*$ 对应的最大输出无功功率 $Q_{max}^* = 1$，$\lambda = 1 + 0.5X^*$ 对应的最大输出无功功率 $Q_{max}^* = 0.5$，将输出电压增益 $\lambda = U_c^* / U_v^*$ 代入式（7-7）可得

$$\frac{U_c^*}{U_v^*} = 1 + Q^* X^* \qquad (7\text{-}8)$$

换流电抗大小决定了在给定换流站输出电压增益下的最大无功功率输出。因此在设计 VSC-HVDC 换流电抗值时，可以根据允许最大电压增益和要求的无功功率输出范围计算出相应的换流电抗值。例如当最大电压增益 λ 为 1.1 时，需要输出的最大无功功率 Q_{max}^* 为 0.5（标幺值），则由式（7-9）可知换流电抗 X^* 为 0.2（标幺值）。

同理，对于采用 SPWM 控制的 VSC-HVDC，把 $P^* = 0$ 代入 $P^{*2} + \left(Q^{*2} + \dfrac{1}{X^*}\right)^2 = \dfrac{3}{8}\left(\dfrac{U_d^*}{X^*}\right)^2$，可得

$$X^* = \frac{0.6123 U_d^* - 1}{Q^*} \qquad (7\text{-}9)$$

在已知换流站直流侧 U_d^* 和最大输出无功功率 Q^* 条件下，就可以得到该条件下的换流电抗允许值。例如当 $U_d^* = 1.8$、$Q^* = 0.5$ 时，与之对应的 $X^* = 0.204$。

在已知换流电抗的标幺值 X^* 后，由 $X^* = X \cdot S_N / U_N^2$ 和 $X = \omega L$ 可得换流电抗器有名值表达式为

$$L = \frac{X^* U_N^2}{\omega S_N} \qquad (7\text{-}10)$$

由上述分析可知，换流电抗的大小影响了换流器的最大无功功率输出能力，以 500MW/550MVA/±200kV 系统参数为例，换流电抗器的标幺值 X^* 分别为 0.25 和 0.3 时的功率运行区间如图 7-7 所示。图 7-7（a）所示为 $X^* = 0.25$ 时的功率运行区间，图 7-7（b）所示为 $X^* = 0.3$ 时的功率运行区间。

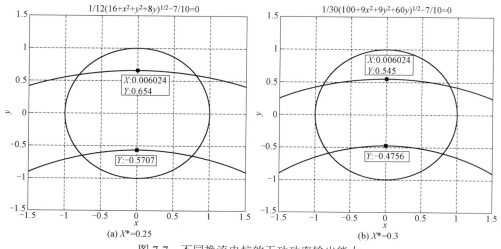

图 7-7　不同换流电抗的无功功率输出能力

两种情况下的无功功率输出范围见表 7-1。

表 7-1 不同设备误差组合时的无功功率传输能力

换流电抗器标幺值 X^*	发出最大无功功率	吸收最大无功功率
0.25	0.654	0.5707
0.3	0.545	0.4756

由表 7-1 可以明显地看到，换流电抗值越大，越不利于无功功率能力的提高。

换流电抗由连接变压器漏抗和等效桥臂电抗构成，需要确定两者各占总换流电抗的比例。而该比例的确定与连接变压器的体积和造价、交流短路电流抑制能力、直流短路电流抑制能力等相关，下面分别详述。

（1）连接变压器漏抗与其体积、造价的关系。连接变压器的漏抗与其容量和电压等级相关，某一容量和电压等级的变压器对应一个最佳的漏抗范围，如果要求变压器漏抗偏离该范围，则有可能额外增加变压器的占地和造价。根据 GB/T 6451—1999《三相油浸式电力变压器技术参数和要求》，可以获得大部分变压器的最佳漏抗范围。交流系统对变电站使用的普通交流变压器的漏抗没有特殊要求，但是在柔性直流输电系统中，由于变压器漏抗是换流电抗的一部分，有可能对其有特殊的要求。根据系统分析，若需求的变压器漏抗偏小，则在变压器设计中，需要使用的铁芯越矮粗；漏抗越大，铁芯越细高。

（2）直流短路电流抑制能力。直流短路故障下，桥臂电流由电容放电电流和交流侧注入的电流组成，其中电容放电电流起到决定性作用。故障闭锁前的短路电流主要由电容放电电流决定，而电容放电电流的大小和速度完全取决于桥臂电抗。短路电流注入示意如图 7-8 所示。

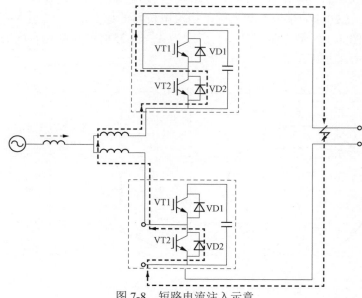

图 7-8 短路电流注入示意

故障下的桥臂过电流以电容放电电流为主，当桥臂电抗较小时，其电容放电电流上升速度快，对保护速度要求高。

电容放电电流分析如下：

电容放电等效电路如图 7-9 所示，为典型的二次谐振回路，其典型的电流波形为电流振荡波形，振荡电流最大值为

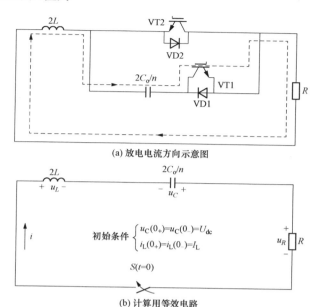

(a) 放电电流方向示意图

初始条件 $\begin{cases} u_C(0_+)=u_C(0_-)=U_{dc} \\ i_L(0_+)=i_L(0_-)=I_L \end{cases}$

$S(t=0)$

(b) 计算用等效电路

图 7-9 电容放电等效电路

$$I_{\max} = \sqrt{\frac{CU^2}{L}} \qquad (7\text{-}11)$$

振荡电流周期为

$$T = 2\pi\sqrt{LC} \qquad (7\text{-}12)$$

由于换流阀的保护需求，一般在故障后几毫秒才能实施闭锁，设闭锁时间为 t_0，闭锁以后，电流不再振荡上升，t_0 时电流约为

$$I_{f\_dc} = I_{\max} \sin\omega t_0 \qquad (7\text{-}13)$$

考虑叠加交流短路电流，实际的放电电流应大于 I_{f_dc}（见图 7-10），应据此对 IGBT 耐受电流进行校核，保证器件使用安全。

7.4 启动电阻器

柔性直流输电系统中启动电阻器位于连接变压器和换流电抗器之间，其位置如图 7-12 所示。启动电阻器只在静态充电过程

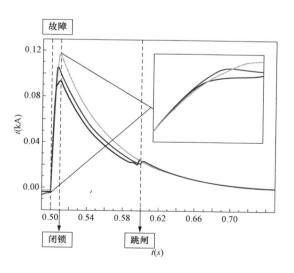

图 7-10 典型电容放电电流波形

中起作用，抑制合闸瞬间的冲击电流，当静态充电完毕后，利用与其并联的隔离开关将其旁路。

软启电阻的主要作用在于：限制阀侧电网对子模块直流储能电容的充电电流，使换流阀和相关设备免受高电流应力和高电流变化应力的冲击，保证设备的安全。

软启电阻阻值的选择需要考虑：

（1）充电时间要求和冲击电流限制要求，并根据系统电气参量和子模块负载特性来设计其电压等级和电流水平。

（2）在系统主拓扑中的放置位置一般在阀侧交流场以便于换流站布置。

软启电阻的电气参数可以根据 R、L、C 和二极管串联的单相等效电路进行设计，并考虑充电时间和软启瞬时功率的影响。

7.4.1 静态充电机理

STATCOM 运行方式下的静态充电过程是 HVDC 运行方式下充电过程分析的基础。下面针对 STATCOM 运行方式下 MMC 静态交流充电内部过程相关问题展开分析。

零状态充电时，由于子模块中二极管的箝位作用和合闸冲击电流的不对称共同作用，会造成各桥臂电容电压的不对称，同时冲击电流也会对子模块电容构成过电流危险；由于子模块电容电压不能突变，各桥臂电抗瞬间会承受 1/2 的线电压。为避免交流线路合闸时过冲电流和由此造成桥臂电抗过电压的不利影响，可在交流线路中接入带有旁路开关的限流电阻，在子模块建立起一定的电压后，再退出限流电阻，可大幅度限制冲击电流的大小，保证各相充电电流的相对均衡。为减小合闸时连接变压器的励磁涌流，可将限流电阻接于变压器网侧。

MMC 闭锁工况下的等效电路如图 7-11 所示，图中限流电阻 R_lim 为折算到变压器阀侧的值。

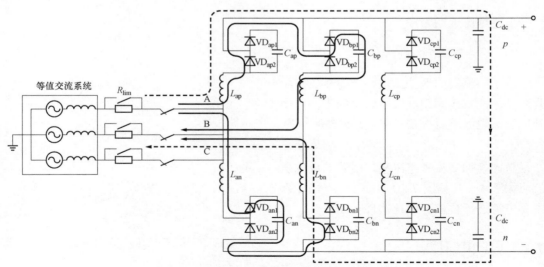

图 7-11　ωt_1 时刻 MMC 闭锁不控充电电流路径

从各相电压关系分析可知：当 A 相电压最低时，A 相上桥臂 A1 充电，且桥臂 A1 端间电压由 U_ba、U_ca 数值较大者决定；当 B 相电压最低时，B 相上桥臂 B1 充电，且桥臂 B1

端间电压由 U_{ab}、U_{cb} 数值大者决定；当 C 相电压最低时，C 相上桥臂 C1 充电，且桥臂 C1 端间电压由 U_{bc}、U_{ac} 数值大者决定；当 A 相电压最高时，A 相下桥臂 A2 充电，且桥臂 A2 端间电压由 U_{ab}、U_{ac} 数值较大者决定；当 B 相电压最高时，B 相下桥臂 B2 充电，且桥臂 B2 端间电压由 U_{bc}、U_{ba} 数值大者决定；当 C 相电压最高时，C 相下桥臂 C2 充电，且桥臂 C2 端间电压由 U_{ca}、U_{cb} 数值大者决定。各桥臂有 2/3 的工频周期存在充电可能，是否充电是由等效子模块电容电压和桥臂端间电压大小决定的。

当 U_{ab} =1 标幺值、U_{bc} = −0.5 标幺值、U_{ca} = −0.5 标幺值时，即图 7-12 中 ωt_1 时刻，此时 A 相下桥臂和 B 相上桥臂等效电容 C_{an} 和 C_{bp} 充电。

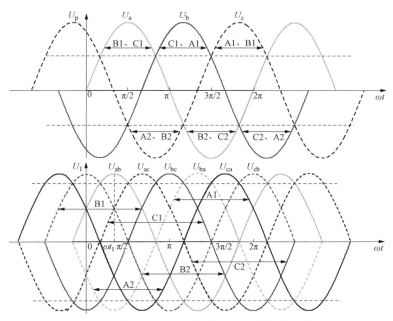

图 7-12 静态充电交流电压与充电桥臂对应关系

图 7-13 为 B 相上桥臂等效电容 C_{bp} 充电周期内线电压、电容电压和电流的波形示意。由于线路阻抗的作用，桥臂端间电压 u_{bp} 的幅值呈指数上升趋势。$t_0 \sim t_3$，线电压 u_{cb} 大于 u_{ab}，桥臂端间电压 $u_{bp}=u_{cb}$；$t_3 \sim t_6$，线电压 $u_{ab}>u_{cb}$，桥臂端间电压 $u_{bp}=u_{ab}$。

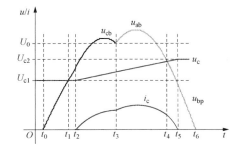

图 7-13 B 相上桥臂等效电容电压、
电流波形示意

具体而言可分为以下几个过程：

（1）t_0 时刻，桥臂端间电压 u_{bp} 过零，进入前文所述的 2/3 充电周期，此时等效电容电压为 U_{c1}。

（2）t_1 时刻，端间电压 u_{bp} 达到 U_{c1}，VD_{cp2}、VD_{bp1} 导通，VD_{cp1}、VD_{bp2} 截止，等效电容 C_{bp} 具备了充电条件，由于桥臂电抗 L_{bp}、L_{cp} 的作用，直至 t_2 时刻，反向充电电流减小为零并开始正向上升，等效电容电压也随即增大。

（3）t_3 时刻，桥臂端间电压 u_{bp} 为 u_{ab}，VD_{cp2} 截止，VD_{ap2} 导通，充电路径由 C 相转

至 A 相。

（4）t_4 时刻，等效电容电压与桥臂端间电压 u_{bp} 相等，电感作用使得电流不能立即为零，等效电容电压持续上升。

（5）t_5 时刻，充电电流为零，电容电压稳定到 U_{c2} 直至下个充电周期。

实际仿真结果如图 7-14 所示。

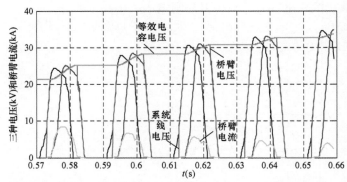

图 7-14　B 相上桥臂等效电容电压、桥臂电压、系统线电压和桥臂电流仿真结果

从以上分析可知，桥臂充电电流呈现间断性。特别地，当某充电周期内，等效电容电压 u_C 大于 U_0 时，充电周期内就可能出现断续，使得电流畸变更为严重。但由于二极管的箝位作用，非充电周期内子模块电容电压得以保持。

上述分析过程也适用于其他充电回路，各桥臂等效电容充电过程相对独立，充电间隔约 1/6 工频周期。对于整个 MMC 而言，各桥臂电流由各等效充电回路充电电流叠加而成，且由于各等效回路充电的间断性，得到桥臂电流以及子模块电容电压的解析表达式比较困难。可借助数字仿真软件，对所得到的波形进行曲线拟合，以寻求近似表达式。

7.4.2　静态充电等效模型

静态充电时，各桥臂子模块处于非工作状态，子模块应满足

$$\begin{cases} u_o = su_c \\ i_c = si_o \end{cases} \tag{7-14}$$

$$s = \begin{cases} 1 & i_o > 0 \\ 0 & i_o < 0 \end{cases}$$

式中　u_o——子模块输出电压；

u_C——子模块电容电压；

i_o——子模块输出电流；

i_C——子模块电容电流。

子模块电容上的电压、电流关系为

$$u_C = u_C^0 + \frac{1}{C}\int_0^t i_C \mathrm{d}t \tag{7-15}$$

式中　C——子模块电容值；

u_C^0——MMC 初始时刻子模块电容电压，其参考方向与 u_C 相同。

若设 $u_{ij} = (i = a,\ b,\ c;\ j = p,\ n)$ 为桥臂电压，$u_{Cijk}(k=1,\cdots,N)$ 为子模块电容电压，显然 $i_{oijk} = i_{oij}$，$s_{ijk} = s_{ij}$，则 $i_{Cijk} = i_{Cij}$，对于任意桥臂满足

$$u_{ij} = \sum_{k=1}^{N} s_{ij} u_{Cijk} \qquad (7\text{-}16)$$

各子模块电容值 C 相同，将式（7-15）代入式（7-16）中，可得

$$u_{ij} = \sum_{k=1}^{N} s_{ij} u_{Cijk}^0 + \frac{N s_{ij}}{C} \int_0^t i_{Cij} \mathrm{d}t \qquad (7\text{-}17)$$

桥臂各子模块具有相同的输入输出状态，因而可将换流桥臂 N 个串联子模块视为初始状态为 $\sum_{k=1}^{N} u_{Cijk}^0$ 的等效子模块，容值为 $C_{eq} = C / N$。可以得到如图 7-15 所示的等效模型。

当 HVDC 运行方式时，根据其应用场合，系统等效模型有两种。以典型两端输电系统为例，对于两端均为有源网络的输电系统，各站换流桥臂子模块的充电状态同 STATCOM 运行方式一致，各站均可等效成如图 7-15 所示的模型。对于中等输电距离，直流线路可采用 T 型等效。

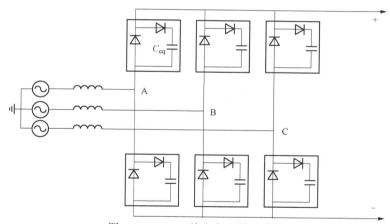

图 7-15　MMC 静态充电等效模型

对于一端为无源网络的系统，各换流桥臂依然满足上述等效。同时又由于交流电流为零，无源侧换流器各相单元上下桥臂大小相等，方向相同，即 $i_{0ip} = i_{0in} = i_{0i}$。各相单元电压 u_{ipn} 满足：

$$u_{ipn} = \sum_{k=1}^{N} s_i (u_{Cipk}^0 + u_{Cink}^0) + \frac{2N s_i}{C} \int_0^t i_{Ci} \mathrm{d}t + 2L \frac{\mathrm{d}i_{Ci}}{\mathrm{d}t} \qquad (7\text{-}18)$$

各桥臂电感值相同，无源侧换流器各相单元可等效为初始电压为 $\sum_{k=1}^{N} (u_{Cipk}^0 + u_{Cink}^0)$，容值为 $C/(2N)$ 的等效子模块，与初始电流为 i_{0i}、电感值为 $2L$ 的等效电感的串联。

由于二极管的箝位作用，有源站子模块电容电压仅与其交流系统有关。若仅考虑无源站电容的充电过程，此时系统简化等效模型如图 7-16 所示。

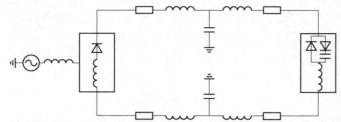

图 7-16   HVDC 运行方式一端无源 MMC 静态充电等效模型（单相图）

7.4.3   参数设计

从以上分析可知，桥臂等效子模块电容电压与直流电压相等，最终值稳定于系统线电压的峰值。合闸瞬间的冲击电流大小以及到稳定所需时间是工程设计时的两个关键点。在近似估算时，可将桥臂充电状态等效为一阶 RC 电路的零状态响应，桥臂各子模块电容电压相等，则有

$$u_{\text{sm}}(t) = \frac{\sqrt{2}U_1}{N}(1 - e^{-t\tau_1}) \tag{7-19}$$

式中　　τ_1——充电时间常数；

$u_{\text{sm}}(t)$——子模块电容电压；

U_1——系统线电压有效值；

N——桥臂子模块个数。

在相同线电压下，电容电压为零时，初始的合闸冲击电流最大；在相同电容电压下，线电压达到峰值时合闸，冲击电流是最大的，可以认为接近于换流器出口三相短路电流，此时可以忽略桥臂电抗及系统阻抗的影响，最大冲击电流的峰值为 $I_{\text{smm}} = \sqrt{2}U_1 / (2R_{\text{lim}})$，并在 $0 \sim T/2$ 时间内达到最大值。若不考虑峰值电流的上升时间，可以得到桥臂电流波形包络线的近似表达式为

$$i_{\text{pn}}(t) = \frac{\sqrt{2}U_1}{2R_{\text{lim}}} e^{-t\tau_2} \tag{7-20}$$

式中　　τ_2——桥臂电流衰减时间常数；

R_{lim}——交流限流电阻。

同理可以估算交流侧最大冲击电流的峰值为 $I_{\text{sm}} = \sqrt{2}U_{\text{p}} / R_{\text{lim}}$，以及相电流包络线的近似表达式为

$$i_{\text{sm}}(t) = \frac{\sqrt{2}U_{\text{p}}}{R_{\text{lim}}} e^{-t\tau_3} \tag{7-21}$$

式中　　τ_3——相电流衰减时间常数。

限流电阻的参数选择应保证其最大冲击电流不超过桥臂电流设计上限 I_{armm} 和相电流的过流保护动作值 I_{sp}。同时，应避免振荡充电现象。按此原则可确定限流电阻的取值下限

$$\begin{cases} R_{\text{lim}} > \sqrt{2}U_1 / (2I_{\text{armm}}) \\ R_{\text{lim}} > \sqrt{2}U_{\text{p}} / I_{\text{sp}} \\ R_{\text{lim}} > \sqrt{2NL/C_0} \end{cases} \tag{7-22}$$

显然，式（7-19）～式（7-21）中参数 $\tau_1=\tau_2=\tau_3$。根据电容电压与充电电流的关系，可得

$$\tau_1 = \tau_2 = \tau_3 = 2R_{\lim}C_0 / N \tag{7-23}$$

由于充电的间断性，使得充电时间延长。根据充电回路的作用时间，任意桥臂约有 1/3 的工频周期处于充电状态，近似估算时可以认为

$$\tau = 3\tau_1 = 6R_{\lim}C_0 / N \tag{7-24}$$

根据式（7-19），不控充电阶段电容电压终值为 $U_{smm} = \sqrt{2}U_1 / N$。

对于 $n+1$ 电平 MMC，稳定运行时满足

$$U_{smN} = \frac{2\sqrt{2}}{Mn}U_\varepsilon \tag{7-25}$$

式中　　U_{smN}——子模块电容电压额定值；

$\quad\quad U_\varepsilon$——MMC 交流出口相电压有效值。

定义电压调制比 M，当 $M=1$ 时，输出电压 u_ε 达到最大值 $U_{\varepsilon m} = \sqrt{2}nU_{smN} / 4$。又因换流器应具备一定的无功输出能力，故 $U_p < U_{\varepsilon m}$。且考虑有无冗余模块设计时，有 $n \leqslant N$。可得

$$\frac{U_{smm}}{U_{smN}} = \frac{MnU_1}{2NU_\varepsilon} = \frac{\sqrt{3}nU_p}{2NU_{\varepsilon m}} < \frac{\sqrt{3}}{2} \tag{7-26}$$

交流线电压通过等效子模块下臂二极管对直流线路对地电容进行充电箝位，直流电压最终值近似可认为是系统线电压的幅值，结合式（7-25）可得

$$\frac{U_{dcm}}{U_{dcN}} = \frac{MU_1}{2U_\varepsilon} = \frac{\sqrt{3}U_p}{2U_{\varepsilon m}} < \frac{\sqrt{3}}{2} \tag{7-27}$$

式中　　U_{dcm}——闭锁阶段直流电压终值；

$\quad\quad U_{dcN}$——直流电压额定值。

综上所述，MMC 静态充电子模块电容电压值与系统设计参数（U_p、$U_{\varepsilon m}$）、桥臂子模块数 N 和换流器输出电平数 $n+1$ 有关，子模块电容电压终值不到额定值的 $\sqrt{3}n / (2N)$。直流电压可以认为仅与系统设计参数(U_p、$U_{\varepsilon m}$)有关，直流电压终值近似等于系统交流线电压幅值，且小于额定值的 $\sqrt{3} / 2$。

7.5　接地电阻器

运行接地系统的作用：一方面可以为系统提供参考电位，降低系统绝缘耐压水平；另一方面可以监测系统接地故障时流过该装置的零序电流，提供保护。

对于柔性直流输电系统，运行接地方式主要有三种：①变压器中性点经阻抗接地；②接地变压器经零序阻抗接地；③直流侧接地。

直流侧接地是传统直流以及两电平最常采用的接地方式，该方式能够保证直流侧有直接相连的接地装置，可以保证直流电压的平衡性。

从结构上看，由于采用大电阻接地，应考虑损耗的限值要求。直流侧接地电阻流过电

流还应满足系统要求。

（1）损耗要求。设总的传输容量为 P，直流电阻总损耗不超过额定容量的 k 倍（$k \ll 1$），即 kP。此时电阻要求为

$$R \geqslant \frac{4U^2}{P} \qquad (7\text{-}28)$$

（2）直流侧接地电阻能够流过的电流必须大于通过直流电压分压器与电缆对地漏电流之和，否则主要起均压作用的就不是直流接地电阻了。因此直流接地电阻中流过的电流为

$$i_d \geqslant k(i_e + i_l) \qquad (7\text{-}29)$$

式中　k——直流电压钳位系数；

i_e——直流侧通过直流电压分压器电流（2mA）；

i_l——电缆对地漏电流（微安级）。

因此有

$$i_d = \frac{U_{dc}}{R_d} \geqslant k\left(i_e + i_l\right) \qquad (7\text{-}30)$$

所以

$$R_d \leqslant U_{dc} / k\left(i_e + i_l\right) \qquad (7\text{-}31)$$

电阻阻值应同时满足条件（1）和（2）的范围要求，介于上述计算结果之间。

7.6　平波电抗器

当输电距离比较长时，直流线路上通常要串联一个直流电抗器即平波电抗器用来削减直流线路上的谐波电流，以消除直流线路上的谐振。平波电抗器的电气位置如图 7-22 所示。

平波电抗器构成换流站直流侧的直流谐波滤波装置，能防止由直流线路或直流场设备所产生的过电压进入阀厅，从而使换流阀免于遭受过电压应力而损坏。平波电抗器能平滑直流电流中的纹波，有效抑制直流双极短路故障的故障电流上升速度。但设计平波电抗器时也要考虑它带来的负面影响，由于直流电压基本固定，输电功率的改变主要依赖于直流电流，因此直流电流改变的快慢直接影响到系统的动态特性，而平波电抗器是会阻碍电流快速变化的。电压源控制直流输电系统中使用的平波电抗器要比传统直流中的平波电抗器小得多，但设计方法是类似的。

7.6.1　参数设计原则

直流电抗器主要结合变压器短路阻抗、桥臂电抗器进行联合设计，需要考虑三个方面的因素：①子模块功率器件的 I^2t 限制；②直流短路故障电流终值承受能力限制；③桥臂电抗器和直流电抗器的优化配置，即在满足桥臂电抗器设计原则条件下尽量减小桥臂电抗器值，而直流短路故障电流利用直流电抗器进行抑制。

当直流线路短路时，模块化多电平换流器的等效电路模型如图 7-17 所示。该等效电路的数学模型可以表述为

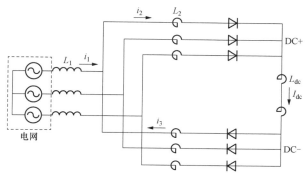

图 7-17　直流线路短路 MMC 等效电路模型

$$\begin{cases} I_1 = \dfrac{U}{2P_i \times 50(L_1 + L_2/2)} \\ I_{dc} = 3\sqrt{2}I_1/2 \\ I_2 = I_1/2 + I_{dc}/3 \\ I_3 = -I_1/2 - I_{dc}/3 \\ \dfrac{\mathrm{d}I_{dc}}{\mathrm{d}t} = \dfrac{\sqrt{2}U}{2(L_2/\sqrt{3} + L_{dc})} \end{cases} \qquad (7\text{-}32)$$

直流电抗器的设计还需要结合子模块延迟封锁的放电电流抑制。

7.6.2　参数设计

根据仿真研究，设计直流电抗器的参数时，由于器件的 I^2t 裕量足够，设计的依据主要是当直流短路故障发生且延迟 1ms 封锁脉冲时，将桥臂电流限制在一定水平，以保证子模块 IGBT 可靠关断，根据仿真计算可以得出直流电抗器电感值。

7.7　开关设备

为了故障的保护切除、运行方式的转换以及检修的隔离等目的，在换流站的内部需要装设许多开关设备，主要包括断路器、隔离开关和接地支路等。

其中隔离开关和接地支路主要是用来作为系统检修时切断电气连接和进行可靠接地的开关设备。根据要求，接地支路要放在检修人员可以直接看到的范围内。

交流侧断路器及开关设备是从交流系统进入柔性直流输电系统的入口，其主要的功能是连接和切断柔性直流输电系统和交流系统之间的联系。

由于柔性直流输电系统在启动时由交流系统通过换流器中的二极管向直流侧电容进行充电，此时相当于一个不控整流电路。由于换流器直流侧电容器容量较大，在断路器闭合时相当于向一个容性回路送电，在各个电容器上可能会产生较大的冲击电流及暂态恢复电压，所以在柔性直流输电系统的启动过程中，需要加装一个缓冲电路，串联一个启动电阻。这个电阻可以降低电容的充电电流，减小柔性直流系统上电时对交流系统造成的扰动和对换流阀上二极管的应力。

参 考 文 献

[1] 李亚男，蒋维勇，余世峰，邹欣. 舟山多端柔性直流输电工程系统设计[J]. 高电压技术，2014，08：2490-2496.

[2] 杨柳，黎小林，许树楷，等. 南澳多端柔性直流输电示范工程系统集成设计方案[J]. 南方电网技术，2015，1：63-67.

[3] 文俊，殷威扬，温家良，等. 高压直流输电系统换流器技术综述[J]. 南方电网技术，2015，02：16-24.

[4] 王熙骏，包海龙，叶军. 柔性直流输电技术及其示范工程[J]. 供用电，2011，2：23-26，80.

[5] 许伟. 基于模块化多电平换流器的柔性直流换流站过电压分析与保护[D]. 华北电力大学，2014.

[6] 张建坡，赵成勇，孙海峰，等. 模块化多电平换流器改进拓扑结构及其应用[J]. 电工技术学报，2014，29（8）.

[7] 赵成勇，李路遥，翟晓萌，等. 新型模块化高压大功率 DC-DC 变换器[J]. 电力系统自动化，2014，38（4）.

[8] 许烽，江道灼，黄晓明，等. 电流转移型高压直流断路器[J]. 电力系统自动化，2016，40（21）.

[9] 郭春义，刘文静，赵成勇，等. 混合直流输电系统的参数优化方法[J]. 电力系统自动化，2015，39（11）.

[10] 陈骞，陆翌，虞海泓，等. 基于 M57962AL 芯片的大功率 IGBT 驱动与保护设计[J]. 电力电子技术，2016，50（7）.

[11] 裴鹏，黄晓明，陆翌，等. 混合型直流断路器中高速开关的研究[J]. 电工电气，2015，（12）.

[12] 黄晓明，杨涛，邹学毅. 直流系统主动式接地保护装置研究与开发[J]. 供用电，2016，10（3）.

第 **8** 章

柔性直流输电工程的试验技术

目前采用柔性直流输电技术的工程往往是高压、大容量系统，其设备无法在实验室进行直接测试。为确保现场设备运行的安全稳定，设备出厂前必须针对一、二次设备开展详尽的试验项目，确保所有功能及性能满足招标技术规范要求后方可出厂。

8.1 子模块的试验

8.1.1 子模块的例行试验

子模块例行试验的目的是通过检验以下几点来证明制造是正确的：子模块中所用的所有部件和电子设备已按照设计正确安装；子模块预期的功能和预定的参数都处在规定的验收范围内；子模块有足够的电压耐受能力；子模块具有所要求的相容性和一致性。子模块例行试验包括：

（1）外观检查。检查子模块的外观和部件安装是否正确、完好无损。

（2）连接检查。检查子模块主要的载流接线是否正确。

（3）压力检查。连接好子模块的水路，给子模块通水流，检查子模块全部冷却管路是否有阻塞、泄漏或渗水现象。

（4）耐压检查。检验子模块能否耐受对应于阀规定的最大值电压。对子模块施加规定的直流试验电压，子模块在试验过程中应无任何击穿或闪络现象。

（5）最小直流电压试验。验证子模块中从直流电容取能的板卡电子设备性能。

在子模块端间施加最小直流试验电压，对子模块进行功率器件触发试验，检查功率器件能否正常触发，检查功率模块的反馈信号是否正确。

（6）最大连续运行负荷试验。检验子模块中功率器件在最大持续运行负荷时的电压、电流耐受能力。

连接子模块水路，调节水冷参数。控制功率模块工作在设定的最大运行负载电流条件下，直到热稳定，检查子模块的电压、电流应力。子模块在试验期间应正常工作，无异常反馈信号。

（7）最大暂时过负荷运行试验。检验子模块的最大暂时过负荷运行能力。

在子模块最大持续运行负荷试验之后，控制功率模块工作于最大暂时过负荷运行电流条件下，在规定的试验持续时间之后，控制模块重新运行于最大持续运行负荷，保持 10min。

子模块在试验期间应正常工作，无异常反馈信号。

（8）电磁兼容试验。验证模块的抗电磁干扰能力。

通过在"最大持续运行负荷试验""最大暂态过负荷运行试验"中监测子模块的工作状态来验证。试验过程中，子模块不应产生开关器件的误触发现象，电子电路板卡应正常工作，模块对上通信应正常，无数据丢失、报文错误等异常现象。

8.1.2　子模块的运行试验

子模块生产完成后需要模拟真实运行环境进行性能校验，其运行试验系统原理框图如图 8-1 所示。通过图中所示源子模块和被测子模块的控制，实现不同的运行电压和电流工况，完成对被测子模块的测试。通过该系统需完成的测试项目包括以下几项：

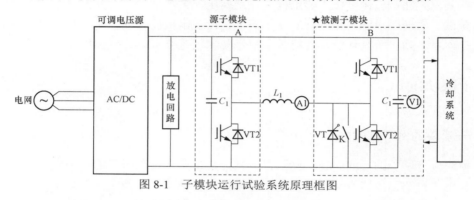

图 8-1　子模块运行试验系统原理框图

（1）子模块直流电容过电压保护试验。

（2）子模块直流电容欠电压保护试验。

（3）子模块取能电源故障保护试验。

（4）子模块驱动故障保护试验。

（5）IGBT 直通保护测试。

（6）子模块对外通信试验。

（7）子模块模拟量输入和 I/O 采集试验。

（8）子模块各元件入厂运行试验等。

8.2　换流阀的试验

8.2.1　阀段例行试验规范

子模块完成测试后，由几个子模块组成一个阀段，开展阀段在一定条件下的测试。阀段例行试验的目的是通过检验来证明制造是正确的：阀段中所用的所有部件和电子设备已按照设计正确安装；阀段具有所要求的相容性和一致性。具体测试内容包括：

（1）外观检查。检查阀段中所有材料和部件是完好的及安装正确。

（2）连接检查。检查所有主要的载流接线正确连接，阀段具有要求的相容性和一致性。

（3）压力检查。连接好阀段的水路，给阀段通水流，检查阀段的全部冷却管路是否有阻塞、泄漏或渗水现象。

（4）均压电路检查。检查阀段中模块的均压电阻参数及连接是否正确。

8.2.2 换流阀的运行试验

换流阀运行试验是为了验证所设计的换流阀在规定的正常运行条件和过负荷运行条件下，以及非正常运行条件和故障暂态运行条件下的运行性能，通过以下这些试验证明：

（1）在规定的各种试验条件下，阀的各项功能完善，具有正确的电压、电流波形，所有阀内部电路运行功能正确。

（2）在最恶劣的环境温度和运行条件下，仍能提供足够的冷却，没有元部件产生过热现象。

（3）阀损耗未超过规定的极限。

（4）阀具有正确保护，能避免在短路电流和过电流关断过程中对 IGBT 元件的破坏。

（5）在最严重的、重复出现的各种条件下，开通和关断时的电压、电流和温度不超过 IGBT 元件和阀内其他电路元件的承受能力。

（6）在不同温度或运行工况下，IGBT 元件能够可靠地实现过电流保护性能。

由于整个换流阀往往包含许多子模块，无法在实验室实现全阀组工况试验，往往采用阀段作为试验的单元，验证阀功能，每次试验中串联子模块数应大于或等于 5 级。

针对最大连续运行负荷试验、最大暂时过负荷运行试验以及最小直流电压试验项目，试验回路有三种可选，分别如图 8-2～图 8-4 所示。其中图 8-4 所示试验回路为背靠背试验系统，包括两个站，一端为整流站，另一端为逆变站，该回路对本章所有换流阀运行试验项目均适用。

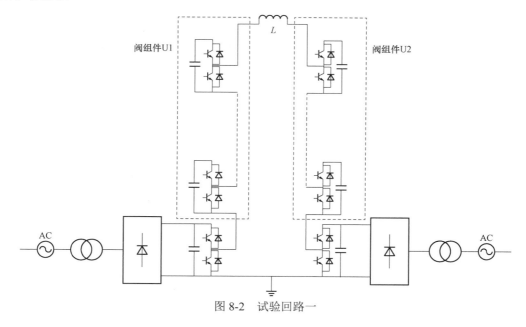

图 8-2 试验回路一

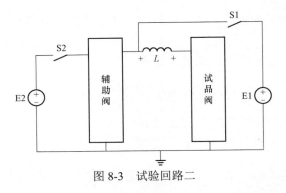

图 8-3　试验回路二

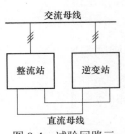

图 8-4　试验回路三

针对过电流关断试验项目，试验回路如图 8-5 所示。

针对短路电流试验项目，试验回路如图 8-6 所示。

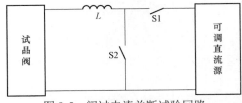

图 8-5　阀过电流关断试验回路

图 8-6　阀短路电流试验回路

具体试验项目包括：

1. 最大连续运行负荷试验

首先启动水冷系统，冷却水的进阀温度控制为 55℃（允许误差-1～+5℃），冷却水流量为平均单模块 1.5L/min。操作电路使阀组件运行在设定最大连续运行负荷电流条件下，在出水温度稳定后运行 30min。监测阀段运行电压、模块电压、电流应力及温度。

具体的单个子模块试验电压 U_t 计算式为

$$U_t = U_{d\max} k_1 \tag{8-1}$$

阀组件试验电流为

$$I_t = I_e k_2 \tag{8-2}$$

式中　$U_{d\max}$——最大持续运行直流电压，含纹波；

　　　I_e——额定运行电流；

　　　k_1——试验安全系数，$k_1 = 1.05$；

　　　k_2——试验电流系数，$k_2 = 1.05$。

2. 最大暂时过负荷运行试验

在进行该项试验之前，应使得阀组件在最大连续运行负荷试验工况下达到热平衡，之后开始该试验。操作电路使阀组件承受过电流负荷。

启动水冷系统，冷却水的进阀温度控制为 55℃（允许误差-1～+5℃），冷却水流量为平均单模块 1.5L/min。操作电路使电路运行在设定的最大暂时过负荷电流条件下，暂态时间为最大暂时时间（10s）的 1.2 倍。在出水温度稳定后进行本项试验，之后再进行 10min 最大连续运行负荷试验。

具体的阀组件试验电压 U_t 与试验电流计算式同式（8-1）、式（8-2），其中试验电流系

统 k_2 更改为 $k_2=1.5$。

3. 最小直流电压试验

该试验的目的在于验证在阀允许的最小直流电压下，从电容取能的电子电路设备的可靠性能。

试验要求阀子模块电压不大于额定电压的 50%，持续时间不少于 10min。整个运行期间阀工作正常。试验电压为

$$U_{min} = U_W k_2 \tag{8-3}$$

式中，U_W——实际运行中保证阀电子电路正常工作的子模块电容的最小直流电压；

k_2——试验安全系数，$k_2=0.95$。

4. 过电流关断试验

阀过电流关断试验主要验证在最严重的电压应力和瞬时高结温情况下，阀设计的合理性，尤其是 IGBT 及其相关控制保护电路的可靠性。

该试验分为阀组件上管（子模块结构中上 IGBT 半导体）过电流关断试验和阀组件下管过电流关断试验。在进行该项试验的同时，检查阀抗电磁干扰特性正常。

（1）上管过电流关断试验。开始该试验前，首先操作试验电路使得阀在最大连续运行负荷条件下进入热平衡状态。然后，闭锁阀组件进入试验状态。发驱动信号，使试品阀上管导通。使辅助阀下管导通。这样，试品阀电容、上管 IGBT、回路电抗器以及辅助阀下管 IGBT 构成放电回路，产生试验所需要的故障电流。

（2）下管过电流关断试验。与上管过电流关断试验一样，首先操作试验电路使得阀在最大连续运行负荷条件下进入热平衡状态。然后，闭锁阀组件进入试验状态。发驱动信号，使试品阀下管导通，使辅助阀上管导通。这样，试品阀电容、上管 IGBT、回路电抗器以及辅助阀下管 IGBT 构成放电回路，产生试验所需要的故障电流。

5. 短路电流试验

试验目的是验证在特定短路条件的电流应力下，检验二极管和相关电路是否合适，晶闸管和二极管能否承受反向恢复电压应力。

试验开始前，利用冷却水加热的方式使阀半导体结温达到 65℃，操作电路注入故障电流。电流大小根据实际短路可能产生的电流为参考，并考虑一定裕度，维持时间 100ms。

6. 阀抗电磁干扰试验

试验目的是验证阀抵抗从阀内部产生的及外部强加的瞬时电压和电流引起的电磁干扰的能力。阀中的敏感元件主要用于 IGBT 驱动、保护和监测的电子电路。

该项试验在最大连续运行负荷试验、最大暂时过负荷运行试验以及 IGBT 过电流关断试验中联合完成验证，因此除了试品阀，将对一个邻近的辅助阀进行充电和监测，检查是否有误触发信号或丢帧现象出现。在演示阀对电磁干扰的不敏感性时，辅助阀是被试阀。

试验前需要检查试品阀和辅助阀完好，运行回报正常，以保证阀抗电磁干扰的说服力，排除其他因素影响。

在启动、运行和停机过程中，被试阀组件应正常运行。

8.2.3 换流阀的绝缘试验

8.2.3.1 大气校正

通常，阀根据安装地点的海拔进行设计和试验。在确定试验室内绝缘试验的实际试验电压时，应考虑相应的 IEC 标准所规定的校正系数。为此，主设备的外绝缘水平被校正至设备运行环境：海拔低于 1000m、阀厅最高温度 50℃、10％相对湿度和换流站海拔对应的电压水平。下面计算的大气校正系数假设试验室环境为标准大气条件，实际试验时需考虑试验室的实际情况。

大气校正系数计算式为

$$k_{\mathrm{T}} = \frac{1}{\left(\delta_{\mathrm{A}}\delta_{\mathrm{T}}\right)^m} \tag{8-4}$$

式中 δ_{A}——海拔校正参数；

δ_{T}——温度校正参数；

m——指数系数。

对于海拔低于 1000m 的情况，$\delta_{\mathrm{A}}=1$。而温度校正参数 δ_{T} 计算式为

$$\delta_{\mathrm{T}} = \frac{273 + t_{\mathrm{nsc}}}{273 + t_{\mathrm{max}}} = \frac{293}{323} = 0.907 \tag{8-5}$$

因此，大气校正系数计算见表 8-1。

表 8-1 为大气校正系数

试验类型	m	k_{T}
直流耐压	0.6	1.050
交流耐压	0.95	1.080
操作冲击	0.75	1.062
雷电冲击	1	1.084

8.2.3.2 阀支撑结构的绝缘试验

该试验的试验目的如下：

（1）检验阀支撑、冷却水管、光纤的绝缘和其他同阀支撑相关的绝缘部件的耐受电压能力。

（2）验证局部放电的起始和熄灭电压高于阀支撑上出现的最大运行电压。

该试验的试验对象为阀支架，包括冷却水管、光通道、支撑结构、电晕屏蔽罩和所有正常运行时阀的其他组件。试验项目包括以下几项：

（1）直流耐压试验。

（2）交流耐压试验。

（3）操作冲击波耐压试验。

（4）雷电冲击波耐压试验。

8.2.3.3 阀端间绝缘试验

阀端绝缘试验的主要目的是验证设计的换流阀产品在最大稳态直流电压和短时过电压等各种过电压条件下的耐受能力，其试验项目包括：

（1）直流耐压试验。

（2）交直流耐压试验。

（3）湿态直流耐压试验。

8.2.3.4 换流阀背靠背运行试验

换流阀背靠背运行试验系统原理框图见图 8-7 所示，该系统包括冷却系统，具有去离子和加热功能，可同时对两个阀组件进行试验。其试验项目包括：

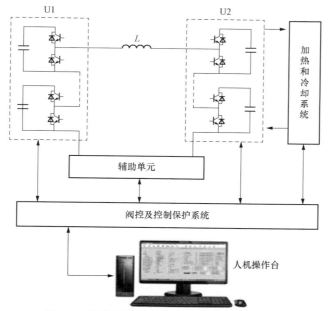

图 8-7　换流阀背靠背运行试验系统原理框图

1）最大连续负荷运行试验。

2）最大短时过负荷运行试验。

3）最小直流电压运行试验。

4）过流关断试验。

5）冗余切换试验。

6）通信功能试验。

7）冷却系统试验。

8）阀抗电磁干扰试验。

9）故障保护试验等。

8.3 控制保护系统的试验方法

对控制保护系统进行试验的目的是为了验证其符合设计准则，能够经受实际工程中各种运行工况并可靠工作的能力。而在实验室搭建一套换流阀装置用以控制保护系统并不可行，因此必须采用等效试验技术，模拟阀控系统在实际工程中的运行状态。具体的试验方法目前常用的有以下几种。

8.3.1 基于实时仿真系统的控制保护系统验证试验技术

实时仿真平台能够实现柔性直流输电系统的高效率、高精度仿真，真实反映大电网机电暂态的综合过程到柔性直流输电换流器系统精细电磁暂态的全动态过程，为控制系统和保护系统的设计提供有力的研究平台。

一套完整的实时仿真系统至少包括以下设备：

（1）完整的柔性直流输电直流控制保护设备。

（2）完整的柔性直流输电阀控设备。

（3）试验接口设备。

（4）实时仿真装置，目前常用的如 RTDS、RT-LAB 等。

基于 RT-LAB 的 MMC 柔性直流输电控制保护系统仿真结构如图 8-8 所示。

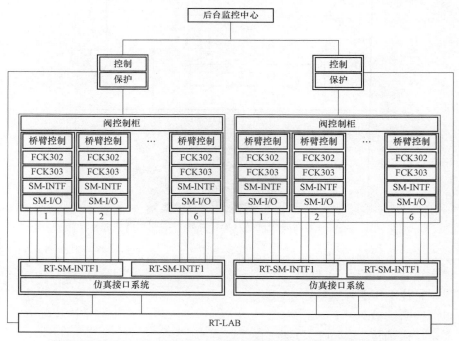

图 8-8　基于 RT-LAB 的 MMC 柔性直流输电控制保护系统仿真结构

在该仿真系统中，各设备均以实际工程中的功能参与运行，RT-LAB 仿真系统模拟实际换流阀，完成换流阀的仿真。MMC 单站总体仿真结构如图 8-9 所示。

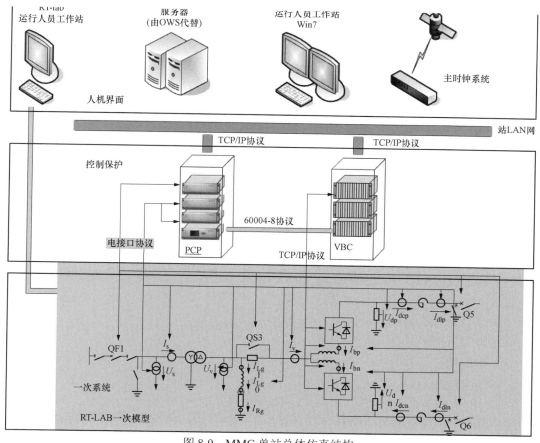

图 8-9　MMC 单站总体仿真结构

　　基于实时仿真系统的试验项目可分为分系统联调试验和系统联调试验，其中分系统联调试验主要为控制器的外部接口通信试验，系统联调试验包括对控制器的控制功能试验和保护功能试验。具体项目包括：

　　（1）阀控与控制保护设备的通信试验。

　　（2）系统联闭锁试验。

　　（3）换流器启动、停运等顺序控制试验。

　　（4）子模块电压均压控制和桥臂电流抑制的换流阀电压电流均衡控制试验。

　　（5）控制功能切换试验。

　　（6）对换流阀子模块和阀电气量的故障保护试验。

　　（7）阀控设备的故障保护试验等。

8.3.2　开环试验技术

　　开环试验分别对阀控接口柜和桥臂控制柜单独进行测试。

8.3.2.1　阀控接口柜开环测试

　　阀控接口柜开环测试主要用以验证阀控接口柜与上层及下层的通信、控制以及保护能力，其测试框图如图 8-10 所示。

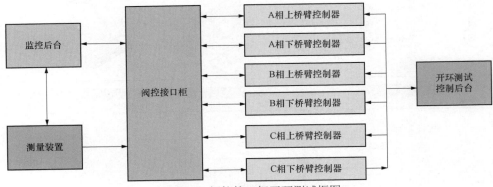

图 8-10 阀控接口柜开环测试框图

阀控接口柜开环测试主要完成以下几项内容：

（1）阀控接口柜通信功能测试。

（2）6 个桥臂控制运行状态监视功能测试。

（3）信号录波功能测试。

（4）保护功能测试。

（5）控制同步功能测试。

8.3.2.2 桥臂控制柜开环测试

桥臂控制柜开环测试主要检验阀控设备对子模块的接入能力，验证 MVCE300 与下行子模块级的数据交互和控制能力。其测试框图如图 8-11 所示。

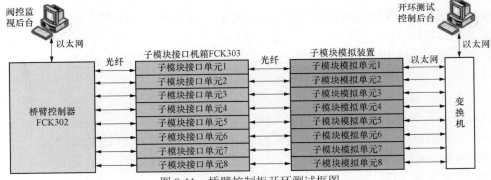

图 8-11 桥臂控制柜开环测试框图

桥臂控制柜开环测试主要完成以下几项内容：

（1）排序算法测试。

（2）桥臂控制柜通信功能测试。

（3）信号录波功能测试。

（4）桥臂控制柜接入子模块的功能测试。

（5）桥臂控制柜对子模块的运行状态监视功能测试。

8.3.3 背靠背控制保护整机试验系统

柔性直流换流阀的整机试验采用工程实际的控制保护系统 PCP 及换流阀阀基控制设备 VBC 设备，并采用少量的现场子模块，组成实际的背靠背试验系统，形成一套与实际功能等比例缩小的试验系统。背靠背试验系统运行时，功率模块运行工况均可再现实际工况，因此可在背靠背试验系统中实现对换流阀各种故障工况的模拟。背靠背整机试验有效地模拟了实际的控制系统带实际换流阀性能，更真实地反映了控制系统对真实装置的作用特性。

参 考 文 献

[1] 陆翌，胡文堂，陈金法，等. 500kV 直流融冰兼动补装置水冷系统现场试验及改进[J]. 浙江电力，2010，30.

[2] 陆翌，胡文堂，陈金法，等. 500kV 直流融冰兼动态无功补偿装置的晶闸管阀试验[J]. 浙江电力，2010，4.

[3] 华文，黄晓明，楼伯良，等. 宾金直流单极闭锁事故再现仿真分析[J]. 浙江电力，2016，35（2）.

[4] 董云龙，杨勇，田杰，等. 基于模块化多电平换流器的柔性直流输电动态模拟系统[J]. 电力系统自动化，2014，38（11）.

[5] 黄志岭，黄晓明，陈炜，等. 芦嵊直流无功优化方案仿真研究[J]. 高电压器，2014，50（6）.

[6] 华文，凌卫家，黄晓明，等. 舟山多端柔性直流系统在线极隔离试验[J]. 中国电力，2016，49（6）.

[7] 李敏，顾益磊，宋春燕，等. 含柔性直流输电系统的舟山海岛电网安全稳定分析[J]. 华东电力，2014，42（1）.

第9章

混合直流输电技术

基于电网换相换流器（Line Commutated Converter, LCC）的传统直流输电系统（Line Commutated Converter High Voltage Direct Current, LCC-HVDC)具有电压等级高、输送容量大、输电距离远等特点，同时相对柔性直流输电（VSC-HVDC）来说，其又存在工程造价低、运行损耗小等优点，目前已在海底电缆送电、大容量远距离输电、异步电网互联等场合得到了广泛应用。但是，由于 LCC-HVDC 采用半控型晶闸管作为换相元件，需要逆变侧交流系统具有一定的强度来辅助换相，因此其不适合向弱交流系统或无源网络送电。

由基于全控型电力电子器件的电压源型换流器（Voltage Source Converter, VSC）构成的高压直流输电系统具有独立控制有功/无功功率、不存在换相失败、可为无源孤岛供电等诸多优点，具有较好的发展前景。其中，模块化多电平换流器（modular multilevel converter, MMC）更以开关频率低、运行损耗小、扩展性强等优点受到普遍关注。但是，VSC 与 LCC 相比存在运行损耗大、制造成本高、技术成熟度低等缺点。

从 LCC-HVDC 和 VSC-HVDC 的优缺点来看，采用 LCC 和 VSC 相结合，通过制定合理的协调控制保护策略，发挥 LCC 容量大及 VSC 控制灵活的优势，克服 LCC 依赖电网换相和 VSC 容量小的缺点，显著提高技术经济性的混合直流输电技术具有较好的应用前景，其优势主要体现在：

（1）高可靠性大规模输电。利用 VSC 作为逆变端，抑制甚至避免 LCC-HVDC 换相失败和多馈入系统的继发性换相失败问题，增强系统运行抗扰性。

（2）稳定经济性能源传输。利用 VSC 作为交流电压支撑，采用 LCC 实现远距离无源供电和间歇性再生能源的大规模稳定接入。

（3）大规模负荷快速恢复。利用 VSC 快速启动 LCC，参与电网大停电后的恢复，可以显著改善恢复过程中的波动幅度并缩短暂态过程持续时间。

可以预见，混合直流输电技术拥有如下的潜在应用前景：

（1）我国现有的直流输电工程多数潮流单向输送，并且受端落点相对集中，迫切需要解决换相失败和继发性换相失败的问题。混合直流输电可适用于潮流单向输送的场合，即送端为电源（采用 LCC），受端为负荷中心（采用 VSC），从而避免了最为关注和担心的换相失败问题。再者，在多馈入直流输电系统中，通过将一个或几个 LCC-HVDC 系统逆变站改造为 VSC，将大大增加受端电网的强度和可靠性，可避免发生继发性换相失败的问题。因此，混合直流系统的应用将引起电网网架的结构性变革，有助于解决长期困扰学术界和工程界的直流落点过于集中可能造成的电网重大安全隐患问题。

（2）目前新能源发电如风力发电、光伏发电等迅速发展，VSC 侧无需外加换相电压，可以灵活控制交流母线电压，便于风电与光电并网。当另一侧交流系统有较大的短路容量时，可以考虑将 VSC 逆变器由 LCC 替代，不仅可以保留 VSC 对风电场电压和频率的良好控制特性，还可以降低另一侧的投资成本。同时因离岸风电场端采用 VSC，在风电场启动过程，该 VSC 可实现无源逆变，从而直接实现风电场的启动，省去了离岸风电场在启动过程中需外加交流电源的问题。

（3）作为构造能源互联网的重要技术手段，混合直流输电有望成为未来能源互联网的骨干框架，即以 LCC-HVDC 作为大规模能源集中送出和馈入的中心，以 VSC-HVDC 作为柔性送出和馈入点，构造安全、稳定、柔性、智能的广域能源互联网。

综上，混合直流输电技术以其独特的技术特点，在特定条件下可以表现出比传统直流输电和柔性直流输电更优越的技术性能，比柔性直流更低廉的造价以及更广泛的应用前景，在未来电网发展中将起到重要的作用。本章将重点探究混合两端直流输电系统、并联混合双馈入直流输电系统、混合双极直流输电系统和受端是无源网络的并联混合双馈入直流输电系统。

9.1 混合两端直流输电系统

根据 VSC 换流器和 LCC 换流器的组成数量和连接拓扑的不同，可以组成的混合直流输电系统的拓扑形式有两端型混合直流输电系统、多端型混合直流输电系统甚至是网络型混合直流输电系统。本节主要介绍混合直流输电系统的基本运行机理和特性，故以两端型混合直流输电系统即一端 VSC、一端 LCC 组成的混合直流输电系统为研究对象。根据 LCC 换流器和 VSC 换流器的安置位置，混合直流输电系统又可以分为如下两种拓扑结构：

（1）整流侧采用 LCC 换流器、逆变侧采用 VSC 换流器构建的混合直流输电系统。由于 LCC-HVDC 的逆变站存在发生换相失败的风险，尤其当 LCC-HVDC 馈入弱交流系统时，发生换相失败的概率更高。为了避免 LCC-HVDC 的逆变侧发生换相失败，可以考虑将 LCC-HVDC 的逆变站改造成为 VSC 换流站，从根本上解决 LCC 逆变站的换相失败问题，同时也可以避免建设全 VSC-HVDC 工程所需的巨大成本，在经济和技术上达到一个较好的平衡。我国海岸线绵长，离岸岛屿数量众多，且岛屿上难以建设大型发电设备、柴油发电成本高昂、环境污染严重，而采用交流电缆送电又会产生其他的问题，如果采用整流侧为 LCC、逆变侧为 VSC 的混合直流输电系统，则可以利用相对较小的成本解决向离岸岛屿送电的难题。目前，直流输电工程的规模越来越大，将来会有更多的直流输电工程投入运行，这样就会造成在某一区域电网形成多直流同时馈入的局面，此时一旦受端交流系统发生故障极易引起 LCC-HVDC 发生级联换相失败的问题，对交流系统造成极大的扰动。为了避免发生这种问题，此时可以考虑将其中部分直流输电工程的逆变侧改造为 VSC 系统。

（2）整流侧采用 VSC 换流器、逆变侧采用 LCC 换流器构建的混合直流输电系统。随着全球范围内环保意识的增强，各国均在大力发展风能、太阳能等新能源发电项目，而现阶段新能源电力传输的理想方式主要是 VSC-HVDC 系统。但是采用 VSC-HVDC 进行电力输送，建设成本较高。当电网侧的系统强度较大时，LCC-HVDC 不易发生换相失败，因此 VSC-HVDC 的逆变侧可以由 LCC 取代，即形成整流侧为 VSC、逆变侧为 LCC 的混合直流输电系统。相比于 VSC-HVDC 工程，该混合直流系统还可以大大减小逆变侧的投资，从而实现可靠性和经济性之间较好的平衡[3]。

9.1.1 LCC-VSC 混合直流输电系统

9.1.1.1 LCC-VSC 混合直流输电系统的接线方式

1. 单极型 LCC-VSC 混合直流输电系统

单极型 LCC-VSC 混合直流输电系统中 LCC 侧由一个基于电网换相的 12 脉动换流器构成，VSC 侧由一个 VSC 换流器构成，其结构如图 9-1 所示。其特点是一极承受全部直流电压，另一极对地电压为 0，通过大地构成回路，好处是可以省去一条直流输电线，线路造价降低。但其运行的可靠性和灵活性均较差，一旦发生故障退出运行会损失全部直流功率，同时对接地极要求较高。现阶段受电力元件制造技术等条件的限制，在可接受的成本范围内 VSC 的电压等级、传输容量均小于 LCC，因此该接线方式的混合直流输电只适用于低电压、小容量输电领域，如新能源电力的传输，当然也可用于双极型混合直流输电系统的分阶段建设中，使工程尽快投运。需要注意的是，该接线方式的换流变压器存在直流偏置问题。同时，也可以参考单极金属回线 LCC-HVDC 的形式，构建单极金属回线的 LCC-VSC 混合直流输电系统，其应用条件与前述单极大地回线的 LCC-VSC 混合直流输电系统相同，此处不再详述，该方案虽然添加了一条金属回线，增加了线路成本，但是只需要一个接地极，减少了接地极的投资。

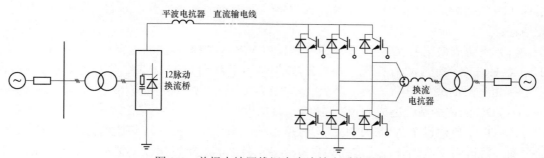

图 9-1 单极大地回线混合直流输电系统结构

2. 双极型 LCC-VSC 混合直流输电系统

双极型 LCC-VSC 混合直流输电系统的结构如图 9-2 所示，它可以看作是前文单极大地接线的 LCC-VSC 混合直流输电系统并联而成，在 LCC 侧构成双极中性点接地的 12 脉动换流桥，在 VSC 侧构成两组 VSC 换流器在直流侧串联结构，两组换流器间中性点接地。同理，也可以构建双极金属回线 LCC-VSC 混合直流输电系统。这种双极型 LCC-VSC 混合直流输电系统具有一系列的优点：

（1）直流侧故障只影响故障极，而健全极基本不受影响，可以实现单极运行，提高了系统的可靠性。

（2）提高了混合直流输电的传输容量与电压等级。

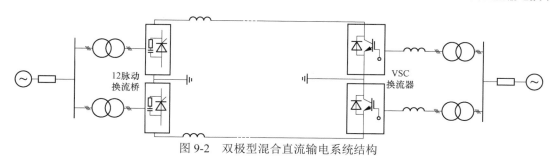

图 9-2　双极型混合直流输电系统结构

（3）可根据需要运行于双极平衡、双极不平衡、单极大地回线等多种运行方式，极大地提高了系统运行的灵活性。

（4）有利于实现工程的分期建设投运，先行投入生产创造经济效益，解决同时建设带来的建设工期长、资金压力大的难题。

3. 伪双极型 LCC-VSC 混合直流输电系统

伪双极型 LCC-VSC 混合直流输电系统的结构如图 9-3 所示。其 LCC 侧由双极中性点接地的 6 脉动换流桥构成，VSC 侧由设置有虚拟接地点的 VSC 换流器构成。该系统通过在中性点设置接地点，可以有效降低两条直流极线在运行过程中承受的电压，可以降低线路的绝缘水平，减少输电线路的投资。但是该系统的结构也决定了其具有的重大缺陷：不能单极运行，一旦发生故障只能全站停运，丧失全部功率，运行可靠性低于双极混合直流输电系统，且电压等级和输送容量仍然受 VSC 限制。

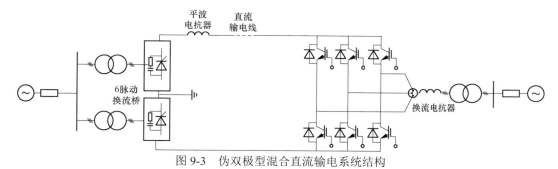

图 9-3　伪双极型混合直流输电系统结构

9.1.1.2　LCC-VSC 混合直流输电系统的启动控制策略

1. LCC-HVDC 系统的启动方法

LCC-HVDC 的启动程序主要包括换流变压器网侧断路器操作、直流侧开关设备操作、换流器解锁、直流功率按指定速度上升到整定值。其主要步骤如下：

（1）两端换流站换流变压器网侧断路器分别合闸，使换流变压器和换流阀带电。

（2）两端换流站分别进行直流侧开关设备操作，以实现直流回路的连接。

（3）两端换流站分别投入适量的交流滤波器。

（4）在触发角 $\alpha = 90°$（或大于 90°）的条件下，先解锁逆变器，后解锁整流器。

（5）逐步升高逆变侧直流电压参考值至稳态运行时的额定值，同时逐步升高整流侧直流电流参考值至运行的额定值。

2. VSC-HVDC 系统的启动方法

在 VSC-HVDC 系统中常用的启动控制方法分为以下两个步骤：

（1）先闭锁 IGBT 等可关断器件的触发脉冲，由 6 个桥臂的反并联二极管构成的整流电路来实现对直流侧电容的充电。

（2）当直流侧电容两端的电压上升到一定值时，解锁触发脉冲，并切换到正常控制方式。

这里需要指出的是，为了防止充电阶段产生过电流威胁系统的运行，在充电过程中投入限流电阻限制充电电流的幅值，当直流电压上升到一定值时再切除限流电阻。

3. LCC-VSC 混合直流输电系统的启动方法

混合直流输电系统启动时利用整流侧 LCC 建立直流电压，通过直流线路为逆变侧 VSC 直流电容充电，待直流电压达到额定值再解锁 VSC，切换到正常的控制方式。

启动阶段具体步骤如下：

（1）LCC 换流站换流变压器网侧断路器合闸，使换流变压器和换流阀带电，VSC 换流站换流变压器网侧断路器断开，闭锁触发脉冲。

（2）两侧换流站分别进行直流侧开关设备操作，以实现直流回路的连接。

（3）LCC 侧投入适量的交流滤波器支路。

（4）在触发角 $\alpha=90°$（或大于 90°）的条件下，解锁 LCC 整流器，逐步升高直流电压参考值至运行的额定值。

（5）利用整流侧 LCC 建立的直流电压，通过直流线路为逆变侧 VSC 电容充电。

（6）直到直流电压上升到额定值时，VSC 换流站换流变压器网侧断路器准同期并列合闸。

（7）VSC 换流站解锁触发脉冲，切换到正常的控制方式。

向有源网络输电时，控制方法采用整流侧 LCC 定直流电压，逆变侧 VSC 定直流电流与定交流电压控制。向无源网络供电时，控制方法采用整流侧 LCC 定直流电压，逆变侧 VSC 定交流电压控制。

9.1.2 VSC-LCC 混合直流输电系统

VSC-LCC 混合直流输电系统在结构上与 LCC-VSC 相反，即整流侧采用 VSC 换流器、逆变侧采用 LCC 换流器。VSC 换流器采用全控型器件作为换相元件，无需外加换相电压，同时采用 d-q 解耦的直接电流控制策略，有功、无功功率独立控制，可以灵活控制交流母线电压。VSC-LCC 型混合直流输电系统结合了 LCC 和 VSC 两者的优点，降低了直流输电系统的造价，使其在远距离海上风电、光伏发电的并网方案中具有独特的优势和竞争力。虽然通常风电场接入的受端交流系统强度较强，但是由于其逆变侧采用基于半控器件的 LCC 换流器，仍有发生换相失败的可能性。对此，可以充分利用 VSC 换流器控制策略灵活快速的特点，设计相对应的控制方法，在一定程度上降低逆变侧换流站发生换相失败的概率。

9.1.2.1 VSC-LCC 混合直流输电系统的接线方式

同 LCC-VSC 混合直流输电系统的接线方式类似，VSC-LCC 混合直流输电系统的接线方式也可以为单极大地回线、单极金属回线、双极两端中性点接地、伪双极接线等接线方式，其中各种接线方式的特点也与对应的 LCC-VSC 混合直流输电系统的接线方式类似，此处仅以单极大地回线 VSC-LCC 混合直流输电系统的接线方式为例进行说明，其余不再赘述。

2 个 12 脉动 LCC 串联作为逆变器、VSC 换流器作为整流器的 VSC-LCC 混合直流输电系统接线方式如图 9-4 所示。

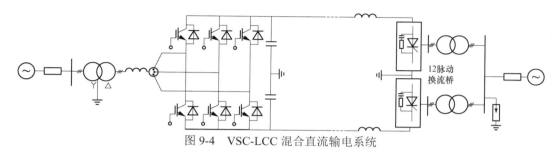

图 9-4 VSC-LCC 混合直流输电系统

9.1.2.2 VSC-LCC 混合直流输电系统的换相失败抑制方法

由于 VSC-LCC 混合直流输电系统的逆变侧采用基于半控型器件的 LCC 逆变器，因此即便受端交流系统强度较高依然具有换相失败的风险，为了降低 LCC 逆变器发生换相失败的概率，提高系统运行的可靠性，需要有针对性地设计相应的 VSC-LCC 的协调控制策略，下面具体阐述相关策略。

1. LCC 侧定关断角备用控制

所设计的逆变侧 LCC 控制器如图 9-5 所示，VSC-LCC 混合直流输电系统正常运行时，LCC 侧工作于定直流电流模式，根据 LCC 侧定直流电流控制器的特性，当逆变侧发生故障造成直流电流增大时，将减小逆变侧超前触发角 β_1，造成关断角 γ 更小，进而增加了换相失败发生的概率。因此，在 LCC 侧加入定关断角控制，作为定直流电流的备用控制。根据定关断角控制器的特性，故障发生后，关断角将减小，从而控制器会增大超前触发角 β_2，从而为关断角 γ 留下裕度。两个控制器产生的 β_1 与 β_2 取最大值 β 后，将其用于触发控制。系统正常运行时，取定直流电流控制产生的 β_1 用于触发控制；系统发生故障后的一段时间内，取定关断角备用控制产生的 β_2 用于触发控制；故障消失后，系统重新切换为定直流电流控制，从而恢复为正常状态。需要注意的是，在设计控制器时，正常工作时的定关断角备用

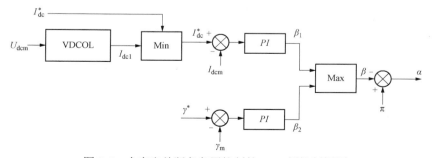

图 9-5 含有定关断角备用控制的 LCC 侧控制框图

控制产生的 β_2 应略小于定直流电流控制产生的 β_1，以使系统工作于定直流电流模式，但 β_1 与 β_2 之间的差值不宜过小以防止两种控制模式的频繁切换，也不宜过大以避免控制模式切换时 β 变化幅度过高造成系统的暂态冲击。

2. VSC 侧低压限压控制器

（1）低压限压控制器的原理。整流侧 VSC 低压限压控制器原理如图 9-6 所示：在整流侧 VSC 定直流电压控制中加入低压限压控制 VDVOL，其原理为当检测到逆变侧 LCC 交流母线发生故障时，启动整流侧 VDVOL，将直流电压参考值降低，其降低程度取决于逆变侧交流母线电压下降程度，系统工作于降压运行方式。在故障消失且系统稳定后，将直流电压整定值上升至额定值，恢复功率传输。此控制方法可以在故障时减小 U_{d1}，抑制直流电流的上升，当故障较轻时可以抑制换相失败的发生；当故障严重以致换相失败不可避免时，可以帮助系统快速恢复。

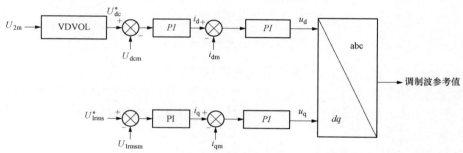

图 9-6　含有 VDVOL 的 VSC 侧控制框图

（2）低压限压控制器的参数设计。由 LCC 参数计算公式可得式（9-1）

$$U_{d1} = -1.35U_{2\cos\alpha} + I_{dc}\left(R_d + \frac{3}{\pi}X_r\right) \tag{9-1}$$

即 VSC 侧直流电压 U_{d1} 参考值应与逆变侧交流母线电压 U_2 呈线性关系（由于延迟触发角 α 为 $90°\sim180°$，因此 $-1.35U_{2\cos\alpha}$ 为正值）。为预防换相失败，VDVOL 的参数设计见式（9-2）

$$\Delta U_{d1} = (-1.35K_{VDVOL}\cos\alpha)\Delta U_2 \tag{9-2}$$

考虑一定的裕度以及电压波动范围后，确定了 VDVOL 的区间边界值及其参数设置。以本章算例为例，得到 VDVOL 的参数设计见式（9-3），其外特性曲线如图 9-7 所示，其中 $K_{VDVOL}=2.5$

$$U_{d1} = \begin{cases} 1.0(标幺值) & U_2 \geqslant 0.95(标幺值) \\ [1-(-1.35K_{VDVOL}\cos\alpha\Delta U_2)](标幺值) & 0.85(标幺值) < U_2 < 0.95(标幺值) \\ 0.5(标幺值) & U_2 \leqslant 0.85(标幺值) \end{cases} \tag{9-3}$$

综合上述控制方法，可以得到 VSC-LCC 混合直流输电系统的 U_d-I_d 特性曲线如图 9-8 所示。

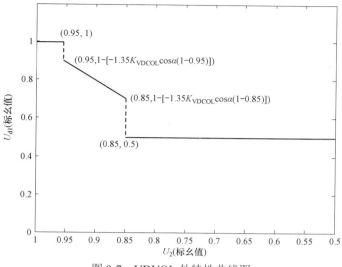

图 9-7　VDVOL 外特性曲线图

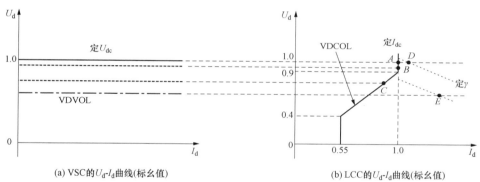

图 9-8　VSC-LCC 混合直流输电系统稳态 U_d-I_d 特性

曲线（正常运行时稳态运行点为点 A）

下面将介绍 VSC-LCC 混合直流输电系统的典型运行模式，其运行点参见图 9-8。在图中：

1）当系统正常运行时，整流侧 VSC 工作于定直流电压模式，逆变侧 LCC 工作于定直流电流模式，稳态运行点为点 A。

2）当系统工作于降压模式时，整流侧 VSC 直流电压参考值降低，逆变侧 LCC 的 VDCOL 未启动，仍工作于定直流电流模式，此时系统运行点移动到点 B。

3）当系统继续降压运行时，整流侧 VSC 直流电压参考值继续降低，逆变侧 LCC 的 VDCOL 启动，工作于低压限流模式，此时系统运行点移动到点 C。

4）当逆变侧发生故障水平较小的接地故障时，整流侧 VSC 的 VDVOL 尚未启动，仍工作于定直流电压模式，逆变侧 LCC 定关断角备用控制启动，此时系统运行点移动到点 D。

5）当逆变侧发生故障水平较大的接地故障时，整流侧 VSC 的 VDVOL 启动，逆变侧 LCC 定关断角备用控制启动，此时系统运行点移动到点 E。

9.2　混合双极直流输电系统

9.2.1　混合双极系统结构和模型

混合双极系统结构如图 9-9 所示，正极采用 LCC-HVDC 子系统，负极采用 VSC-HVDC 子系统。图中的 S1、S2 和 Zs1、Zs2 分别表示混合双极系统的等值送、受端交流系统及其等值系统阻抗。换流变压器 Ts1、Ts2 和 Tr1、Tr2 分别是正、负极 LCC-HVDC 的整流和逆变侧变压器。

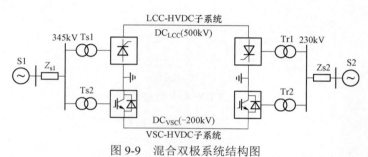

图 9-9　混合双极系统结构图

混合双极系统的简化模型如图 9-10 所示。

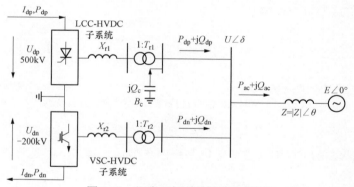

图 9-10　混合双极系统的简化模型

P_{ac}，Q_{ac}—交流系统侧有功和无功功率；$U\angle\delta$—交流母线电压；Z—系统等效阻抗；$E\angle0°$—交流系统电动势；P_{dp}，Q_{dp}—LCC 极有功和无功功率；U_{dp}，I_{dp}—LCC 极直流电压和直流电流；X_{r1}，T_{r1}—LCC 极换流变压器的阻抗和变比；B_c，Q_c—LCC 极无功补偿装置的等效电纳和无功容量；U_{dn}，I_{dn}—VSC 极的直流电压和直流电流；P_{dn}，Q_{dn}—VSC 极的有功和无功功率；X_{r2}，T_{r2}—VSC 极的换流变压器的阻抗和变比

9.2.2　混合双极系统协调控制策略

混合双极直流输电系统由 LCC-HVDC 子系统和 VSC-HVDC 子系统组成，为了发挥两者的优势需要建立一种有效的 LCC 和 VSC 之间的协调控制策略。

对于正极 LCC-HVDC 子系统，采用与 CIGRE 标准测试模型相同的控制策略。对于负极 VSC-HVDC 子系统，整流侧采用定直流电压和定交流电压的控制方式，逆变侧采用定直流电流和定交流电压的控制方式。需要注意的是，负极 VSC-HVDC 子系统逆变侧采用定直流电流的控制方式是为了方便控制混合双极系统正负极共同作用之后的地电流为零。

9.3　受端是无源网络的并联混合双馈入系统

由于 LCC-HVDC 系统采用无自关断能力的半控型晶闸管作为其换相器件，其正常运行时需要所连接的交流系统为其提供换相电压支撑，因此其不具备供电无源网络甚至弱受端交流系统的能力。而且 LCC-HVDC 系统在正常运行时需要消耗大量的无功功率，需要大量的无功补偿设备来补偿其无功消耗，更决定了单独运行的 LCC-HVDC 系统不能供电无源网络，不能作为黑启动电源。VSC-HVDC 系统由于采用全控型器件作为其换相器件，因此其正常运行时不需要所连接的交流系统为其提供换相电压支撑，可以供电弱受端交流系统甚至无源网络。同时由于 VSC-HVDC 系统采用基于 dq 解耦的直接电流矢量控制策略，因此其正常运行过程中可以控制换流器与交流系统交换的无功功率，甚至可以在需要时向交流系统馈入无功功率，稳定交流母线电压，因此在合理的控制方式下其可以作为黑启动电源，促进电网在故障后的恢复进程。但是，VSC-HVDC 系统也有一些缺点：在现有技术条件下，其电压等级和输送容量均小于 LCC-HVDC 系统，且在相同容量和相同电压等级条件下，VSC-HVDC 系统比 LCC-HVDC 系统的投资和换流器损耗都要大，不过在我国柔性直流主要采用 MMC-HVDC 系统，其损耗已可以做到和 LCC-HVDC 系统相媲美的程度。

鉴于此，本节充分利用 LCC-HVDC 系统和 VSC-HVDC 系统的优点，提出了受端系统大停电后电网恢复初期利用由 LCC-HVDC 系统和 VSC-HVDC 系统组成的并联混合双馈入系统向无源网络系统供电的思路，而且该系统还可以作为电网故障恢复时的黑启动电源。在此基础上，介绍了利用 VSC-HVDC 系统启动 LCC-HVDC 系统的原理和方法，而且从理论上分析了受端系统是无源网络时并联混合双馈入系统 LCC-HVDC 系统和 VSC-HVDC 系统之间的相互影响。

9.3.1　LCC-HVDC 参与电网恢复的意义

本节中所分析的受端系统为无源网络时并联混合双馈入系统的运行特性，可以为电网故障后的恢复过程提供一种可选的积极手段。当受端交流系统由于故障等原因出现大范围停电而失去电源时，从受端系统来看就是由 LCC-HVDC 系统和 VSC-HVDC 系统组成的并联混合双馈入（或多馈入）系统向无源网络供电的情形。在这种情况下，如果将 LCC-HVDC 系统完全退出运行，将失去一个很大的电源，势必会对整个系统带来很大的冲击。如果可以利用已经存在的 VSC-HVDC 系统，则可为 LCC-HVDC 系统提供一定的换相支撑，使其也可以向无源网络输送一定的有功功率。同时，VSC-HVDC 系统可以对交流电压提供支撑，LCC-HVDC 系统可以对有功功率进行快速调节，二者之间有效地协调配合，将大大加快整个系统故障恢复的速度。目前我国已经建成 LCC-HVDC 线路 20 余条，另有多条 LCC-HVDC 输电线路在建或处于规划阶段，未来直流输电将成为我国电力输送的主要方式之一，因此研究利用直流输电线路参与故障后的电网恢复具有重要的意义。

需要注意的是，下文中所提到的无源网络均是针对当受端系统大停电后电网恢复初期时的无源网络。

9.3.2　受端是无源网络时并联混合双馈入系统的结构和控制策略

受端系统是无源网络时并联混合双馈入直流输电系统的结构如图 9-11 所示，将 VSC-HVDC 子系统与 LCC-HVDC 子系统馈入在同一交流母线上，其公共受端系统是无源网络。其中，交流断路器 BRK 用来将 LCC-HVDC 子系统连接到公共母线 B1 处。受端无源网络处的负荷采用静态负荷模型，变压器 Tr3 用来将负荷连接到交流母线 B1 处。

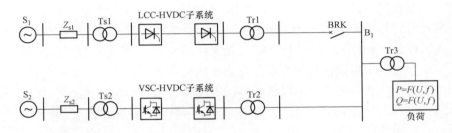

图 9-11　受端系统是无源网络时混合双馈入直流输电系统的系统结构

由于图 9-11 中并联混合双馈入直流输电系统的受端是无源网络，而且 LCC-HVDC 子系统正常工作需要换相支撑，所以 VSC-HVDC 子系统的逆变侧必须采用定交流电压的控制方式。而对于 VSC-HVDC 子系统的整流侧，采用定直流电压和定交流电压的控制方式。对于 LCC-HVDC 子系统，采用 CIGRE 标准测试模型的控制系统。

如图 9-11 所示，初始状态时，LCC-HVDC 子系统不投入运行，而且受端是无源网络，断路器 BRK 初始状态是断开状态。首先利用 VSC-HVDC 子系统向无源网络供电，并通过逆变侧的定交流电压控制使母线 B1 处的交流电压稳定在额定值，然后闭合断路器 BRK，启动 LCC-HVDC 子系统。

由于受端系统为无源网络，为了保证 LCC-HVDC 和 VSC-HVDC 同时正常运行，这里将 LCC-HVDC 电流的参考值设为 0.2（标幺值）。一方面为了减小 LCC-HVDC 启动和运行时对 VSC-HVDC 系统的冲击；另一方面可以通过减小 LCC-HVDC 系统的实际输送功率来提高 LCC-HVDC 系统的运行短路比（Operating Short Circuit Ratio, OSCR），保证其可以正常稳定地运行。这种运行状态的持续时间不会特别长，当受端系统部分电源恢复后，就可以通过增大电流参考值使 LCC-HVDC 逐步增加输送功率，最终达到额定功率，从而帮助整个系统从故障中快速恢复。

9.3.3　LCC-HVDC 和 VSC-HVDC 的相互影响

1. 正常运行状态时的相互影响

当并联混合双馈入直流输电系统向无源网络供电时，在任何一个正常运行状态点，首先需要满足有功功率和无功功率的平衡，即在受端交流母线 B1 处有如下关系

$$\begin{cases} S_{\text{VSC}} = \sqrt{P_{\text{VSC}}^2 + Q_{\text{VSC}}^2} \\ P_{\text{VSC}} = P_{\text{load}} - P_{\text{LCC}} \\ Q_{\text{VSC}} = Q_{\text{LCC}} + Q_{\text{load}} - Q_{\text{C}} \end{cases} \tag{9-4}$$

P_{LCC} 和 Q_{LCC} 可以表示为

$$\begin{cases} \begin{aligned} P_{\text{LCC}} &= U_{\text{d}2} I_{\text{d}} \\ &= \left(1.35 k U_{\text{b}} \cos\gamma - \frac{3}{\pi} X_2 I_{\text{d}} \right) I_{\text{d}} \end{aligned} \\ \begin{aligned} Q_{\text{LCC}} &= P_{\text{LCC}} \tan\varphi \\ &= P_{\text{LCC}} \tan\left[\arccos\left(\cos\gamma - \frac{X_2 I_{\text{d}}}{k\sqrt{2} U_{\text{b}}} \right) \right] \end{aligned} \end{cases} \tag{9-5}$$

式中　P_{VSC}、Q_{VSC} 和 S_{VSC}——VSC-HVDC 的有功功率、无功功率及视在功率；

$\qquad P_{\text{load}}$ 和 Q_{load}——有功负荷和无功负荷的大小；

$\qquad P_{\text{LCC}}$、Q_{LCC} 和 Q_{c}——LCC-HVDC 输出的有功功率、需求的无功功率和 LCC 逆变侧的无功补偿装置和滤波器的无功功率容量；

$\qquad k$ 和 X_2——LCC-HVDC 子系统中逆变侧换流变压器的变比和换相电抗值；

$\qquad \varphi$——LCC-HVDC 的功率因数角；

$\qquad \gamma$——LCC-HVDC 逆变侧的关断角；

$\qquad U_{\text{d}2}$——LCC-HVDC 逆变侧的直流电压；

$\qquad U_{\text{b}}$——受端系统公共母线的电压。

需要注意的是，P_{VSC} 和 Q_{VSC} 均可正可负，正表示 VSC-HVDC 发出有功功率和无功功率，负表示吸收有功功率和无功功率。

由式（9-4）和式（9-5）可以得知，当负荷变化时，为了保证在下一个稳定运行点有功功率和无功功率的平衡，LCC-HVDC 和 VSC-HVDC 输出的有功功率和无功功率都要变化。对于有功负荷的变动，由于 LCC-HVDC 子系统可以快速地控制有功功率，而 VSC-HVDC 逆变侧只是采用了定交流电压的控制方式。在 LCC-HVDC 子系统对本身输出的有功功率调节过程中，VSC-HVDC 子系统为了保证有功功率平衡，自动弥补有功功率的不平衡部分。对于无功负荷变动，由于 LCC-HVDC 子系统不能对自身消耗的无功功率进行有效地调节，所以最终的无功平衡主要是通过 VSC-HVDC 的定交流电压控制来实现的。VSC-HVDC 子系统会根据实际无功负荷的变动和 LCC-HVDC 子系统所消耗的无功功率，自动弥补无功功率的不平衡部分。

总之，虽然 LCC-HVDC 可以快速调节有功功率，但是它本身的稳定运行需要 VSC-HVDC 子系统提供换相支撑。而维持无功功率的平衡和交流母线电压的稳定，主要是通过 VSC-HVDC 子系统来实现的。因此，VSC-HVDC 子系统在整个并联混合双馈入系统中起到了非常关键的作用。在某一个运行点，如果要求 VSC-HVDC 输出的有功功率和无功功率超出其本身的极限，就很有可能不能为 LCC-HVDC 子系统提供足够的换相支撑，导致其退出运行，最终将对整个系统产生很大冲击。因此，在并联混合双馈入系统供电无源网络时，LCC-HVDC 子系统不宜输出较大的功率，同时还要保证 VSC-HVDC 子系统有足够的容量。

2. 公共交流母线电压变化时的运行特性

本节只对当公共交流母线电压降低时并联混合双馈入系统的运行特性进行分析，对于公共母线电压升高时运行特性的分析类似。

当公共母线电压降低 ΔU 时，并联混合双馈入系统将出现有功功率和无功功率的缺额。为了维持公共交流母线的电压稳定以及为 LCC-HVDC 系统逆变侧提供足够的换相支撑，VSC-HVDC 需要一定的备用容量（ΔS_{VSC}），这一部分容量包括有功功率备用容量（ΔP_{VSC}）和无功功率备用容量（ΔQ_{VSC}），可表示为

$$\begin{cases} \Delta S_{\text{VSC}} = \sqrt{\Delta P_{\text{VSC}}^2 + \Delta Q_{\text{VSC}}^2} \\ \Delta P_{\text{VSC}} = \Delta P_{\text{LCC}} - \Delta P_{\text{load}} \\ \Delta Q_{\text{VSC}} = \Delta Q_{\text{c}} - \Delta Q_{\text{LCC}} - \Delta Q_{\text{load}} \end{cases} \tag{9-6}$$

当公共母线电压降落时，如果 LCC-HVDC 的运行参数没有达到极限值，由于 LCC-HVDC 整流侧采用的是定直流电流方式，而逆变侧采用的是定关断角控制方式，因此最终直流电流和逆变侧关断角将保持不变。所以，ΔP_{LCC} 和 ΔQ_{LCC} 可以表示为

$$\begin{cases} \Delta P_{\text{LCC}} = P_{\text{LCC}} - P'_{\text{LCC}} = 1.35 k \Delta U I_{\text{d}} \cos \gamma \\ \Delta Q_{\text{LCC}} = P_{\text{LCC}} \tan \varphi - P'_{\text{LCC}} \tan \varphi' \\ \varphi' = \arccos \left[\cos \gamma - \dfrac{X_2 I_{\text{d}}}{\sqrt{2} k (U_{\text{b}} - \Delta U)} \right] \\ P'_{\text{LCC}} = \left[1.35 k (U_{\text{b}} - \Delta U) \cos \gamma - \dfrac{3}{\pi} X_2 I_{\text{d}} \right] I_{\text{d}} \end{cases} \tag{9-7}$$

而无功功率补偿装置的输出减少量 ΔQ_{c} 可以表示为

$$\begin{aligned} \Delta Q_{\text{c}} &= C U_{\text{b}}^2 - C(U_{\text{b}} - \Delta U)^2 \\ &= C(2 U_{\text{b}} \Delta U - \Delta U^2) \end{aligned} \tag{9-8}$$

式中 ΔP_{LCC} 和 ΔQ_{LCC}——LCC-HVDC 子系统有功功率和无功功率的变化量；

     ΔP_{load} 和 ΔQ_{load}——电压降低时静态有功负荷和静态无功负荷的减少量；

     C——LCC-HVDC 逆变侧无功功率补偿装置和滤波器对应的等效电容值。

3. 公共交流母线发生故障时的动态运行特性

当母线 B1 处发生接地故障时，交流母线电压会大幅度下降，LCC-HVDC 直流电压也会随之下降，同时直流电流随之升高。由于 LCC-HVDC 整流侧采用定直流电流的控制方式，根据 $U_{\text{d}} = \dfrac{3\sqrt{2} E}{\pi} \cos \alpha - \dfrac{3 X_{\text{T}}}{\pi} I_{\text{d}}$ 可得，此时整流侧触发角会迅速增大以减小直流电流。而对于 VSC-HVDC 子系统来说，当母线发生故障时，首先 VSC-HVDC 逆变侧交流母线电压下降，使得在母线处 LCC-HVDC 系统的无功补偿装置所提供的无功功率大幅下降，为了维持交流母线电压和满足无功功率平衡，VSC-HVDC 输出的无功功率会大幅增加。另外，由于故障使 LCC-HVDC 发出的有功功率也减小，同时负荷消耗有功功率也减小，为了满

足有功平衡，VSC-HVDC 发出的有功功率根据故障类型有不同程度的增加，同时导致直流电压有所下降。

9.4 新型 LCC-FHMMC 混合直流输电系统

查阅相关资料发现，前述混合直流输电拓扑结构都未考虑一个问题：当 LCC 所在的送端交流系统发生故障，尤其是较严重的接地故障时，LCC 输出的直流电压将随交流电压的下降而下降。而 VSC 类换流器由于受电压调制比运行范围的限制，直流电压不能出现较大幅度的降低。因而，在送端交流系统电压跌落较多的情况下，将出现整流站最大直流电压小于逆变站的现象，同时由于 LCC 的单向导通性，直流电流将快速下降至 0，出现功率传输中断。研究发现功率传输中断时间几乎与故障持续时间相同，与换相失败相比，对所连交流系统产生的影响将会更大。

为解决此问题，逆变站应采用具有直流电压大幅度降压能力的换流器。从现有的工艺来看，由全桥子模块（Full Dridge Sub-Module, FBSM）级联而成的全桥模块化多电平换流器（Full Bridge MMC, FMMC）具有直流电压、直流电流四象限运行能力，符合要求。但是，FMMC 也有相应的缺点，与相同容量和电压等级的 MMC 相比，FMMC 使用的电力电子器件几乎为其两倍，不仅增加投资成本，而且引入了更多的运行损耗，提高了运行成本。

针对以上问题，本节提出了一种新型的混合直流输电系统结构：整流站采用 LCC，逆变站采用由半桥子模块（Half Bridge Sub-Module, HBSM）和 FBSM 构成的混杂式 MMC—FHMMC。由于 FHMMC 每个桥臂是由 HBSM 和 FBSM 混合级联而成，因而，能够减少换流站中使用的电力电子器件数量，减少换流器的投资，同时元器件数目的减少也可以降低直流输电系统的运行损耗，有利于降低工程建造成本及运营成本，具有更好的经济性。根据上述分析，LCC-FHMMC 需要解决送端交流故障功率中断问题和直流故障自清除问题，因而需要确定 HBSM 和 FBSM 的数目关系，下面进行重点研究。

9.4.1 新型 LCC-FHMMC 混合直流输电系统的拓扑结构

新型 LCC-VSC 混合直流输电系统的拓扑结构如图 9-12 所示，其采用的结构为单极大地接线形式的 LCC-FHMMC 混合直流输电系统，该结构作为最基本的两端拓扑结构在后续的研究中使用。整流站沿用传统直流输电系统配置，由 12 脉动换流器、接线方式为 Yy 和 Yd 的换流变压器、滤波器和无功补偿器等组成。逆变站由基于绝缘栅双极型晶体管（IGBT）的 FHMMC、接线方式为 Yd 的换流变压器组成。整流站和逆变站的直流出口侧均串接有平波电抗器：一方面防止雷电等来自直流线路的陡波冲击波进入换流站，换流设备免遭损坏；另一方面抑制直流故障电流的陡增。

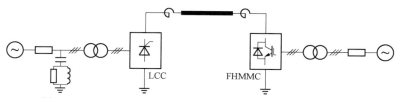

图 9-12 单极大地接线 LCC-FHMMC 混合直流系统拓扑结构

FHMMC 的拓扑结构如图 9-13（a）所示。其中，U_{dc} 为 FHMMC 输出的直流电压，也是受端直流电压，$u_{vj}(j=a, b, c)$为换流器交流出口处三相电压，u_{pj} 和 u_{nj} 分别为 j 相上、下桥臂级联子模块的输出电压，i_{pj} 和 i_{nj} 分别为 j 相上、下桥臂电流。换流器采用三相六桥臂结构，每桥臂由 N 个 HBSM 和 M 个 FBSM 级联而成，如图 9-13（b）所示，同时配置有一个桥臂电抗 L_0 以抑制环流和故障电流上升率。图 9-13（c）所示的 HBSM 由 2 个 IGBT、2 个续流二极管和 1 个电容 C 组成，图 9-13（d）所示的 FBSM 由 4 个 IGBT、4 个续流二极管和 1 个电容 C 组成，U_C 为子模块电容电压，u_{smi} 为桥臂上第 i ($i \in \{1, 2, \cdots (M+N)\}$)个子模块输出电压。

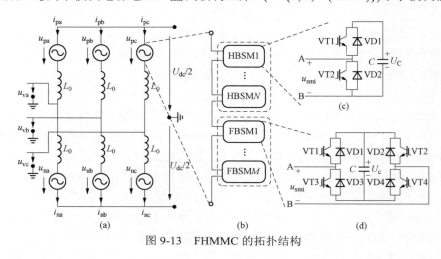

图 9-13　FHMMC 的拓扑结构

9.4.2　新型 LCC-FHMMC 系统桥臂子模块数配置确定方法

在 MMC 中，子模块只要没有被旁路开关旁通掉，就会有电流从中流过。从图 9-13（c）和图 9-13（d）可以看出，未被旁通的 HBSM 和 FBSM 中，桥臂电流将分别流经一个和两个电力电子器件。因而，从通态损耗上来讲，FBSM 要明显大于 HBSM。开关损耗与系统采用的电容电压平衡策略紧密相关，FBSM 和 HBSM 所引入的开关损耗大小难以明显区分，但从现有研究结果可知，MMC 损耗中，通态损耗所占比例远大于开关损耗，所以 FBSM 引入的损耗要高于 HBSM。

为突显相比于 FMMC 的优势，本书所提出的 FHMMC 应该在满足直流故障自清除、功率续传等要求的情况下，尽量减少 FBSM 在子模块中所占的比例，节省成本，降低损耗。为此，需要从稳态运行、送端交流故障功率续传、直流故障自清除三方面来探讨 FBSM 最小数量的要求。

9.4.3　新型 LCC-FHMMC 系统稳态运行条件下 FBSM 最小数量要求

FHMMC 具有三相对称性，故下文均以 A 相为例进行分析。不考虑子模块之间的电容电压差，对于桥臂第 i 个子模块而言，输出电压 u_{smi} 与电容电压 U_C 之间的关系为

$$u_{smi} = S_i U_C \tag{9-9}$$

式中　S_i——桥臂第 i 个子模块的开关函数。

HBSM 处于切除状态时，VT1 关断，VT2 导通，$S_i=0$；处于(正)投入状态时，VT1 导

通，VT2 关断，S_i=1。FBSM 处于正投入状态时，VT1、VT4 导通，VT2、VT3 关断，S_i=1；处于负投入状态时，VT1、VT4 关断，VT2、VT3 导通，S_i=-1；处于切除状态时，VT1、VT2 导通，VT3、VT4 关断，或 VT1、VT2 关断，VT3、VT4 导通，S_i=0。上、下桥臂级联子模块的输出电压分别为

$$\begin{cases} u_{\mathrm{pa}} = \displaystyle\sum_{i=1}^{N+M} S_{ip} U_{\mathrm{C}} \\ u_{\mathrm{na}} = \displaystyle\sum_{i=1}^{N+M} S_{in} U_{\mathrm{C}} \end{cases} \tag{9-10}$$

根据图 9-13（a）所示的 FHMMC 电路结构，得到

$$\begin{cases} u_{\mathrm{pa}} = \dfrac{1}{2} U_{\mathrm{dc}} - u_{\mathrm{va}} - L_0 \dfrac{\mathrm{d}i_{\mathrm{pa}}}{\mathrm{d}t} \\ u_{\mathrm{na}} = \dfrac{1}{2} U_{\mathrm{dc}} + u_{\mathrm{va}} - L_0 \dfrac{\mathrm{d}i_{\mathrm{na}}}{\mathrm{d}t} \end{cases} \tag{9-11}$$

设 M 为电压调制比，定义为

$$M = \frac{U_{\mathrm{m}}}{U_{\mathrm{dc}} / 2} \tag{9-12}$$

式中　U_{m}——A 相交流出口处相电压峰值。

与直流电压相比，桥臂电抗上的电压降一般较小，可忽略不计。输出的上桥臂电压和下桥臂电压需满足

$$\frac{1}{2} U_{\mathrm{dc}} (1-M) \leqslant \{u_{\mathrm{pa}}, u_{\mathrm{na}}\} \leqslant \frac{1}{2} U_{\mathrm{dc}} (1+M) \tag{9-13}$$

根据式（9-10），且结合 FBSM 和 HBSM 输出电压特性，可知上、下桥臂输出的最高电压和最低电压为

$$\begin{cases} \{u_{\mathrm{pa}}, u_{\mathrm{na}}\}_{\max} = (M+N) U_{\mathrm{C}} \\ \{u_{\mathrm{pa}}, u_{\mathrm{na}}\}_{\min} = -M U_{\mathrm{C}} \end{cases} \tag{9-14}$$

为满足系统可控的要求，结合式（9-13）和式（9-14），可以获得如下约束要求

$$\begin{cases} (M+N) U_{\mathrm{C}} \geqslant \dfrac{1}{2} U_{\mathrm{dc}} (1+M) \\ -M U_{\mathrm{C}} \leqslant \dfrac{1}{2} U_{\mathrm{dc}} (1-M) \end{cases} \tag{9-15}$$

式（9-15）为 FHMMC 稳态运行下，子模块数量配置的基本要求。

9.4.4　故障特性分析

9.4.4.1　送端交流系统故障电压跌落特性分析

LCC-FHMMC 系统的控制策略沿用一般直流系统控制配置方法，整流站的 LCC 采用定直流电流和后备最小触发角控制，逆变站 FHMMC 采用定直流电压和定无功功率控制，

设定直流电流为 I_{dc}。LCC 所提供的直流电压 U_{dcr} 可表示为

$$U_{dcr} = 1.35 U_{vr} \cos\alpha - \frac{3}{\pi} X_r I_{dc}$$ (9-16)

式中　U_{vr}——变压器阀侧线电压有效值；

　　　X_r——等效换相电抗；

　　　α——触发角。考虑直流线路电压降，式（9-16）可改写为

$$1.35 U_{vr} \cos\alpha = U_{dc} + \left(R_{dc} + \frac{3}{\pi} X_r\right) I_{dc}$$ (9-17)

当送端交流电压因故障跌落时，定电流控制将通过减小 α 来维持直流电流不变。然而，当触发角 α 降低至最小 5° 时，LCC 将失去触发角调节能力，所提供的直流电压与交流电压直接关联。因此，当送端交流系统跌落的电压超过一定范围时，LCC 仅能提供的直流电压 U'_{dcr} 为

$$U'_{dcr} = 1.35 U'_{vr} \cos 5° - \frac{3}{\pi} X_r I'_{dc}$$ (9-18)

式中　U'_{vr}——交流故障后换流变压器阀侧电压；

　　　I'_{dc}——故障后的直流电流。

故障发生后，直流电压由整流侧交流电压决定，不再受逆变站控制，逆变站的 FHMMC 转而进入定电流控制，控制 I'_{dc}。

当直流电压随着交流电压跌落至一定程度时，此时再维持直流电流也仅能提供小额功率，对交直流系统的支援能力十分有限。因此，本书提出最小续流电压的概念，即当送端交流故障引起直流电压跌落至最小续流电压 U_{dcL} 以下时，混合直流系统将不再输送直流功率。最小续流电压为

$$U_{dcL} = \eta U_{dc}$$ (9-19)

式中　η——电压比例系数，本书取 0.1。

结合式（9-15），为使混合直流系统在进入最小续流电压前，保有稳定运行和继续传输功率的能力，式（9-15）的第二个约束条件需改进为

$$-MU_C \leqslant \frac{1}{2} U_{dc}(\eta - m)$$ (9-20)

9.4.4.2　直流侧故障特性分析

直流侧发生接地故障后，流过桥臂的电流迅速增加。为防止 IGBT 等电力电子器件因过电流被烧坏，桥臂子模块一般会在数个毫秒内进入闭锁模式。图 9-14（a）～图 9-14（d）分别给出了子模块闭锁下，HBSM 和 FBSM 在不同电流 i_{sm} 方向下的等效电路（红色标出）。图 9-14（e）和图 9-14（f）根据图 9-14（a）～图 9-14（d）的分析结果，给出了单个桥臂在不同电流方向下的等值电路和等效电压。

闭锁后，桥臂级联子模块电容所提供的反向电动势将迫使故障电流迅速下降至零或小于某个很小的限值，整个过程一般在数十甚至几个毫秒内结束，持续时间与故障地点和直流网络所存能量相关[11]。此时，交流系统馈入换流器或直流网络的潜在通路有两条，如

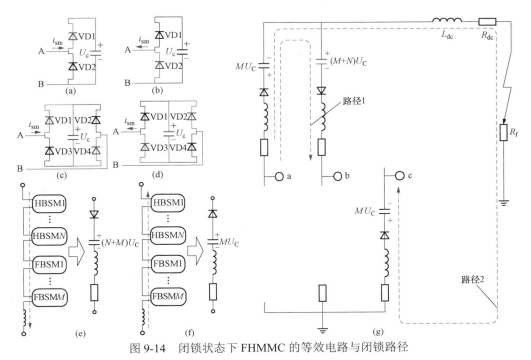

图 9-14　闭锁状态下 FHMMC 的等效电路与闭锁路径

L_{dc}—直流电抗器；R_{dc}—换流站出口侧和直流故障点之间的线路等效电阻；R_f—直流故障接地等效电阻

图 9-14（g）所示：经换流器内部两相上桥臂（或下桥臂）构成的路径 1；经换流器两相上下桥臂和直流侧故障弧道构成的路径 2。直流保证换流器完全闭锁、故障弧道不复燃的条件是上述两个回路内级联子模块电容提供的反向电动势不小于交流线电压幅值，即

$$\begin{cases} (2M+N)U_C \geqslant \sqrt{3}U_m & \text{路径1} \\ 2MU_C \geqslant \sqrt{3}U_m & \text{路径2} \end{cases} \tag{9-21}$$

联合式（9-20）和式（9-21），可以得出单个桥臂上 FBSM 的子模块数 M 需满足式（9-22）

$$\begin{cases} M \geqslant \dfrac{1}{2}(m-\eta)N_s \\ M \geqslant \dfrac{\sqrt{3}}{4}mN_s \end{cases} \tag{9-22}$$

$$N_s = \frac{U_{dc}}{U_C}$$

当 $\eta < 0.134M$ 时，由式（9-22）第一个约束条件决定 M 值。一般而言，m 值的范围为 0.9～1，在 $\eta=0.1$ 条件下，M 的取值由式（9-22）第一个约束条件决定。由于 FBSM 使用的电力电子器件为 HBSM 的两倍，从成本等角度而言，在满足系统各运行工况要求下，应尽量减少 FBSM 在桥臂子模块中所占的比例，因而 M 取最小值，即

$$M = \left[\frac{1}{2}(m-\eta)N_s\right]_* + 1 \tag{9-23}$$

式中　$[x]_*$——取小于变量 x 的最大整数。

HBSM 个数 N 的确定需要满足式（9-18）的条件，因而有

$$N \geqslant \left[\frac{1}{2}(1+\eta)N_s \right]^* \qquad (9-24)$$

式中　$[x]^*$——取大于变量 x 的最小整数。

一般设计中，选取调制比为 1.0 条件下的子模块数目为额定值，即单个桥臂 FBSM 和 HBSM 的总和为 N_s[12]。M 确定后，N 取值为（N_s-M），结合式（9-23），N 取（N_s-M）满足式（9-24）的要求。因而，M 占桥臂子模块数的比例为

$$\frac{M}{N_s} \approx \frac{1}{2}(m-\eta) \qquad (9-25)$$

假设 m=0.9，η=0.1，则 FHMMC 中，FBSM 个数约占总数的 40%，与 FMMC 相比，能够有效节约投资成本。与相同电压、容量等级的 MMC 相比，FHMMC 增加约 40% 的电力电子器件，引入额外损耗。但是，FHMMC 能够运行于高电压调制比下，同时，结合向电压调制波添加三次零序量等提升电压调制比的手段，能够有效降低桥臂电流，减少运行损耗。在此不再具体展开说明。

9.4.5　新型 LCC-FHMMC 系统的控制策略

9.4.5.1　新型 LCC-FHMMC 系统的控制特性

前面已经提到，正常情况下整流侧 LCC 换流器采用定电流控制，并备有最小触发角限制，在此不再赘述。但需要指出的是，传统直流设置低压限流环节（Voltage Dependent Current Order Limiter, VDCOL）的目的主要是避免逆变站长时间换相失败、促进系统电压稳定。本节所述逆变站采用的 FHMMC 不存在换相失败和无功需求，因此不设置 VDCOL。

正常情况下 FHMMC 控制直流电压。当送端发生故障致使整流站失去电流调节能力且同时引发直流电压跌落时，FHMMC 就必须承担起调节直流电流的责任，否则系统将陷入失控状态。因此，FHMMC 的控制器搭载有定电压控制和后备定电流控制。整个混合直流系统的 U_{dc}-I_{dc} 特性曲线如图 9-15 所示。其中，AB 段为最小触发角 α_{min} 控制，BC 段为定电

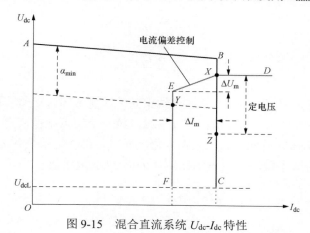

图 9-15　混合直流系统 U_{dc}-I_{dc} 特性

流控制，DX 段为定电压控制，EF 段为后备定电流控制，EX 段为电流偏差控制（Current Error Control, CEC）；在定电压控制中，针对直流电压降 ΔU_m 引入电流裕度 ΔI_m。正常情况下，系统运行点为 X；如果送端交流电压下降，受端正常，运行点移动到 Y；如果送端正常，受端直流电压下降，运行点移动到 Z。当直流电压跌落至最小续流电压 U_{dcL} 以下时，系统将不再维持严格的 U_{dc}-I_{dc} 特性运行，逆变站进入 STATCOM 运行模式。

9.4.5.2　新型 LCC-FHMMC 系统中 FHMMC 控制器设计

FHMMC 的控制系统可简单分为换流站级控制和阀级控制两个层次。

1. FHMMC 控制器换流站级控制

图 9-16 左侧给出了换流站级控制的基本结构，其中：下标 ref 表示参考值；下标 mes 表示测量值；K_u、K_i、K_Q 和 T_u、T_i、T_Q 分别为定电压控制、后备定电流控制、定无功功率控制的比例系数和积分时间常数。定电压控制和后备定电流控制经模式选择后，输出 d 轴电流参考值 i_{dref}，q 轴电流参考值 i_{qref} 由定无功功率控制给出。两者经内环控制器后，输出电压参考信号 $u_{kref}(k=d, q)$。内环控制器的表达式如下

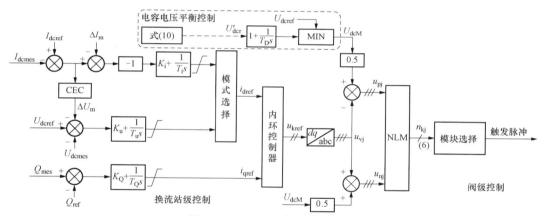

图 9-16　FHMMC 控制结构框图

$$\begin{cases} u_{dref} = u_{sd} - \omega L i_{sq} + k_{dp}(i_{dref} - i_{sd}) \\ \qquad + k_{di}\int(i_{dref} - i_{sd})\mathrm{d}t \\ u_{qref} = u_{sq} - \omega L i_{sd} + k_{qp}(i_{qref} - i_{sq}) \\ \qquad + k_{qi}\int(i_{qref} - i_{sq})\mathrm{d}t \end{cases} \tag{9-26}$$

式中　　i_{sd} 和 i_{sq}——交流电流 d 轴和 q 轴的测量值；

u_{sd} 和 u_{sq}——交流电压 d 轴和 q 轴的测量值；

k_{dp}、k_{di} 和 k_{qp}、k_{qi}——d 轴、q 轴的比例系数和积分系数。

当送端交流系统故障后，FHMMC 需要调节其直流电压至某一合适值，实现电流（功率）续传。由于直流电压与子模块电容电压密切相关，电容电压的平衡就显得尤为重要。在忽略桥臂电抗压降的情况下，将式（9-11）两式分别相加、相减，且结合式（9-10），有

$$U_{dc} = (S_p + S_n)U_C \tag{9-27}$$

$$u_{va} = \frac{1}{2}(S_n - S_p)U_C \tag{9-28}$$

其中

$$S_p = \sum_{i=1}^{N+M} S_{ip}, \ S_n = \sum_{i=1}^{N+M} S_{in}$$

从式（9-27）可以看出，直流电压 U_{dc} 的控制可以通过调节 S_p、S_n 或电容电压 U_C 实现。换流器交流出口处电压 u_{va} 受交流系统影响，其幅值应维持在可接受范围内。从式（9-28）可以看出，由于 S_p、S_n 的变化范围有限，当 U_C 过低时，u_{va} 将不符合运行要求。另外，若 U_C 跟随 U_{dc} 变化，将伴随有大幅度的充放电现象，增加系统运行复杂性，因此应尽量使得 U_C 保持不变。

从式（9-27）、式（9-28）可以看出，为维持 U_C 不变，需要 S_p 和 S_n 跟踪 U_{dc} 的变化轨迹，因此，首先需要知道 U_{dc} 在送端交流故障后的运行范围。采用预测计算的方法，首先利用式（9-18）计算出故障后整流站输出的直流电压 U'_{dcr}，然后将此参数传输至逆变站，经电容电压平衡控制的一阶环节和最小值比较处理后，获得预测指令值 U_{dcM}，用于后续调制控制。其中，T_D 为一阶惯性环节的时间常数。从式（9-18）可以看出，计算 U'_{dcr} 的关键为计算出交流电压有效值 U'_{vr}。采用图 9-17 所示的方法，送端交流电压 u_{rj} 经标幺化后，通过 Clark 变换转换为二维数据，再经平方和开根号获得 U'_{vr}。其中，Clark 变换矩阵为

$$C = \frac{2}{3}\begin{pmatrix} 1 & -1/2 & -1/2 \\ 0 & \sqrt{3}/2 & -\sqrt{3}/2 \end{pmatrix} \tag{9-29}$$

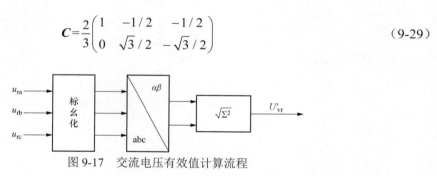

图 9-17　交流电压有效值计算流程

2. FHMMC 控制器阀级控制

最近电平调制（Nearest Level Modulation, NLM）使用最接近的电平瞬时逼近调制信号，适用于电平数很多的场合，具有动态性能好、实现简便等优点。利用 NLM 对上、下桥臂参考信号 u_{pj} 和 u_{nj} 进行调制，获得每个桥臂实际需要输出的电平数 n_{kj}。

为维持各子模块之间的电容电压平衡，需要根据电容电压均衡控制算法确定具体选择哪几个子模块投入。本节在文献[19]的降损策略思想上，结合 HBSM 和 FBSM 混合的特殊情况，提出了改进式的子模块触发选择流程，如图 9-18 所示。其中：ΔU_{max} 为桥臂内子模块电容电压最大偏差；ΔU_{max_ref} 为最大电压偏差允许值；N_{on} 为当前所需的桥臂电平数；N_{on_old} 为上一控制周期桥臂输出的电平数；i_{arm} 为桥臂电流，与图 9-13 所示的 i_{kj} 定义方向一致。FBSM 能够输出正、负、零三种电平，致使桥臂电平有多种组合方式：假设桥臂需

要输出的电平数为 N_x，那么可以仅投入 N_x 个正投入的 SM（HBSM 或 FBSM 均可），也可以投入（N_x+1）个正投入的 SM 和 1 个负投入的 FBSM，以此类推。因此，必须确定一种组合原则。图 9-18 所示的选择流程是在提出的组合原则：任何时刻，桥臂内不允许同时存在正投入模块和负投入模块。从图 9-18 所示可以看出，首先判断桥臂内电容电压最大偏差 ΔU_{max} 是否大于允许值 ΔU_{max_ref}。如果大于关系成立，则，按照电容电压排序得出的结果，结合电流方向对子模块充放电的影响，对子模块进行一次大范围的投切调整，以快速缩小各子模块之间的电压偏差。如果小于关系成立，则计算两个控制周期之间的桥臂电平变化量 N_{diff}，根据上一控制周期桥臂电平数 N_{on_old}、当前桥臂电平数 N_{on} 以及桥臂电流的正负性，对需要动做的子模块做相应调整，其他大部分子模块保持原触发脉冲不变。这样便在满足控制要求的前提下，减少了不必要的开关动作和开关损耗。

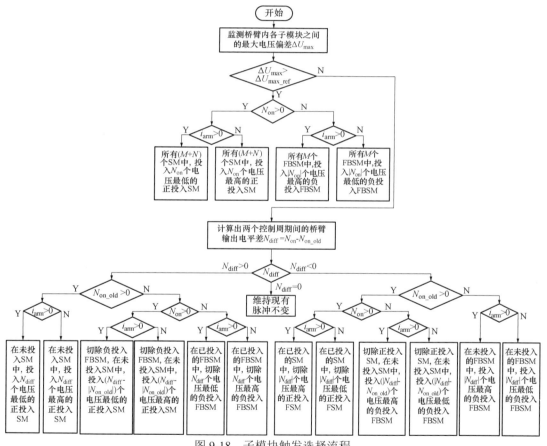

图 9-18　子模块触发选择流程

9.4.6　仿真分析

9.4.6.1　参数介绍

在电磁暂态仿真软件 PSCAD/EMTDC 中搭建了如图 9-12 所示的混合直流输电系统仿

真平台。系统的额定直流电压为 200kV，额定功率为 200MW。整流站采用 12 脉动换流器，送端交流系统线电压有效值为 345kV，阻抗为 119Ω∠84°（SCR=5），变压器变比为 345kV/90kV，容量和漏抗为 120MVA/0.15（标幺值）。受端交流系统线电压有效值为 345kV，阻抗为 96Ω∠75°，变压器变比为 345kV/110kV，容量和漏抗为 240MVA/0.1（标幺值），因而电压调制比 m=0.9，设定 η=0.1。取 FBSM 和 HBSM 的电容及电压为 8000μF/5kV，因而有 N_s=40，结合式（9-15）和式（9-16），有 M=16，N=22。但考虑实际工程一般的设计方法为 $M+N=N_s$，故最终设定 N=24。直流线路长度为 250km，采用 Bergeron 模型，参数如下：电阻为 0.02Ω/km，感抗为 0.271Ω/km，容抗为 242.4MΩ·m。桥臂电抗 L_0 为 15mH，靠近整流站和逆变站的直流侧分别配置 0.25H 和 0.1H 的平波电抗器以抑制纹波，限制故障电流上升率。

9.4.6.2 启动充电仿真

本例采取 LCC 向 FHMMC 远端充电的启动方式。文献[8]提出了一种三阶段启动策略，本例直接沿用其预充电阶段和交替充电阶段的控制方式，但在逆变器并网阶段，考虑到稳态情况下，本例整流站采用定电流控制、逆变侧采用定电压控制，故而在逆变侧交流开关闭合，并网成功后，逆变站应从定功率控制切换为定电压控制，而整流站从定电压控制切换为定电流控制。

在启动的预充电阶段，逆变侧的交流开关断开，所有子模块的 IGBT 处于闭锁状态。图 9-19 给出了启动阶段直流电压、直流电流、LCC 触发角以及子模块电容电压的仿真波形。在 t=0.15s 时刻，解锁整流站的 LCC，并控制其直流电压指令值以 1.0（标幺值）/s 的速率增大。当子模块电容电压足以驱动其 IGBT 的驱动电路时，进入交替充电阶段，交替频率为 100Hz。交替充电阶段，直流电流维持在 0.23kA 左右，直流电压和子模块电容电压按固定斜率逐渐增大，触发角相应减小。在 t=1.3s 时刻，子模块电容电压已达到 5kV，FHMMC 从交替充电阶段进入定功率运行（设定有功功率和无功功率的指令均为 0），同时闭合交流开关。而后在 t=1.4s 时刻，FHMMC 从定功率切换为定电压控制，t=1.5s 时刻 LCC 从定电压切换为定电流控制，延时 0.05s 后，直流电流指令值以 1.5（标幺值）/s 的速度逐渐增大。

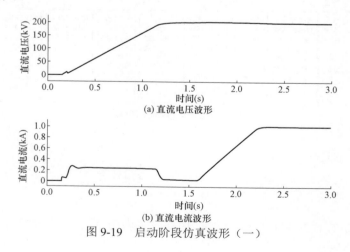

(a) 直流电压波形

(b) 直流电流波形

图 9-19 启动阶段仿真波形（一）

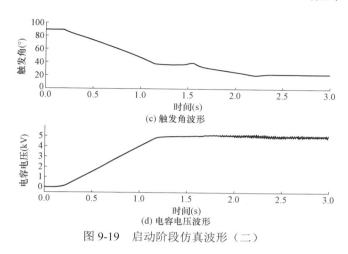

图 9-19　启动阶段仿真波形（二）

　　上述各切换过程前后，电压电流的状态均不会突变。如 FHMMC 从定功率转换为定电压控制，在定功率阶段由于设定的功率为 0，因而 FHMMC 直流侧的电压已稳定在 200kV，当切换为定电压控制后，不会有突变量产生，因而可以非常顺滑地过渡。从图 9-19 也可以看出，整个启动过程非常平稳顺利，无过电压、过电流发生。

9.4.6.3　送端交流系统故障仿真

1. 三相接地故障

　　故障前，逆变侧系统运行状态为：直流电压 200kV，直流电流 1kA。

　　示例 1：LCC-FHMMC

　　$t=1.0s$ 时刻，送端交流系统发生三相接地故障，交流电压跌落约 80%，系统的响应特性如图 9-20 所示。其中，图 9-20（a）给出了送端交流电压瞬时值和有效值，图 9-20（b）给出了直流电压测量值和用于子模块电容电压平衡的预测指令值 U_{dcM}，图 9-20（c）给出了直流电流响应曲线，图 9-20（d）给出了子模块电容电压的响应曲线。故障发生后，预测指令值与靠近逆变侧的直流电压均快速减小至 20kV 左右，即为额定直流电压的 10%，直流电流快速跌落至 0 附近。故障阶段，通过逆变站定电流控制，直流电流回升至 0.9kA 左右，使得故障期间系统维持功率续传能力。$t=1.1s$ 故障清除时刻，由于整流站触发角处于最小值 5°状态，交流电压的快速回升导致整流站输出的直流电压瞬间高出逆变站许多，进而引起直流电流迅速增大。从图 9-20（d）可以看出，故障阶段及整个调节过程中，电容电压会有较为明显的波动变化，但总是能够稳定在额定值附近，维持系统稳定运行。

　　示例 2：LCC-CMMC

　　当逆变站换流器采用 CMMC（所搭建的 LCC-FHMMC 模型中，每个桥臂用 20 个 CMMC 将 FBSM 和 HBSM 替换掉即可）时，图 9-21 给出了送端交流电压分别跌落 10%、20% 和 38% 情况下系统的响应特性。其中，图 9-21（a）为逆变站变压器阀侧交流电压响应曲线，图 9-21（b）为直流电流响应曲线。从图 9-21 中可以看出，随着交流电压跌落的加剧，故障下直流电流续传的能力越来越差，同时逆变侧的过调制现象也越来越严重。当送端交流电压跌落 38% 以上时，混合直流系统失去故障下功率续传能力。

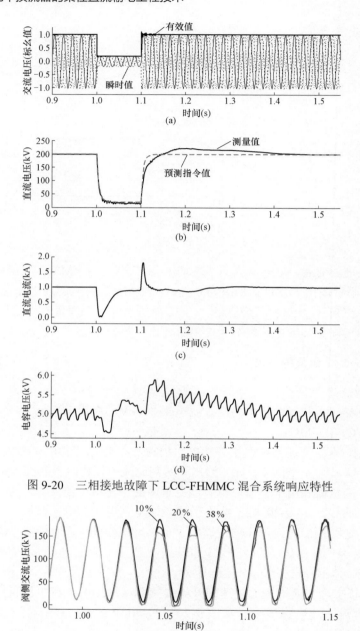

图 9-20　三相接地故障下 LCC-FHMMC 混合系统响应特性

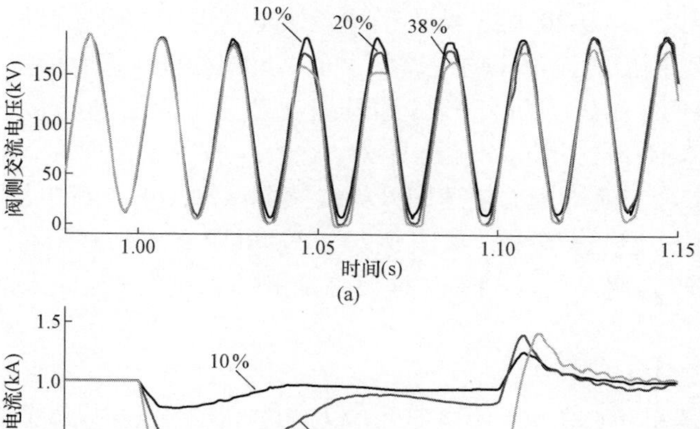

图 9-21　三相接地故障下 LCC-CMMC 混合系统响应特性

2. 单相接地故障

故障前，逆变侧系统运行状态为：直流电压 200kV，直流电流 1kA。

示例 1：LCC-FHMMC

$t=1.0$s 时刻，送端交流系统发生 A 相接地故障，A 相电压跌落约 90%，系统的响应特性如图 9-22 所示。其中，图 9-22（a）给出了送端交流电压瞬时值和有效值，图 9-22（b）给出了直流电压测量值和用于子模块电容电压平衡的预测指令值 U_{dcM}，图 9-22（c）给出了直流电流响应曲线，图 9-22（d）给出了子模块电容电压的响应曲线。从图 9-22（b）可以看出，故障期间，直流电压是波动的，这是晶闸管换流器的换相特性决定的。预测指令值能够较好地跟随直流电压变化轨迹，为子模块电容电压的平衡提供保障。由于直流电压的波动特性，故障期间的直流电流也随之波动，通过 FHMMC 对直流电流的调节，直流电流的平均值在 0.7kA 左右，保障整个混合直流输电系统的功率续传能力。故障切除瞬间，由于交流电压的迅速恢复，整流站输出的直流电压会突增，导致直流电流迅速增大。从图 9-22（d）可以看出，故障阶段及整个调节过程中，电容电压会有较为明显的波动变化，但总是能够稳定在额定值附近，维持系统稳定运行。

示例 2：LCC-CMMC

当逆变站换流器采用 CMMC 时，图 9-23 给出了送端交流电压分别跌落 10%、50% 和 80% 情况下系统的响应特性。其中，图 9-23（a）为逆变站变压器阀侧交流电压响应曲线，图 9-23（b）为直流电流响应曲线。从图 9-23 中可以看出，随着交流电压跌落的加剧，故障下直流电流续传的能力越来越差，同时逆变侧的过调制现象也越来越严重。与送端三相接地故障相比，单相故障下 LCC-CMMC 的功率续传能力要强得多。从图 9-23 中可以看出，当送端交流电压跌落 80% 时，直流电流平均值能维持在 0.4kA 左右，但过调制现象十分严重，此时的 CMMC 基本处于不可控状态，使得整个混合直流输电系统的可靠性大大降低。

LCC-FHMMC 中，送端交流系统无论发生三相接地故障还是单相接地故障，当 FBSM 个数比例增加时，系统响应特性类似于图 9-20 和图 9-22 所示，且能够在电压跌落更严重的情况下实现功率续传，但同时也相应增加了设备投资成本，引入了更多的运行损耗。当 FBSM 个数比例下降时，系统处理故障后的功率续传能力将下降，与式（9-17）所表述的 η 密切相关。

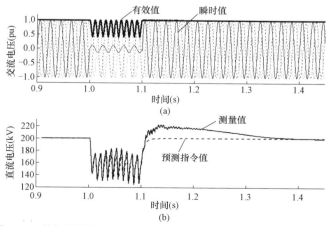

图 9-22 单相接地故障下 LCC-FHMMC 混合系统响应特性（一）

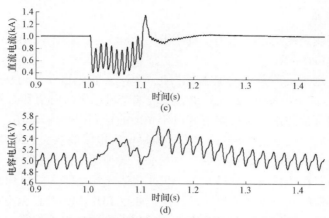

图 9-22 单相接地故障下 LCC-FHMMC 混合系统响应特性（二）

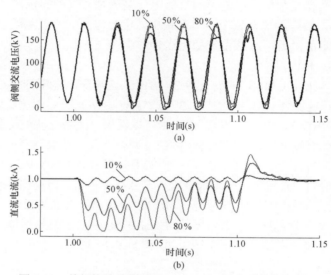

图 9-23 单相接地故障下 LCC-CMMC 混合系统响应特性

9.6.6.4 直流侧故障仿真

故障前，逆变侧系统运行状态为：直流电压 200kV，直流电流 1kA。t=1.0s 时刻，在输电线路中间段（距离整流站 125km 处）发生金属性接地故障，各状态量的响应特性如图 9-24 所示。其中，图 9-24（a）给出了整流站出口侧的直流电流响应曲线，图 9-24（b）给出了逆变站出口侧的直流电流响应曲线，图 9-24（c）给出了逆变站出口侧直流电压响应曲线，图 9-24（d）给出了整流站触发角，图 9-24（e）给出了子模块电容电压相应曲线。故障发生后，整流站将触发角快速移相至 135° 使其进入逆变运行状态。逆变站在故障发生 5ms 后，发出闭锁所有子模块信号。从图 9-24（b）可以看出，故障发生后，直流电流迅速上升至 4.6kA；闭锁动作开始（t=1.005s）后，FHMMC 在 18ms 内完全闭锁，不再向故障点注入电流。同时，从图 9-24（d）可以看出，HBSM 被闭锁后，由于子模块电容被旁路，其上的电压不发生变化；FBSM 被闭锁后，电容将串接于回路上，一方面吸纳直流网络能量，另一方面阻隔交流系统向故障点能量的馈入，因而电容电压有所上升。

经过 0.3s 直流线路去游离过程后，先解锁逆变站，控制直流电压为额定值，后将整流站触发角逐渐降低。被控制下降的触发角与整流站定电流控制器输出的触发角进行最大值比较选择，当触发角下降至某值时，可自然切换为定电流控制，直流电流顺利回升至额定值。整个过程中，子模块电容电压虽有波动，但始终能够稳定在额定值附近。

当 FBSM 在 FHMMC 中的比例增加时，直流故障、子模块闭锁后，将有更多的子模块电容提供反电动势来阻碍放电回路的形成，因而 FBSM 的电容电压会比图 9-24(d)中 1.0～1.3s 所示的小。当 FBSM 的个数比例减少时，提供反电动势的子模块电容个数相应减少，闭锁情况下电容电压将明显大于稳态运行下的电压值，对子模块内部相关设备的绝缘要求增加，并严重威胁子模块的安全运行。

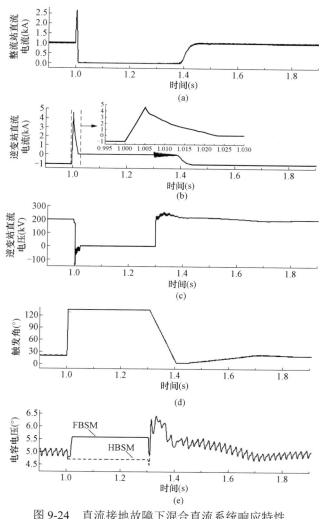

图 9-24 直流接地故障下混合直流系统响应特性

参 考 文 献

[1] 赵畹君. 高压直流输电工程技术[M]. 北京：中国电力出版社，2004.

［2］　汤广福. 基于电压源换流器的高压直流输电技术［M］. 北京：中国电力出版社，2009.

［3］　赵成勇，郭春义，刘文静. 混合直流输电［M］. 北京：科学出版社，2014.

［4］　陈海荣. 电压源换流器型直流输电系统的启动控制［J］. 高电压技术，2009，35（5）：1164-1169.

［5］　Tu Q, Xu Z, Xu L. Reduced switching-frequency modulation and circulating current suppression for modular multilevel converters[J]. IEEE Transactions on Power Delivery, 2011, 26(3): 2009-2017.

［6］　郭春义，赵成勇，Allan Montanari，等. 混合双极高压直流输电系统的特性研究［J］. 中国电机工程学报，2012，32（10）：98-104.

［7］　郭春义，赵成勇，王晶. 新型双馈入直流输电系统供电无源网络的运行特性研究［J］. 电工技术学报，2012，27（11）：211-218.

［8］　徐政，屠卿瑞，管敏渊，等. 柔性直流输电系统［M］. 北京：机械工业出版社，2013：17-19.

［9］　Zhao C, Xu J, Li T. DC faults ride-through capability analysis of full-bridge MMC-MTDC system[J]. Science China (Technological Sciences), 2013, 56(1): 253-261.

［10］　王姗姗，周孝信，汤广福，等. 模块化多电平换流器 HVDC 直流双极短路子模块过电流分析［J］. 中国电机工程学报，2011，31(1)：1-7.

［11］　薛英林，徐政. C-MMC 直流故障穿越机理及改进拓扑方案［J］. 中国电机工程学报，2013，33（21）：63-70.

［12］　饶宏，宋强，刘文华，等. 多端 MMC 直流输电系统的优化设计方案及比较［J］. 电力系统自动化，2013，37（15）：103-108.

［13］　张振华，江道灼. 基于模块化多电平变流器的 STATCOM 研究［J］. 电力自动化设备，2012，32（2）：62-66.

［14］　杨晓峰. 模块组合多电平变换器（MMC）研究［D］. 北京：北京交通大学，2011：52-54.

［15］　范心明，管霖，夏成军，等. 多电平柔性直流输电在风电接入中的应用［J］. 高电压技术，2013，39（2）：497-504.

［16］　管敏渊，徐政，潘武略，等. 电网故障时模块化多电平换流器型高压直流输电系统的分析与控制［J］. 高电压技术，2013，39（5）：1238-1245.

［17］　Kouro S, Bernal R, Miranda H, et al. High-performance torque and flux control for multilevel inverter fed induction motors[J]. IEEE Transactions on Power Electronics, 2007, 22(6): 2116-2123.

［18］　韦延方，卫志农，孙国强，等. 适用于电压源换流器型高压直流输电的模块化多电平换流器最新研究进展［J］. 高电压技术，2012，38（5）：1243-1252.

［19］　Tu Q, Xu Z, Xu L. Reduced switching-frequency modulation and circulating current suppression for modular multilevel converters[J]. IEEE Transactions on Power Delivery, 2011, 26(3): 2009-2017.

第 **10** 章

柔性直流输电与直流电网技术的发展

10.1　直流断路器

10.1.1　直流断路器的作用和意义

柔性直流输电有诸多的技术优势，已成为目前国际电力领域大力发展的热点输电技术之一，也将是未来电网构建的重要组成部分。然而由于直流系统的低阻尼特性，相比于交流系统而言，直流系统的故障发展更快，控制保护难度更大。当基于 IGBT 的柔性直流输电网络发生直流侧短路故障时，由于 IGBT 中反并联二极管的存在，通常无法采用控制或者闭锁换流器的方法来限制短路电流。柔性直流输电网络的低阻尼特性导致故障初期电流上升率达到数千安每毫秒级别，交流断路器几十毫秒的分断速度，会使直流网络中换流器等关键装备承受苛刻的电气应力，降低了设备运行的安全性。

对于采用架空线路输电的柔性直流系统，因雷击等原因发生直流线路瞬时性短路故障的概率大大增加，如果不能解决直流线路故障下的故障快速隔离和重启动问题，柔性直流在高电压、大容量输电方面的应用就会受限。对于基于半桥结构的 MMC 换流器的多端柔性直流输电系统，通常存在以下几个问题：

（1）直流侧故障隔离困难。

（2）直流系统重启动耗时长。

（3）运行中的多端柔性直流系统单个换流站投退困难。

目前，处理柔性直流输电系统直流侧故障的解决方案主要有：

（1）利用交流侧开关跳闸来切断直流网络与交流系统的连接。

（2）采用具有直流侧故障清除能力的换流器拓扑，借助换流器自身控制实现直流侧短路故障的自清除。

（3）利用直流断路器来切断故障电流，隔离故障。利用交流侧开关跳闸清除直流故障，然后重启直流系统的方式，直流系统恢复过程较长，对整个交直流的影响较为深远；采用具有直流侧故障清除能力的换流器拓扑，如基于全桥子模块、钳位双子模块的换流器拓扑，与 MMC 相比均需要额外增加功率器件，成本较高，运行损耗较大，且尚未有实际工程应用；采用直流断路器可以快速隔离直流侧故障，有效降低直流故障对交直流系统的影响，保障系统中非故障线路持续运行。同时，可以实现单个换流站的灵活带电投切，有效隔离故障换流站，清除故障后带电投入，避免在多端系统中由于单点故障造成全系统停运，促进电网的稳定运行。

10.1.2 高压直流断路器的技术类型

目前，高压直流断路器主要集中于三种类型，分别是基于常规开关的传统机械式直流断路器、基于纯电力电子器件的固态直流断路器和基于二者结合的混合式直流断路器。传统机械式直流断路器通态损耗低，但受到振荡所需时间和常规机械开关分断速度的影响，难以满足直流系统快速分断故障电流的要求；固态直流断路器需要使用较多器件串联，使其通态损耗大、成本高。因此，就目前研发现状而言，基于常规机械开关和电力电子器件的混合式直流断路器最具有大规模商业化应用的前景，是研究的重点。

2012 年，ABB 宣布其开发出世界首台混合式高压直流断路器；2014 年，ALSTOM 完成混合式高压直流断路器原型产品测试工作；2015 年，国内厂家实现混合式高压直流断路器的研制。三者的参数对比见表 10-1，外观如图 10-1～图 10-3 所示。

表 10-1   直流断路器模型对比

项目	国内厂家	ABB	Alstom
额定电压（kV）	200	80	120
额定电流（kA）	>4	2	1.5
分断时间（ms）	3	5	5.5
分断电流（kA）	15	8.5	5.2

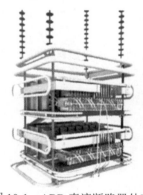 

图 10-1   ABB 直流断路器外观   图 10-2   ALSTOM 直流断路器外观

图 10-4 给出了 ABB 所提出的混合式高压直流断路器的拓扑结构，由通流支路和断流支路并联构成。其中，通流支路由超快速机械开关和通流开关串联构成；断流支路由多个断流单元串联而成，每个断流单元均包括若干正、反向串联的 IGBT 及反并联二极管，并配备独立的避雷器。由于线路电流具有双向流通特性，因此，无论是通流开关还是断流开关，都考虑了双向断流能力。

国内厂家基于快速机械开关和级联全桥（H 桥）模块提出的混合式直流断路器，可实现双向故障电流的快速无弧分断，通态损耗低，采用紧凑的模块化设计，扩展性强和适用性高，具备良好的动态均压和关断过冲抑制能力，降低了对 IGBT 器件一致性的苛刻要求，整体控制简单，可靠性高，其结构如图 10-5 所示。

图 10-3　国内厂家直流断路器
外观

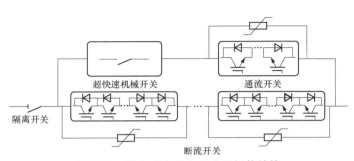

图 10-4　混合式高直流断路器拓扑结构

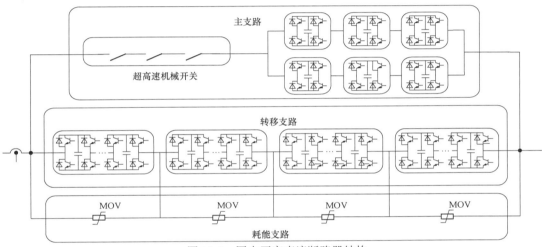

图 10-5　国内厂家直流断路器结构

　　级联全桥混合式直流断路器主要由主支路、转移支路和耗能支路三条并联支路构成：主支路用于导通系统负荷电流，由快速机械开关和少量全桥模块串联构成，通态损耗低；转移支路用于分断系统短路故障电流，由多级全桥模块串联构成；耗能支路用于吸收系统短路电流并抑制分断过电压，由避雷器组构成。

　　直流断路器运行原理为：稳态运行时，系统负荷电流经主支路导通；当发生直流短路故障时，主支路全桥模块中 IGBT 关断，电流向转移支路转移；主支路电流迅速下降直至为零，此时分断主支路的快速机械开关，2ms 后快速机械开关打开足够开距，能够耐受直流断路器的暂态分断电压；闭锁转移支路，使得短路电流向转移支路全桥模块电容充电，直流断路器两端电压迅速升高；当直流断路器两端电压达到避雷器保护水平时，短路电流全部转移至耗能支路，避雷器吸收故障系统电感储存能量直至电流过零，完成故障电流分断和故障点隔离，如图 10-6 所示。

　　高压直流断路器主要具备以下优点：

　　（1）能够快速隔离直流故障，换流站能够灵活投退。

　　（2）无须跳开交流侧断路器，实现故障近端换流站快速重启动，远端换流站甚至不用

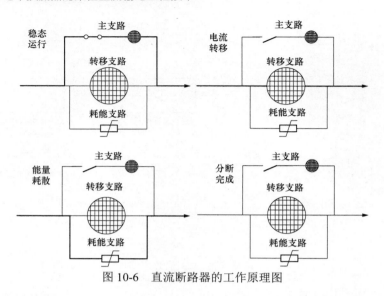

图 10-6　直流断路器的工作原理图

闭锁，实现功率传输不中断，能够提高多端直流及直流电网运行的经济性和可靠性。

（3）能大幅降低故障电流对换流站设备和交流系统的冲击，保障系统设备安全。

（4）能够实现故障后健全直流子系统稳定运行和网络重构。

（5）有利于多端及直流电网的扩建。

10.2　阻尼恢复系统

10.2.1　研究现状和发展趋势

桥臂阻尼快速恢复系统包含阻尼模块和谐振型开关设备。目前，在柔性直流换流站内增加桥臂阻尼快速恢复系统进行直流侧故障快速隔离的方案已经在舟山多端柔性直流输电工程中得到应用。相对于直流断路器方案及具备直流故障电流自清除能力的子模块拓扑改进方案，该方案在已建柔性直流工程的改造中拥有巨大的优势，不影响现有工程的换流阀布置。通过可靠分析，可实现直流侧故障后快速故障隔离，且多端直流系统的其他正常端在约 600ms 时间内快速恢复。

10.2.2　阻尼恢复系统原理

阻尼恢复系统结构如图 10-7 所示，通过在换流器桥臂中配置阻尼模块和在直流极线上配置谐振型直流开关，可缩短故障后短路电流衰减时间及直流线路隔离时间，并辅以适当的重启动策略，从而使多端直流系统的无故障端可以在 600ms 时间内快速恢复，提升柔性直流输电系统对于线路故障的处理能力。

桥臂阻尼方案在换流器桥臂中串入了限制短路电流的阻尼模块，每个阻尼模块均由阻尼电阻、IGBT 并联组成。正常运行情况下，阻尼模块中的 IGBT 保持开通状态，阻尼电阻被旁路；而直流故障情况下，阻尼模块 IGBT 闭锁，阻尼电阻流过故障电流，可加速故障后桥臂电抗器内残余能量。谐振型直流开关主要用于断开衰减后的故障电流，分断直流电

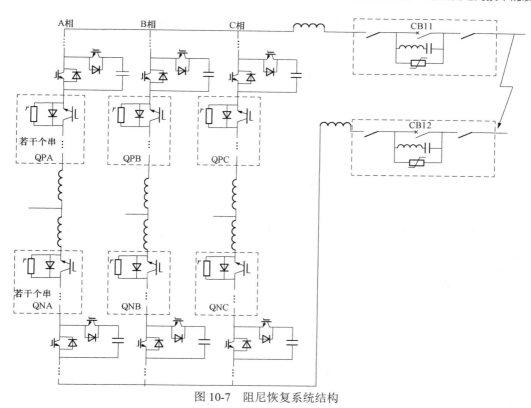

图 10-7　阻尼恢复系统结构

流值较小，采用传统直流输电中成熟的直流转换开关技术。

10.2.2.1　阻尼模块

阻尼模块主要由阻尼电阻 R、IGBT、旁路开关以及模块的控制和取能电路等部分组成，阻尼模块中 IGBT 和电阻的安装形式图 10-8 所示。

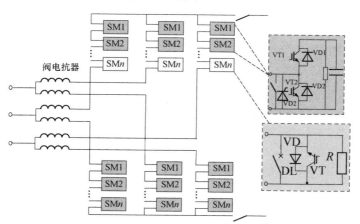

图 10-8　桥臂阻尼模块安装形式

阻尼模块的控制电路（SMC）作为 SM 单元的控制核心，通过光纤接收阻尼阀控系统 D-VBC 发送下来的控制命令，完成 IGBT、旁路开关的控制。SMC 同时采集 SM 单元的相关状态如：开关状态、IGBT 状态等，编码后反馈给 D-VBC，用于监视 SM 单元是否正常工作。阻尼模块采用高位取能模式。

阻尼模块中旁路开关用于实现故障子模块的快速投切，旁路开关设计为机械保持型。当阻尼模块发生故障时，控制电路板（SMC）触发旁路开关，阻尼开关退出运行。在此过程中，所有的故障信息、参数值、动作指令均被记录，上传至阻尼阀控系统。

桥臂阻尼模块有三种常用的运行状态，见表 10-2。

表 10-2 桥臂阻尼模块三种常用的运行状态

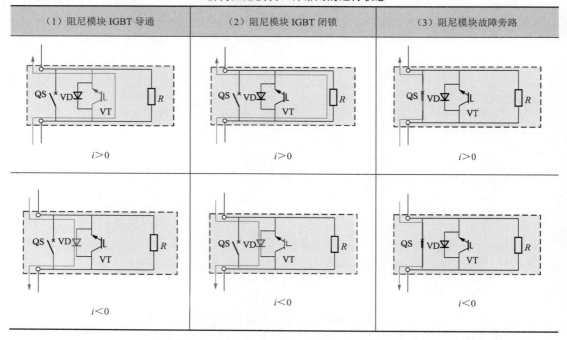

以舟山多端柔性直流输电工程所用阻尼模块为例，其技术参数见表 10-3，外形如图 10-9 所示。

表 10-3 阻 尼 模 块 技 术 参 数

阻值（Ω）	0.45Ω	阻值公差	±3%
电压（V）	3600（峰值）	工作制	瞬时冲击
外箱要求	IP20	进出线方式	上进下出
电阻片规格	HPR33/2-304-1×6 双回路（350×250）	电阻片数量	6
电阻排数量	1	电阻排连接方式	串联
连接导线/铜材	铜排 3mm×50mm0.5m	外箱表面处理	
外箱尺寸	550mm×240mm×450mm	外箱材料	SUS304(2mm)
外箱防护等级	IP20		

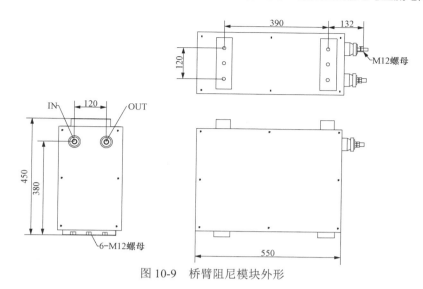

图 10-9　桥臂阻尼模块外形

阻尼模块的结构与阀塔中的功率模块采用一致的结构和接口设计，如图 10-10 所示。

从图 10-10 中功率模块与桥臂阻尼模块的外观对比可以看出，桥臂阻尼模块采用模块化设计，与换流阀阀塔中现有功率模块的外形、水冷却接口、通信光线结构、安装固定方式完全一致。

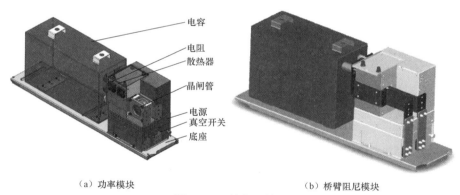

（a）功率模块　　　　　　　　　　（b）桥臂阻尼模块

图 10-10　结构和接口

10.2.2.2　谐振型直流开关

谐振型直流开关由 3 部分组成：①开断装置；②以形成电流过零点为目的的振荡回路；③以吸收直流回路中储存的能量为目的的耗能元件。开断装置采用 SF_6 断路器等交流开关，振荡回路通常采用 LC 振荡回路，耗能元件采用金属氧化物避雷器（MOV）。谐振型开关电路结构如图 10-11 所示，图 10-12 给出了直流开关分断电流波形。

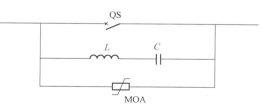

图 10-11　谐振型开关电路结构

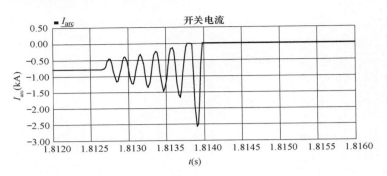

图 10-12 直流开关分断电流波形

利用电弧电压随电流增大而下降的非线性负电阻效应,在与电弧间隙并联的 *LC* 回路中产生自激振荡,使电弧电流叠加上增幅振荡电流,当总电流过零时实现遮断。这种方式的控制过程较简单,回路的可靠性较高。

谐振型直流开关的开断可以分为以下 3 个阶段:

(1)强迫电流过零阶段。换流回路至少应产生一个电流过零点。

(2)介质恢复阶段。要求断路器有较快的灭弧介质恢复速度,并且要高于灭弧触头间恢复电压的上升速度。即触头间的耐压要快于恢复电压,达到 MOV 的持续最大运行电压。而当恢复电压达到 MOV 的持续最大运行电压时,MOV 导通。

(3)能量吸收阶段。要求耗能装置 MOV 的放电负荷能力应大于直流系统中残存的能量,并且要考虑至少有二次灭弧耗能的要求。

谐振型直流开关的结构如图 10-13 所示。

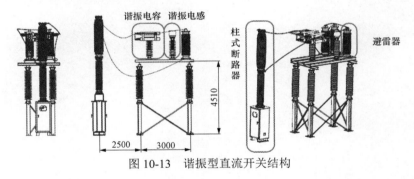

图 10-13 谐振型直流开关结构

10.3 直流变压器

10.3.1 直流变压器的作用

作为高压直流电网的关键支撑技术,大功率直流变压器(即 DC/DC 变换器)是实现大功率电力电子变换器在高压直流输电、风能与光伏发电为代表的新能源发电、电能质量控制以及储能系统接入等中高压大功率交直流系统中应用的关键环节,具有广泛的应用价值。

DC/DC 变换器不仅是能量的传输者,同时又是抑制不利影响的隔离者。在高压直流电网所需的各类电力电子变换器中, DC/DC 变换器作为包括可再生清洁能源在内的各种新型能源与大电网连接的桥梁，起到了交流电网中变压器的角色作用。与交流变压器不同的是直流变压器因为基于半导体技术开发，故其是完全可控的。这种可控性使其具有电压调节能力外还能实现其他功能。先前的一些研究表明，一个 DC/DC 变换器能够实现传统变压器、断路器和功率调节器的功能。

因为市场有限以及缺乏相应的技术，几十到几百兆瓦功率等级的 DC/DC 变换器没有得到应用。但在最近几年由于直流系统的增加，对 DC/DC 变换器的市场需求日益增长。目前，达到或者接近兆瓦级的直流电源系统有燃料电池、光伏发电和氧化电镀等。此外，包括所有的变频电机（如永磁风力发电机或者小型水利发电机等）都可被视为直流电源。除此之外，许多电力存储和负载设备都要用到直流存储媒介（电池、超级电容、电容器、超导式电磁能量储存等）。许多直流电源电压等级都很低，电压变化范围大，并且并网存在着传统困难。而 DC/DC 变换器的应用能够实现不同直流电压等级的设备灵活并网，进而提高直流系统的稳定性。

10.3.2　直流变压器的拓扑结构

10.3.2.1　谐振式高压直流变压器

谐振式双向高压直流变压器拓扑结构如图 10-14 所示。谐振式双向高压直流变压器主要原理是：采用谐振方式实现高电压增益，可归类为单级式非隔离升压。

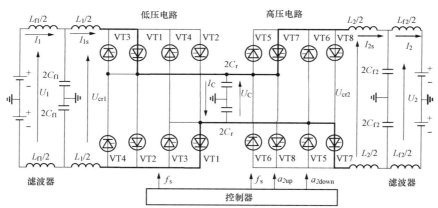

图 10-14　谐振式双向高压直流变换器拓扑结构

振式高压直流变换器优点如下：

（1）拓扑结构清晰。

（2）晶闸管直串技术成熟。

（3）控制简单，研究较为深入（英国阿伯丁大学 Dr.jovic 对该拓扑的稳态、启停、故障控制策略进行了深入研究）。

谐振式高压直流变换器缺点如下：

（1）由于低压侧与高压侧没有隔离，低压侧器件均承受高电压应力，低压侧功率开关器件管压降与高压侧一致，相对于隔离升压方式，整体效率较低。

（2）有效功率传递效率低，变换器传递能量和变换器谐振能量的比值较低。

（3）阀组 di/dt、dv/dt 大，需额外加换流电感。

10.3.2.2　BUCK_BUCK/BOOST 直流变压器

BUCK_BUCK/BOOST 直流变压器拓扑结构如图 10-15 所示，由 BUCK 电路和 BUCK/BOOST 电路串并联组成。利用磁元件实现升压，为单级式非隔离升压，如实现高电压增益，可通过串联方式实现，可归类为多级式非隔离升压。

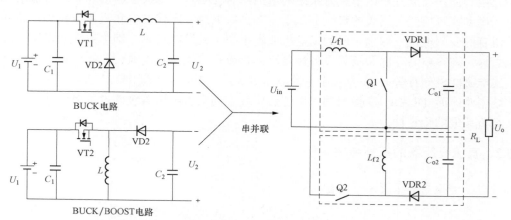

图 10-15　BUCK/BUCK-BOOST 直流变压器拓扑结构

BUCK_BUCK/BOOST 直流变压器优点如下：

（1）控制成熟，低压场合广泛应用。

（2）控制成熟，低压场合广泛应用。

（3）具有很好的负载和线性调整率。

（4）具有很高的输出电压稳定度。

BUCK_BUCK/BOOST 直流变压器缺点如下：

（1）电压增益越高，传递相同能量时需要通过电磁方式转换的比例越高，效率越低。

（2）需要 IGBT 串联技术。

（3）高频大功率电感难以实现。

（4）拓扑没有输电线路短路故障隔离能力（直流侧电容放电），需在电容上反串 IGBT 进行故障隔离。

10.3.2.3　谐振开关电容直流变压器

谐振开关电容直流变压器拓扑结构如图 10-16 所示，通过多开关电容谐振，可归纳为多级式非隔离升压。

谐振开关电容直流变压器优点如下：

（1）低压侧仅有两个全控器件，效率较高。

（2）工作频率较高，体积和质量较小。

谐振开关电容直流变压器缺点如下：

（1）拓扑由单元模块组成，但每个模块单元的应力不同，结构不清晰、较复杂。

（2）无法实现双向功率传输。

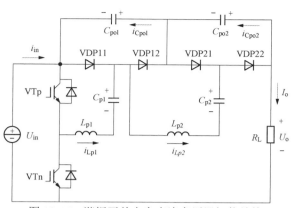

图 10-16　谐振开关电容直流变压器拓扑结构

（3）拓扑没有输电线路短路故障隔离能力（跨接电容放电），需在电容上反串 IGBT 进行故障隔离。串联 IGBT 在输电电流回路中使损耗增加。

10.3.2.4　输入串联、输出并联直流变压器

输入串联、输出并联直流变压器采用模块化的直流变压器子单元输入串联、输出并联。图 10-17 所示为一个两个子单元模块输入串联、输出并联直流变压器拓扑结构，升压增益为模块数目与变压器变比的乘积，可归纳为隔离型模块输出串联升压。

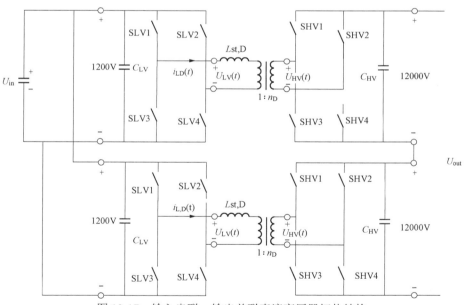

图 10-17　输入串联、输出并联直流变压器拓扑结构

输入串联、输出并联直流变压器优点如下：

（1）模块化后每个单元完全相同，单元的电压、电流应力均分。

（2）易于扩容。

（3）在轨道交通电力电子变压器中有研究基础。

输入串联、输出并联直流变压器缺点如下：

（1）高频高压大功率变压器难实现。

（2）拓扑没有输电线路短路故障隔离能力（直流侧电容放电），需在电容上反串 IGBT 进行故障隔离。

10.3.2.5 MMC 型直流变压器

MMC 型直流变压器拓扑结构如图 10-18 所示，升压通过交流变压器实现，可归纳为隔离型交流变压器升压。

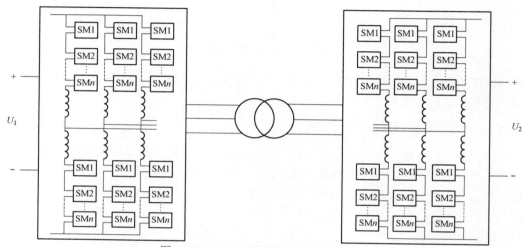

图 10-18 MMC 型直流变压器拓扑结构

MMC 型直流直流变压器优点如下：

（1）采用多电平方式，开关频率低，效率较高（＞98%）。

（2）全控器件应力低。

（3）拓扑具有输电线路短路故障隔离能力，可靠性高。

MMC 型直流直流变压器缺点如下：

（1）工频大功率变压器体积、质量大；若将来大功率 400Hz 变压器研发成功，体积、质量将有所降低。

（2）成本较高。

10.3.2.6 AAMC 型直流变压器（ALSTON 拓扑）

AAMC 型直流变压器拓扑结构如图 10-19 所示，升压通过交流变压器实现。AAMC 电路拓扑结构如图 10-20 所示。

图 10-19 AAMC 型直流变压器拓扑结构

AAMC 型直流变压器优点如下：

（1）采用多电平方式，开关频率低，效率较高。

（2）全控器件应力低。

（3）可靠性高。

（4）相比于 MMC 电路拓扑，电容减少 1/2、滤波电抗减少 1/2、IGBT 增加 1/4，总体成本略低。

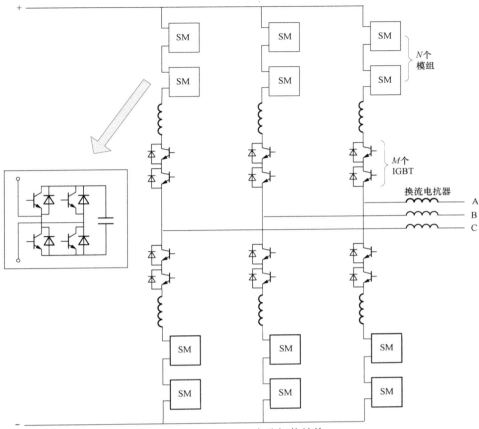

图 10-20   AAMC 电路拓扑结构

AAMC 型直流变压器缺点如下：

（1）变压器功率很大，适用于低频。

（2）高频难实现。

（3）控制相比 MMC 电路拓扑，较为复杂。

（4）需要 IGBT 串联技术。

（5）在柔性直流输电应用下的故障切除优势，在高压 DC/DC 变换器应用场合优势不突出。

（6）Alston 已对该拓扑申请专利，难以打破技术壁垒。

综上，几种直流变压器拓扑关键性参数比较见表 10-4。

表 10-4   直流变压器拓扑关键性能参数比较

拓扑名称	升压原理及特点	升压元件工作频率	开关器件及其电压应力 （以高压侧电压为衡量标准＝1，升压变比为 K）	是否可实现功率双向
谐振式双向高压直流变压器	单级非隔离升压	受限于晶闸管反向恢复时间以及全容量磁元件工作频率	高压侧（SCR）：1 低压侧（SCR）：1	是
BUCK_BUCK/BOOST 直流变压器	单级/多级非隔离升压	受限于 IGBT 开关频率、全容量磁元件制作工艺	低压侧（直串 IGBT）：1 高压侧（直串 IGBT）：1	是

拓扑名称	升压原理及特点	升压元件工作频率	开关器件及其电压应力 （以高压侧电压为衡量标准＝ 1，升压变比为 K）	是否可实现 功率双向
谐振开关电容直流变压器	多级非隔离升压	受限于 IGBT 开关频率、1/N 容量磁元件制作工艺	低压侧（IGBT）：1/K	否
输入串联、输出并联直流变压器	隔离型模块输出串联升压	受限于 IGBT 开关频率、1/N 容量磁元件制作工艺	单元数为 N 高压（IGBT）：1/N 低压（IGBT）：1/K	是
MMC 型直流变压器	隔离型交流变压器升压	受限于全容量磁元件制作工艺	高压侧（MMC）：1 低压侧（MMC）：1/K	是
AAMC 型直流变压器（Alston 拓扑）	隔离型交流变压器升压	受限于全容量磁元件制作工艺	高压侧（MMC）：1 低压侧（MMC）：1/K	是

10.3.3　直流变压器发展趋势

目前，受全控型功率器件容量的限制，DC/DC 变换器为了实现在高压、大功率场合中的应用，大多采用模块化的串并联结构。高电压、大功率的 DC/DC 变换器基本都是建立在此概念基础上，即将多个小功率、电压电流应力低的标准 DC/DC 模块通过一定的连接方式，组合成各种输入、输出要求不同的大功率直流电源系统，属于系统级的集成。这种组合式的结构存在以下一些优点：①系统由多个模块组成，增加了系统的冗余性，增强了整个系统的稳定性；②不同输入、输出要求的电源系统通过标准模块组合而成，减少了设计的周期和重复性的投资成本；③标准模块是完全优化的模块，系统的整体性能得到提高。因此，对于高压输入的场合，可以将各个电源模块输入串联，使每个电源模块的输入电压降低到原来的 1/n（其中 n 为串联模块数），从而很容易选择合适的开关器件，各模块的效率、器件散热、系统的可靠性等也相应提高。根据负载的不同，输入串联型电路拓扑又可以分为输入串联输出串联型（Input—Series—Output—Series，ISOS）及输入串联输出并联型（Input—Series—Output—Parallel，ISOP）。其中，ISOS 系统适用于输入、输出均为高压的场合，而 ISOP 系统适用于输入高压、输出大电流的场合。

从变换器拓扑结构来看，在中高压大功率交流变频调速系统中通常采用工频变压器，这样不仅可以实现输入、输出回路间隔离，防止零序电流环流，而且可以实现移相多重化整流，减小电流谐波等。但是，在此类大功率变换器中，这种工频变压器通常体积庞大笨重，接线结构非常复杂。应用高频隔离 DC/DC 变换器取代庞大笨重的工频变压器，使变换器的体积、质量、成本降低，已成为当前 DC/DC 变换器发展的趋势。但目前常用的高频隔离 DC/DC 变换器多采用双全桥和双半桥结构，应用于大功率场合时，虽能够实现能量的有效传递，但缺点也同样明显：功率器件电压电流应力大、环流大，通态损耗高、总体效率不理想，很难实现在高电压大功率条件下的应用。

从发展趋势的角度，在高压直流电网技术发展要求下，DC/DC 变换器技术正向着模块化、高电压、大容量、高效率、高可靠性等几个方面发展。寻找合适的拓扑结构，实现在高输入、输出电压条件下降低开关管电压应力、减小开关损耗、提高开关频率、减小高频变压器体积、双向高效传递能量，是今后高压 DC/DC 变换器的发展方向和趋势。

10.4　直流潮流控制器

直流电网具有三种基本拓扑结构，分别为树枝状、环状和网状，多种基本结构组合为复杂的直流电网[7]。其中，网状结构具有较好的灵活性和冗余度，能够增加系统的可靠性，减少输电距离，是直流电网建设后期必然考虑的一种结构方式。但是在含有环、网状结构的直流电网中，换流站之间可能存在多条输电线路，使得输电线路的数目大于换流站个数，导致线路上的潮流不能仅依靠换流站的电压控制实现有效调节，即直流潮流控制自由度不够。在这种情况下，直流电网内部分线路潮流因得不到有效控制而可能导致线路过负荷，影响系统正常运行。因此，需要引入额外的直流潮流控制设备，通过增加控制自由度来实现对直流电网内每条线路潮流的有效控制。

近年来，国内外一些研究人员已就直流潮流控制问题，提出了相关潮流控制设备，如可变电阻器、DC/DC 变换器和辅助电压源。但是，这些设备或制造费用高，或运行损耗大，不利于在工程上的快速推广。文献[16]提出了一种电流潮流控制器（Current Flow Controller, CFC）。除电容能量的变化外，它基本不与外部网络发生能量交换，对直流网络只起电流分配的作用。不需要承受系统级的高电压，设备投入少，损耗低，具有较好的应用前景。但是文献[16]仅给出了 CFC 的拓扑结构，并未详细研究其工作原理、运行特性和相关控制策略。

本节首先分析指出了现有几类直流潮流控制设备存在的一些缺陷；然后研究了 CFC 的工作原理和运行特性，并在此基础上给出了 CFC 的控制策略以及各状态量之间的关系；最后，将 CFC 应用于环网式五端直流电网，对其潮流调节能力和运行特性进行仿真验证和分析。

10.4.1　现有直流潮流控制设备

现有直流潮流控制设备主要有可变电阻器、DC/DC 变换器和辅助电压源三类。需要指出的是，直流网络中，直流电流对直流电压的变化非常敏感，直流电压的小幅变化可引起电流大幅度的改变。因此，直流潮流控制设备上的电压较小，其额定容量也较小。

10.4.1.1　可变电阻器

文献[11]、文献[12]给出了两种可变电阻器的实现结构，图 10-21 所示的是其中一种结构形式。一个电阻器由多个电阻及其并联开关串联而成，开关 S1 至 Sn 可以是机械式开关器件也可以是电力电子器件，电阻 R_1 至 R_n 的阻值可以是不等值的。可变电阻器通过开关的投切，改变串入支路的等效电阻，进而达到调节支路电流的作用。电阻是有功消耗型器件，串入电阻消耗的额外功率一般较大，十分不经济，实际工程应用中不应予考虑。

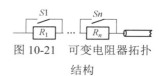

图 10-21　可变电阻器拓扑结构

10.4.1.2 DC/DC 变换器

文献[13]、文献[14]分别提出了一种 DC/DC 变换器，但两者的运行机理相似，图 10-21 给出了其中一种结构形式。电路主要包含取能部分和换流部分，取能电路从直流系统中取能，利用调制控制输出交流电压波形，经变压器后，再经三相六脉动晶闸管桥输出直流电压用于调节支路潮流。由于晶闸管桥只有单相导通能力，需要通过 S1～S4 的投切控制来实现支路电流双向流通。当电流流向从左向右时，闭合 S1 和 S2，断开 S3 和 S4；当流向从右向左时，闭合 S3 和 S4，断开 S1 和 S2。从图 10-22 可以看出，取能电路一端连接于直流系统，另一端接地，VT1、VT2 需要承受整个直流系统的电压，要由多个 IGBT 器件串联而成，设备成本较高。此外，较多电力电子器件的引入导致系统运行损耗增加，不经济。

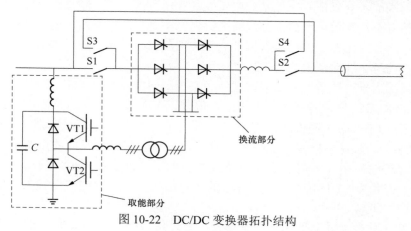

图 10-22 DC/DC 变换器拓扑结构

10.4.1.3 辅助电压源

文献[11]、文献[15]提出了两种辅助电压源拓扑结构，图 10-23 给出了其中一种实现形式。其含有一个换流变压器，两个反并联的三相六脉动晶闸管桥和若干电抗器。两个反并联桥用于支路电流双向流通，而电抗器主要起平波和保护换流阀免受冲击波损害的作用。实际上，图 10-23 所示的辅助电压源相当于是一个换流器，与 DC/DC 变换器不同的是，它

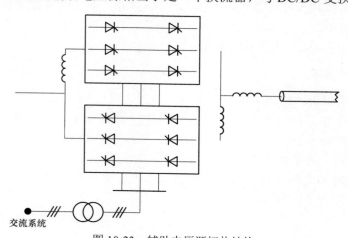

图 10-23 辅助电压源拓扑结构

通过换流变压器从交流系统取能，而非直流系统。但是，这样的结构中，换流变压器阀侧需要承受直流系统级的高电压偏置，对变压器的绝缘设计带来了较大困难，同时也增加了设备成本。

从上述分析可以看出，现有的三类直流潮流控制器不能兼顾对投资成本和运行损耗的要求，不利于工程推广。

10.4.2 CFC 及其工作原理

10.4.2.1 CFC 结构

图 10-24 所示为直流电网内某个含有 CFC 详细拓扑结构的换流站直流侧接线示意图。其中，I_s 为换流站注入直流母线的电流，I_{wi} ($i=0, 2,...n$) 为其他支路流入直流母线的电流，$n(n \geq 0)$ 为其他支路数，I_c 为直流母线流入 CFC 的电流，I_{c1} 和 I_{c2} 为 I_c 经 CFC 分配后流过分流支路 1 和 2 的电流。分流支路 1 和 2 的另一端分别与直流网络内其他直流母线相连。

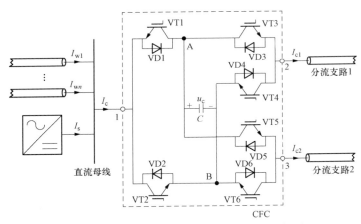

图 10-24 含 CFC 的换流站直流侧接线示意图

CFC 含有 6 个 IGBT（VT1～VT6）和 6 个反并联二极管（VD1～VD6），同时，还含有一个供分流支路 1 和 2 共用的电容 C。CFC 含有三个外接端点，端点 1 直接与最近的直流母线相连，端点 2 和 3 分别通过分流支路 1 和 2 与其他直流母线相连。从图 10-24 可以看出，分流支路 1 和 2 呈对称结构，分别通过 VT3、VT5 与节点 A 相连，通过 VT4、VT6 与节点 B 相连。在电流关系方面，可以从图 10-24 得到如下表达式

$$I_c = I_{c1} + I_{c2} \tag{10-1}$$

$$I_c = I_s + \sum_{i=0}^{n} I_{wi} \tag{10-2}$$

10.4.2.2 CFC 工作原理

从 CFC 的内部电路结构可以看出，CFC 可以以节点 A、B 为界，分为左右两部分。左半部分通过 VT1、VT2 的通断，实现端点 1 和节点 A、B 之间的连接切换；右半部分则为

具体的分（合）流操作，节点 A、B 可视为实际分（合）流点。表 10-5 给出了 CFC 左半部分的工作特征，其中，I_c 以图 10-24 所示的方向为正方向。

表 10-5　　　　　　　　　　　CFC 左半部分工作特性

I_c 方向	导通开关管	与端点 1 连通分流点
正	VD1	A
	VT2	B
反	VT1	A
	VD2	B

表 10-6 给出了 CFC 右半部分的工作特征，其中，图 10-24 所标示的 I_{c1} 和 I_{c2} 的方向为两条支路电流的正方向。正电阻效应指的是 CFC 的电容 C 串入支路的电压降方向与电流方向一致，类似于串入一个正电阻，从而降低所在支路的电流。负电阻效应指的是电容串入支路的电压降方向与电流方向相反，等同于在支路上串入一个负电阻，增大支路电流。旁通效应则是将 CFC 直接旁路掉，不对直流网络产生任何作用。从表 10-6 可以看出，正电阻和负电阻效应分别对应电容充电和放电，旁通效应则意味着电容既不充电也不放电。

表 10-6　　　　　　　　　　　CFC 右半部分工作特性

分流支路	I_{c1} 或 I_{c2} 电流方向	连通的分流点	导通开关管	对应电阻效应	电容充放电
分流支路 1	正	A	VT3	旁通	—
			VD4	正电阻	充电
		B	VT3	负电阻	放电
			VD4	旁通	—
	反	A	VD3	旁通	—
			VT4	负电阻	放电
		B	VD3	正电阻	充电
			VT4	旁通	—
分流支路 2	正	A	VT5	旁通	—
			VD6	正电阻	充电
		B	VT5	负电阻	放电
			VD6	旁通	—
	反	A	VD5	旁通	—
			VT6	负电阻	放电
		B	VD5	正电阻	充电
			VT6	旁通	—

利用 IGBT 的快速通断特性，使得一条分流支路高频率地串入正电压 U_c 和 0（旁路），另一条分流支路高频串入负电压 $-U_c$ 和 0，从而使得两条支路分别出现正电阻效应和负电阻效应，实现支路电流一升一降的电流分流调节效果；同时，在正负电阻效应引入的同时，

使得电容 C 不断处于充电和放电状态，实现电容电压的动态平衡，是本节设计 CFC 控制策略的基本原则。

下面以三种典型工况为例，对 CFC 开关管的控制特性进行分析说明。

1. I_{c1} 和 I_{c2} 同为正向

在该工况下，根据式（10-1）可知，I_c 也将处于正向状态。由于分流支路 1 和分流支路 2 具有对称性，故以分流支路 1 引入正电阻效应（控制 I_{c1} 降低），分流支路 2 引入负电阻效应（控制 I_{c2} 增大）为例进行说明。

从表 10-6 可知，当仅连通一个分流点时，电容将处于断续充电或断续放电状态，电容电压难以维持平衡，同时，电阻效应也单一，无法达到电流分流作用。因此，需要通过两个连通点的切换来实现，具体步骤如下：在某一时刻，分流支路 1 通过 VD4 与分流点 A 连通，引入正电阻效应，同时分流支路 2 通过 VT5 与 A 连通，分流支路 2 不引入电阻效应，电容在此时刻处于充电状态；在下一控制时刻，分流支路 1 通过 VD4 与分流点 B 连通，不引入电阻效应，同时分流支路 2 通过 VT5 与分流点 B 连通，引入负电阻效应，电容在此时刻处于放电状态。上述两种状态循环往复，则分流支路 1 引入电压 U_c 和 0 高频切换的正电阻效应，分流支路 2 引入电压 $-U_c$ 和 0 高频切换的负电阻效应。结合表 10-6 给出的关系，可以得出，本工况下需要如下两种开关模式：①仅开通 VT5，如图 10-25（a）所示；②开通 T2 和 T5，如图 10-25（b）所示。在此，不加说明地给出分流支路 1 引入负电阻效应，分流支路 2 引入正电阻效应的两种开关模式：①仅开通 VT3，②开通 VT2 和 VT3。

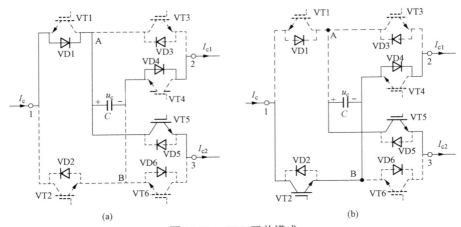

图 10-25　CFC 开关模式

2. I_{c1} 和 I_{c2} 同为反向

同样，以分流支路 1 引入正电阻效应，分流支路 2 引入负电阻效应为例进行说明。从表 10-6 可以看出，同样需要两个分流点的切换来实现，具体步骤如下：在某一时刻，分流支路 1 通过 VD3 与分流点 B 连通，引入正电阻效应，同时分流支路 2 通过 VT6 与分流点 B 连通，不引入电阻效应；在下一控制时刻，分流支路 1 通过 VD3 与分流点 A 连通，不引入电阻效应，同时分流支路 2 通过 VT6 与分流点 A 连通，引入负电阻效应。相应的两种开关模式为：①仅开通 VT6，如图 10-26（a）所示；②开通 VT1 和 VT6，如图 10-26（b）

所示。同样，不加说明地给出分流支路 1 引入负电阻效应，分流支路 2 引入正电阻效应的两种开关模式：①仅开通 VT4；②开通 VT1 和 VT4。

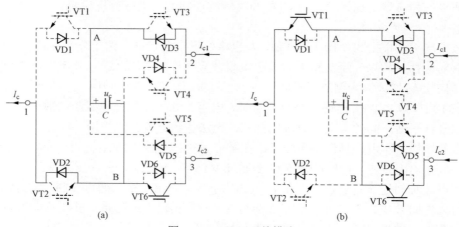

图 10-26　CFC 开关模式

3. Ic1 和 Ic2 不同向

I_{c1} 和 I_{c2} 不同向的情况分为两种：I_{c1} 反向，I_{c2} 正向；I_{c1} 正向，I_{c2} 反向。两种情况下，I_c 的方向由 I_{c1} 和 I_{c2} 的幅值差决定。以 I_{c1} 反向，I_{c2} 正向，分流支路 1 引入正电阻效应，分流支路 2 引入负电阻效应为例。从表 10-6 可以看出，在不同向情况下，如果仍通过两个分流点的切换来实现，那么电容将处于断续充电或断续放电状态，不能实现平稳运行。因而，此种状态通过一个分流点来实现，具体步骤如下：首先，始终关断 VT1，导通 VT2，在某一时刻，分流支路 1 通过 VD3 与分流点 B 连通，引入正电阻效应，同时分流支路 2 通过 VD6 与分流点 B 连通，不引入电阻效应；下一控制时刻，分流支路 1 通过 VT4 与分流点 B 连通，不引入电阻效应，同时分流支路 2 通过 VT5 与分流点 B 连通，引入负电阻效应。相应的两种开关模式为：①仅开通 VT2，如图 10-27（a）所示；②开通 VT2、VT4 和 VT5，如图 10-27（b）所示。在 I_{c1} 反向，I_{c2} 正向的情况下，如果分流支路 1 引入负电阻效应，分流支路 2 引入正电阻效应，那么相应的开关模式为：①仅开通 VT1；②开通 VT1、VT4 和 VT5。

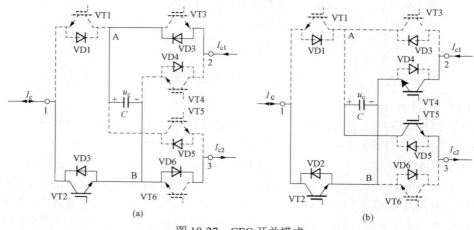

图 10-27　CFC 开关模式

同样地，对于 I_{c1} 正向，I_{c2} 反向的情况，若分流支路 1 和 2 分别引入正、负电阻效应，则对应的开关模式为：①仅开通 VT1；②开通 VT1、VT3 和 VT6。若分流支路 1 和 2 分别引入负、正电阻效应，对应开关模式为：①仅开通 VT2；②开通 VT2、VT3 和 VT6。

另外，从图 10-24 可以看出，仅需将 VT1、VT3、VT5 或 VT2、VT4、VT6 开通，两条支路上的电流均不通过电容，CFC 不再起电流调节作用，处于旁通状态。根据上述分析，结合电流方向和支路的电阻特性，CFC 总共有 9 种工况。表 10-7 给出了 9 种工况下，VT1～VT6 的通断特性，也给出了每种工况下，控制系统所需要施加控制信号的特定开关管，为后续控制器的设计提供依据。

表 10-7　　　　　　　　　　　　　　　　CFC 运 行 工 况

I_{c1}/I_{c2} 方向	支路 1/2 电阻效应	VT1	VT2	VT3	VT4	VT5	VT6	被控器件	工况
正/正	正/负	0	—	0	0	1	0	VT2	①
正/正	负/正	0	—	1	0	0	0	VT2	②
负/负	正/负	—	0	0	0	0	1	VT1	③
负/负	负/正	—	0	0	1	0	0	VT1	④
负/正	正/负	0	1	0	—	0	0	VT4 VT5	⑤
负/正	负/正	1	0	0	—	0	0	VT4 VT5	⑥
正/负	正/负	1	0	—	0	0	0	VT3 VT6	⑦
正/负	负/正	0	1	—	0	0	0	VT3 VT6	⑧
—	旁通	1	0	1	0	1	0	—	⑨
—	旁通	0	1	0	1	0	1	—	⑨

10.4.2.3　CFC 控制策略和状态量之间关系

以表 10-7 所列的工况①为例，对 CFC 控制策略进行分析说明。控制框图如图 10-28 所示，采用两态电流滞环宽度控制，其中 I_{c1ref} 为分流支路 1 的电流参考值，h 为滞环宽度。当电流误差信号向上超过 h 时，表明 I_{c1} 落后于 I_{c1ref} 超出限定范围，将产生触发脉冲触发 VT2 的导通，等效电路如图 10-25（b）所示。导通 VT2 后，串入分流支路 1 上的电容（正电阻）等效于被切除，I_{c1} 将增大。当电流误差信号向下超过 $-h$ 时，关断 VT2，等效电路如图 10-25（a）所示。电容将串入分流支路 1 中，引入正电阻效应，从而使得 I_{c1} 向减小的方向变化。

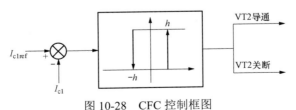

图 10-28　CFC 控制框图

伴随着 VT2 的通断，电容 C 将频繁地处于充放电状态，电容电压 U_C 呈现出波动形式。稳态情况下，设定 U_{C0} 为电容电压平均值，波动范围为 $(U_{C0}-\Delta U_C) \sim (U_{C0}+\Delta U_C)$，$\Delta U_C$ 为波动幅值。假设 VT2 的开关周期为 T_s，占空比 D 为 VT2 开通时间的百分比，且 $0\sim DT_s$ 为 VT2 开通时间段，$DT_s\sim T_s$ 为 VT2 关断时间段。那么，对于分流支路 1 而言，电容引入的平均电压（即图 10-24 中端点 1、2 之间的平均电压）为

$$\bar{U}_{C1} = \frac{1}{T_s}\int_0^{T_s} U_C(t)\mathrm{d}t = \frac{1}{T_s}\int_{DT_s}^{T_s} u_C(t)\mathrm{d}t \tag{10-3}$$

对于分流支路 2 而言，电容引入的平均电压（即图 10-24 中端点 1、3 之间的平均电压）为

$$\bar{U}_{C2} = \frac{1}{T_s}\int_0^{T_s} -U_C(t)\mathrm{d}t = -\frac{1}{T_s}\int_0^{DT_s} U_C(t)\mathrm{d}t \tag{10-4}$$

$0\sim DT_s$ 时间段内，I_{C2} 流过电容使其放电；而 $DT_s\sim T_s$ 时间段内，I_{C1} 流过电容使其充电。在滞环控制中，滞环宽度 h 很小，I_{C1} 和 I_{C2} 可以看作是不变的。根据电容上电压电流之间的关系，可以获得如下表达式

$$\Delta U_C = \frac{1}{2C}DT_s I_{C2} = \frac{1}{2C}(1-D)T_s I_{C1} \tag{10-5}$$

从式（10-5）可以看出，电容电压波动幅值的大小与控制频率有关，可通过对滞环宽度 h 的控制实现电容电压波动的调节。另外，从式（10-5）还可以获得 I_{C1} 和 I_{C2} 之间的关系

$$\frac{I_{C1}}{I_{C2}} = \frac{D}{1-D} \tag{10-6}$$

由于流过电容的电流在时间段 $0\sim DT_s$ 和 $DT_s\sim T_s$ 可视为恒定，因而电容电压的变化是线性的，式（10-3）、式（10-4）可进一步写成

$$\bar{U}_{C1} = (1-D)U_{C0} \tag{10-7}$$

$$\bar{U}_{C2} = -DU_{C0} \tag{10-8}$$

10.4.2.4　CFC 的经济性分析

DC/DC 变换器和辅助电压源都需要一个取能点，通过能量的馈入、馈出，实现直流电压的调节。CFC 以直流支路互为取能点，所需的电力电子器件无需承受高直流电压，亦不需要换流变压器。直流电流对直流电压的变化非常敏感，CFC 在支路 1 和 2 上引入的平均电压相较于直流电压小很多。因而根据式（10-7）和式（10-8）可以看出，电容电压平均值 U_{C0} 也较小。CFC 内的电力电子器件所要承受的电压与电容电压密切相关，可见 CFC 所需的电力电子器件数较少。因此，CFC 的投资成本相较于 DC/DC 变换器和辅助电压源小很多，同时，较少的电力电子器件数也意味着运行损耗低，有利于长期经济运行。

10.4.3　在直流电网中的应用

10.4.3.1　直流电网结构及参数

图 10-29 给出了一个五端直流电网结构的示意图，含有 6 条直流线路。假设线路采用

电缆形式，所有线路的参数相同：$r=0.01\Omega/\text{km}$，$l=0.6\text{mH/km}$，$c=5\mu\text{F/km}$，各线路长度以及直流电流参考方向如图 10-29 所示。CFC 接于 l_{14} 和 l_{15} 之间，端点 1 连于直流母线①，端点 2 和 3 分别与 l_{14} 和 l_{15} 相连。

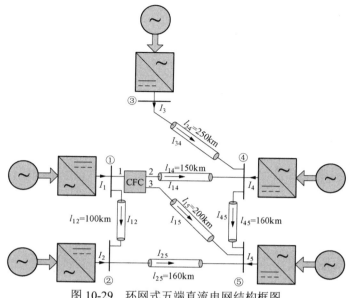

图 10-29 环网式五端直流电网结构框图

稳态情况下，直流母线⑤所在的换流器控制直流电压为 500kV，其余换流器处于定功率或定电流控制状态。

10.4.3.2 仿真验证

根据电网结构和参数，在不投入 CFC 的情况下，可以获得注入电流和支路电流之间的关系为

$$
\begin{bmatrix} I_{12} \\ I_{15} \\ I_{14} \\ I_{25} \\ I_{45} \\ I_{34} \end{bmatrix} = \begin{bmatrix} 0.32 & -0.42 & 0.16 & 0.16 \\ 0.41 & 0.25 & 0.21 & 0.21 \\ 0.27 & 0.16 & -0.38 & -0.38 \\ 0.32 & 0.58 & 0.16 & 0.16 \\ 0.27 & 0.16 & 0.62 & 0.62 \\ 0 & 0 & 1 & 0 \end{bmatrix} \times \begin{bmatrix} I_1 \\ I_2 \\ I_3 \\ I_4 \end{bmatrix} \tag{10-9}
$$

当 $[I_1, I_2, I_3, I_4]^{\text{T}}$ 分别为 $[2, -1, 1, -1.5]^{\text{T}}$，$[-2, -1, 1, 1.5]^{\text{T}}$ 和 $[2, -1.6, 1.5, 0.6]^{\text{T}}$ 时，根据式（10-9）可以计算出，$[I_{14}, I_{15}]^{\text{T}}$ 分别对应为 $[0.56, 0.47]^{\text{T}}$、$[-1.6, -0.55]^{\text{T}}$ 和 $[-0.52, 0.87]^{\text{T}}$，表征 CFC 所连的两支路电流同正向（情景 1）、同反向（情景 2）和不同向（情景 3）。设定电容 C 为 2000μF，滞环宽度 h 为 0.001，以 I_{14} 为控制对象，得到图 10-30 所示三种仿真情景下的直流电流响应特性。

情景 1 中，I_{14} 的电流参考值在 $t=1.0\text{s}$ 时刻从 0.56kA 变为 0.3kA，又在 $t=2.0\text{s}$ 时刻跳变

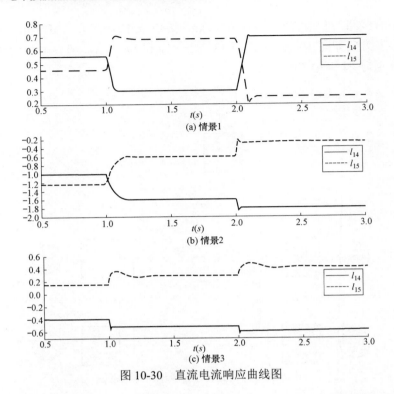

图 10-30 直流电流响应曲线图

为 0.7kA；情景 2 中，I_{14} 在 t=1.0s 时刻从-1.0kA 变为-1.6kA，在 t=2.0s 时刻又跳变为-1.8kA；情景 3 中，I_{14} 在 t=1.0s 时刻从-0.4kA 跳变为-0.52kA，又在 t=2.0s 时刻跳变为-0.6kA。三种仿真情景中，电流参数的设置分别蕴含了支路 l_{14} 不引入电阻效应、引入正电阻效应和引入负电阻效应三种情况。从仿真结果可以看出，电流调节能够较为平滑顺利地实现，没有严重的过电流现象。

图 10-31 给出了情景 1 下，对应于图 10-30（a）的参考电流，支路 l_{14} 上的电流偏差，CFC 内电容电压和 VT2 的触发脉冲。当 I_{14} 的额定值设为 0.56kA 时，根据理论计算可知，此时 CFC 不应产生电阻效应，从图 10-31（a）中 0.8~0.85s 时段可以看出，VT2 始终被触发，CFC 处于未投入状态，电容电压维持为 0。当 I_{14} 设为 0.3kA 时，CFC 对支路 l_{14} 引入正电阻效应，从图 10-31（a）中 1.55~1.6s 时段可以看出，电流偏差能够较严格地控制在 ±0.001kA 以内，电容电压在 0.64~1.85kV 之间波动，触发脉冲频率为 170Hz 左右。与电压源换流器高达 1kHz 以上的开关频率相比，CFC 的开关频率相对较小，因而 CFC 所引起的开关损耗也很小。当 I_{14} 设为 0.7kA 时[见图 10-31（b）]，电流偏差已达到 ±0.005kA 以上，不能较好地控制在设定范围内，这主要是由于直流电网主回路内电感电容的存在造成大电流情况下电流变化滞后性加重，但系统仍能够控制在预期范围内。此时，大电流的流过导致电容电压波动更大（0~2.1kV），相应的触发脉冲频率为 70Hz 左右，开关损耗更小。在整个仿真过程中，电容电压最大仅为 2.1kV，再次表明 CFC 内电力电子器件所需承受的电压较小，串联的器件数较少，不仅能减少设备投资，而且也能降低运行损耗。

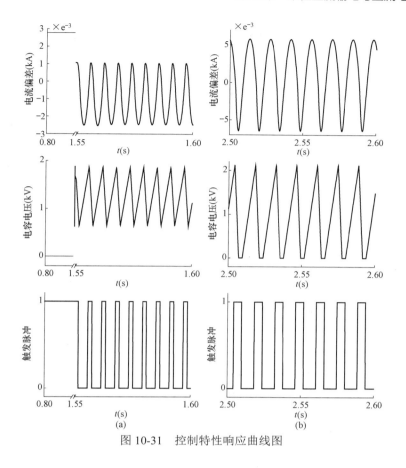

图 10-31 控制特性响应曲线图

10.5 直流配网

10.5.1 直流配网概述

在输配电系统发展初期，直流配电是主要的配电方式，但由于当时直流输配电电压等级低、容量小、电压变换困难、供电范围受限等一系列原因，逐渐被交流配电取代，充分发挥了交流系统电压等级高、容量大、电压变换容易、供电范围大等优点，逐步成为现代输配电系统的核心配电形式。

然而，随着新能源、新材料、信息技术和电力电子技术的长足发展和广泛应用，以及城市负荷需求的不断提高，用户对电能的稳定性、高效性和经济性要求日益增高。一方面，光伏电池和燃料电池等可再生能源及电动汽车蓄电池组、超级电容器、超导磁储能等储能装置大多是直流电，必须通过 DC/AC 变流器才能并入交流配电网；生活中的大量电器采用直流电工作更为方便、节能，如计算机、打印机、微波炉，以及洗衣机、变频空调等；电弧炉、旋转电机等越来越多的工业负荷采用变频技术以提高电能利用效率。电力电子变流器的大量使用不但增加了分布式电源和储能装置的设备和运行成本，同时也牺牲了系统的整体效率和可靠性。另一方面，我国数十年来由于城市规划与电力的条块分割，形成了与负荷发展要求不相适应的配电网结构，使配电网规划、容量及电能质量越来越难以适应城市发展的需求。用电负荷越发密集，配电网走廊紧张，供电容量不足；高新产业比例日益扩大，对电能质量要求逐渐提高；我国面临能源结构调整的需求，需大力发展储能电站、电动汽车以及可再生能源发电接入配电网，从而对城市配电网的运行控制提出新的挑战。面对经济社会的快速发展对电力系统提出的更加环保、更加安全可靠、更加优质经济并支持用户与电网双向互动等诸多要求，传统的交流电网结构已越来越无法胜任。

随着功率半导体技术的长足发展，直流供电技术的技术和经济优势逐渐体现。国外研究资料表明，与交流配电网相比较，基于直流的配电网在输送容量、可控性以及提高供电质量等方面具有更好的性能，可以有效地提高供电容量与电能质量，快速独立地控制有功、无功功率，减少电力电子变流器的使用，降低电能损耗和运行成本，协调大电网与分布式电源之间的矛盾，充分发挥分布式能源的价值和效益，亦有助于企业采取更多的节能技术，提高能源利用率。因此，兼具可靠性、安全性、稳定性、经济性的直流配电网具有巨大的市场潜力和经济价值。同时，美国、日本和欧洲等国家和地区于 20 世纪 90 年代便开始了数据通信中心直流配电的研究，而军舰、航空及混合电动汽车等特殊应用领域的直流配电技术也日趋成熟。这些都为直流配电箱工厂、住宅等领域的推广应用提供了基础。

与此同时，基于 VSC 换流器的多端柔性直流系统，以其高可靠性和可控性正得到越来越多的重视，目前已成功应用于构建多端柔性直流输电系统；在通过多落点供电提高系统可靠性的同时，极大地增强了系统可控性，实现了灵活的潮流控制，提高了电压稳定性，限制了故障短路电流，缩短了故障恢复时间，更有利于新能源的接入；特别适用于构建多种拓扑的直流配电网拓扑结构，如环形、放射型、手拉手型等，特别适用于我国现阶段交流配电网的升级和改造，构成交直流混联的配电网架构。

10.5.2 直流配网的拓扑结构及优势

10.5.2.1 直流配网的拓扑结构

直流配网常用的拓扑结构有放射型、手拉手型、环网型三种，分别如图 10-32～图 10-34 所示。

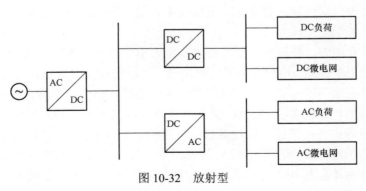

图 10-32 放射型

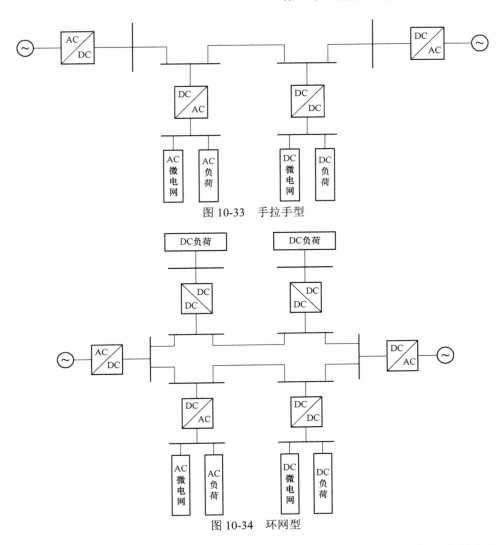

图 10-33 手拉手型

图 10-34 环网型

一般情况下认为放射型网络供电可靠性低，但其故障识别和保护控制较容易实现；手拉手及环型网络可靠性高，但故障识别和保护控制较难实现。因此，在投资、供电可靠性及供电范围等工程需求不同的情况下，可以灵活构建不同拓扑的多端柔性直流配电网络，最大限度满足需求。

10.5.2.2 技术优势

相比于交流电网，直流配网在供电容量、线路损耗、电能质量、新能源接入等方面有一定的优势。

1. 供电容量

设现有线路的额定线电压为 U_{ac}，额定线电流为 I_{ac}，功率因数 $\cos\varphi=0.9$，则该线路传输的额定有功功率为

$$P_{ac} = \sqrt{3}U_{ac}I_{ac}\cos\varphi$$

若直流配电网采用双极结构，且设其额定直流电压为 U_{dc}，额定电流为 I_{dc}，则线路所传输的额定功率为 $P_{dc}=2U_{dc}I_{dc}$。因此，在相同的绝缘水平、相同的导线截面及电流密度情况下，$U_{dc}=\sqrt{2/3}\,U_{ac}$，$I_{dc}=I_{ac}$，则

$$\frac{P_{dc}}{P_{ac}}=\frac{2U_{dc}I_{dc}}{\sqrt{3}U_{ac}I_{ac}\cos\varphi}=\frac{2\sqrt{2/3}U_{ac}I_{ac}}{\sqrt{3}U_{ac}I_{ac}\cos\varphi}=1.05 \tag{10-10}$$

由式（10-10）可知，对于双极结构的直流配电网而言，其传输功率与原交流线路大致相等，直流输电需要 2 条输电线路，而交流输电需要 3 条，因此在线路走廊宽度和建造费用相同情况下，直流线路所能传输的功率约为交流线路的 1.5 倍。可见，直流配电能够有效提高供电容量（半径）。

2. 电能质量

对半导体芯片生产行业而言，电压波动、频率变化、闪络冲击、三次及以上谐波幅值增量，都可能对产品生产造成较大影响，这些企业对电能质量的要求高于国家对交流配电网电能质量的标准；另一些企业，如建材、汽车、电缆制造行业，均存在大量的冲击负荷，当冲击性负载（冶炼炉、电焊机等）接入交流配电网时，会对交流配网造成冲击，引起电压骤降等电能质量问题。对于接入快速响应的储能设备的直流配电网，仿真表明，冲击性负载造成的电压闪变仅为 1%～2%。另外，相对交流配电网而言，分布式储能设备接入直流配网的技术难度相对较低，一旦储能设备的研制取得突破，便可在直流配网中广泛配置，从而有效解决用户侧直流电压闪变等问题。

此外，柔性直流配网中的换流器可以灵活地吸收或发出无功功率，起到静止无功补偿器（STATCOM）的补偿作用，从而对交流系统侧与交流负荷侧的无功功率进行动态补偿，稳定交流母线和用户侧电压。

3. 线路损耗

考虑到交流电缆金属护套所引起的有功损耗及交流系统的无功损耗，在直流配电网直流电压为交流系统线电压两倍的情况下，直流配网的线损仅为交流配电网的 15%～50%。虽然交流配网的线损降低可通过添加无功补偿设备等措施来实现，但这将增大系统的建造成本，及其复杂性。

4. 可靠性

若直流配电网采用双极系统，当其中一极发生故障时，另一极可继续为负荷输送功率。相比于交流配电网，直流配电网中接入蓄电池、超级电容等储能设备的技术难度相对较低。因此，直流配电网的故障穿越能力与供电可靠性较高。

通信中心和信息中心多为敏感负载，如存储设备、服务器等，它们对供电可靠性的要求极高。文献[34]基于美国数据中心的典型结构，考虑直流配电在这一特殊负载地点的应用，分别对交、直流配电网下的可靠性指标进行了计算，描绘出了直流配网可靠性指标与储能设备配置之间的关系图表。计算结果表明，相对交流而言，直流配电系统具有更高的故障穿越能力和可靠性。

文献[35]建立了一个模拟直流配电实物系统，证明了直流配电网在稳态下的电压电流稳定性，且不存在采用交流配电时的谐波问题；在交流输电网两相短路情况下，直流配电网的运行不受短路故障影响，仍可保持稳定运行。

5. 清洁能源及储能设备的便捷接入

风能、太阳能等新能源发电形式的大规模分布式并网已成为一种趋势。光伏电池等发出的直流电具有随机性和间歇性，需要配置相应换流器及储能装置，并需要通过复杂的控制策略才能实现交流并网。风电产生出的是一种随机波动的交流电能，需要安置 AC/DC/AC 换流器和一些适当的储能装置，并通过复杂控制才能并入交流电网。各类储能装置，如蓄电池、超级电容器等，都以直流电形式存储电能，必须通过双向 DC/AC 换流器和复杂控制，才能使用于交流电网。但是，如果采用直流配电网供电方式，无论是新能源分布式并网，还是储能装置的接口与控制技术，都要简单得多。

参 考 文 献

[1] 何俊佳，袁召，赵文婷，等. 直流断路器技术发展综述[J]. 南方电网技术, 2015, 9(02): 9-15

[2] 马钊. 直流断路器的研发现状及展望[J]. 智能电网，2013, 1(01): 12-16.

[3] 王帮田. 高压直流断路器技术[J]. 高压电器，2010, 46(09): 61-64,68.

[4] 许烽,李继红,朱承治,等. 直流断路器对直流电网过电压特性的影响分析[J]. 浙江电力,2017, 36(09): 13-18.

[5] 许烽，江道灼，黄晓明，等. 电流转移型高压直流断路器[J]. 电力系统自动化，2016, 40(21):98-104.

[6] 刘高任,许烽,徐政,等. 适用于直流电网的组合式高压直流断路器[J]. 电网技术,2016, 40(01): 70-77.

[7] 张先进，陈杰，龚春英. 直流变压器研究[J]. 高电压技术，2009, 35(05):1144-1149.

[8] 张方华，严仰光. 直流变压器的研究与实现[J]. 电工技术学院，2005(07): 76-80.

[9] 张先进. 输入串联输出并联直流变压器控制研究[J]. 电力电子技术，2011, 45(02): 91-93.

[10] 陈曦，肖岚，陈哲，龚春英. 高压直流输电系统中的全桥直流变压器研究[J]. 电力电子技术，2010, 44(11):98-100.

[11] Marquardt R, Lesnicar A. New concept for high voltage-modular multilevel converter[C]//Power Electronics Specialists Conference (PESC). Aachen, Germany: IEEE, 2004: 1-5.

[12] Dorn J, Gambach H, Retzmann D. HVDC transmission technology for sustainable power supply[C]//9th International Multi-Conference on Systems, Signals and Devices(SSD). Chemnitz, Germany: 2012: 1-6.

[13] 杨晓峰，林智钦，郑琼林，等. 模块组合多电平变换器的研究综述[J]. 中国电机工程学报，2013, 33(6)：1-14.

[14] 杨晓峰，林智钦，周楚尧，等. 模块化多电平换流器 MMC 的环流抑制技术综述[J]. 电源学报，2015, 13(6)：58-68.

[15] Sasongko F, Hagiwara M, Akagi H. A front-to-front (FTF) system consisting of multiple modular multilevel cascade converters for offshore wind farms[C]//International Power Electronics Conference (IPEC-ECCE-ASIA). IEEE, 2014: 1761-1768.

[16] Barker C D, Whitehouse R S. A current flow controller for use in HVDC grids[C]//10th IET International Conference on AC and DC Power Transmission(ACDC 2012). Birmingham, UK: IET, 2012:1-5.

[17] 薛英林，徐政. 稳态运行和直流故障下桥臂交替导通多电平换流器的控制策略[J]. 高电压技术，2012, 38(6)：1521-1528.

[18] 郭高朋，胡学浩，温家良. 混合型多电平变流器桥臂电容电压平衡的原理与控制[J]. 电力系统自动化，2015, 39(6)：75-81, 120.

[19] Feldman R, Farr E, Watson A J, et al. DC fault ride-through capability and STATCOM operation of a HVDC hybrid voltage source converter[J]. IET Generation, Transmission & Distribution, 2014, 8(1): 114-120.

[20] 胡鹏飞，江道灼，郭捷，等. 基于混合型多电平换流器的柔性直流输电系统[J]. 电力系统保护与控制，2013，41(10)：33-38.

[21] Kenzelmann S, Rufer A, Dujic D, et al. Isolated DC/DC structure based on modular multilevel converter[J]. IEEE Transactions on Power Electronics, 2015, 30(1): 89-98.

[22] Gowaid I A, Adam G P, Ahmed S, et al. Analysis and design of a modular multilevel converter with trapezoidal modulation for medium and high voltage DC-DC transformers[J]. IEEE Transactions on Power Electronics, 2015, 30(10): 5439-5457.

[23] 索之闻，李庚银，迟永宁，等. 一种基于子模块混合型模块化多电平换流器的高压大功率 DC/DC 变换器[J]. 中国电机工程学报，2015，35(14)：3577-3585.

[24] Luth T, Merlin M M C, Green T C, et al. High-frequency operation of a DC/AC/DC system for HVDC applications[J]. IEEE Transactions on Power Electronics, 2014, 29(8): 4107-4115.

[25] Lüth T，Merlin M M C，et al. Performance of a DC/AC/DC VSC system to interconnect HVDC systems [C]//10th IET International Conference on AC and DC Power Transmission (ACDC). Birmingham: IEEE, 2012: 1-6.

[26] 赵成勇，李路遥，翟晓萌，等. 新型模块化高压大功率 DC-DC 变换器[J]. 电力系统自动化，2014，38(4)：72-78.

[27] Wang Jun，Burgos R，Boroyevich D. Switching-cycle capacitor voltage control for the modular multilevel DC/DC converters [C]//IEEE Applied Power Electronics Conference and Exposition (APEC). Charlotte, NC: IEEE, 2015: 377-384.

[28] Zhang Xiaotian, Green T. The modular multilevel converter for high step-up ratio DC-DC conversion [J]. IEEE Transactions on Industrial Electronics. 2015, 62(8): 4925-4936.

[29] Norrga S, Angquist L, Antonopoulos A. The polyphase cascaded-cell DC/DC converter[C]//Energy Conversion Congress and Exposition (ECCE). Denver, CO: IEEE, 2013: 4082-4088.

[30] Ferreira J A. The multilevel modular DC converter[J]. IEEE Transactions on Power Electronics, 2013, 28(10): 4460-4465.

[31] Engel S, Stieneker M, Soltau N, et al. Comparison of the modular multilevel DC converter and the dual-active bridge converter for power conversion in HVDC and MVDC grids[J]. IEEE Transactions on Power Electronics, 2015, 30(1): 124-137.

[32] Kish G J, Ranjram M, Lehn P W. A modular multilevel DC/DC converter with fault blocking capability for HVDC interconnects[J]. IEEE Transactions on Power Electronics, 2015, 30(1): 148-162.

[33] Schon A，Bakran M M. A new HVDC-DC converter with inherent fault clearing capability[C]//15 th European Conference on Power Electronics and Applications (EPE). Lille: IEEE, 2013: 1-10.

[34] Sithimolada V, Sauer P W. Facility-level DC vs. typical AC distribution for data centers: a comparative reliability study[C]. Proceedings of IEEE Region 10 Conference. Fukuoka, Japan, 2010: 2102-2107.

[35] Salomonsson D, Sannino A. Low-Voltage DC Distribution System for commercial Power Systems with Sensitive Electronic Loads[J]. IEEE Transactions on Power Delivery, 2007, 22(3): 1620-1627.

［36］ Lin Weixing, Wen Jinyu, Cheng Shijie. Multiport DC-DC autotransformer for interconnecting multiple high-voltage DC systems at low cost[J]. IEEE Transactions on Power Electronics, 2015, 30(12): 6648-6660.

［37］ 林卫星，文劲宇，程时杰. 具备阻断直流故障电流能力的直流-直流自耦变压器[J]. 中国电机工程学报，2015，35（4）：985-994.

［38］ Yang Jie, He Zhiyuan, Pang Hui, et al. The hybrid-cascaded DC-DC converters suitable for HVDC applications[J]. IEEE Transactions on Power Electronics, 2015, 30(10): 5358-5363.